医療・看護系のための

生物学

改訂版

Biology, for Paramedical and Nursing Courses revised edition

田村 隆明 著

裳華房

Biology, for Paramedical and Nursing Courses
revised edition

by

TAKA-AKI TAMURA Ph. D.

SHOKABO
TOKYO

まえがき

　この度「医療・看護系のための生物学」を刊行することになった．本書は「理工系のための生物学」に続く，シリーズ第2弾の書籍で，医師とともに医療現場を支えるコメディカル（パラメディカルともいう）分野の職業に就こうという読者を対象としている．コメディカル領域の職業に携わる人口は，医療スケールの拡大と医学の多様化もあり，近年増加の一途をたどっているが，本書はそのような状況の中で企画・製作された．

　目指す医療系職業がどのようなものであっても，誰もが最初に必ず学ばなくてはならない教科がある．いうまでもなく生物学である．生物学は動物，植物，原虫，カビ，細菌といったものを材料に，原子／分子，細胞，組織，個体，集団といった視点から生物を捉える．生物学といえば通常は基礎的な内容を扱い，医学，薬学，農学といった実学的な分野は含まない．ただ，基礎的分野といっても，その守備範囲は広い．生物学の中でも，分子や細胞といったミクロのレベルで生物を捉えるものには，分子生物学，細胞生物学，生化学などがあり，やや上のレベルに発生学，組織学／解剖学などの形態学，そして組織や器官の機能を扱う生理学がある．一方　個体以上のレベルで生物を時間と空間，そして集団で捉えようとすることも生物学の領分で，この中には遺伝学，進化・分類学，生態学がある．

　このような幅広い内容を含む生物学の学習にあたり，医療系として取り上げなくてはならない大きな柱が2つある．「生物の原則」と「ヒトに関する基本」である．前者は生物学の教科書にとって普遍的に必要なもので，基礎生物学とよばれる．後者は，ヒトの組織や器官の構造とその働き，健康を維持するシステム，病因（病気の原因）を扱う領域で，いわゆる基礎医学といわれる．この理由のため，基本的に本書では植物や生態学は扱わない．本書は16章から構成されているが，まず前半の数章で生物学としての基礎的な内容を取り扱う．ここには細胞，物質／分子，遺伝，遺伝子／DNA，遺伝子の複製と発現，物質変化：代謝，生殖と発生が入る．ヒトを含めた生物の分類はここで学ぶ．後半の数章ではヒトの組織・器官といった身体の構成単位について学び，それをふまえて，ホルモン，神経，恒常性維持といった個体調節，さらには生体防御機構も取り上げる．最後の数章では医療や疾患にかかわるものの中で生物学とも関連する微生物と病原体，癌と老化，そしてバイオテクノロジーを紹介する．ウイルスもここで扱う．

　本書はたとえ高校生物を忘れてしまった読者であっても，生物学の多様な内容を無理なく学べるよう，高度な内容は最小限に抑え，また図表をふんだんに用いて理解の助けとした．さらに本文とは別に，随所にコラム，解説，メモ，疾患ノートなどといった囲み記事を設け，生物学や医療・疾患にかかわる事項を説明し，話題になっている事柄を紹介している．本書の後半部分で扱う生理学，組織学，解剖学，免疫学，病理学，微生物学といった基礎医学に関する記述は，ページの制限もあって必ずしも深いものにはなっていない．しかし，盛り込んだ内容は医療に携わる者にとっては基礎的で，かつ教養レベルのものばかりであり，しっ

かりと学んで欲しい．それぞれの専門課程に進んだ読者諸氏は，必要に応じて専門分野の学習を深めて頂きたい．

　本書が系統的で幅広い生物学の学習の道標となるとともに専門課程での学習の礎となり，医療分野にかかわる職業人としての教養を広げる一助になることができれば，作り手としてこれに勝る喜びはない．本書は，裳華房の筒井清美，野田昌宏両氏の努力なくしては到底世に出ることはできなかったもので，この場を借りて改めてお礼申し上げます．

　　　　　　　　　　　　　2010 年 9 月　　酷暑の余熱残る西千葉キャンパスにて
　　　　　　　　　　　　　　　　　　　　　　　　　　　　　　　　　　　田村　隆明

まえがき（改訂版）

　医療周辺分野と看護系の学生として生物学を学ぶ諸君に，再び『医療・看護系のための生物学（改訂版）』を贈る．本書はちょうど 6 年前に初版本として出版され，幸いにも今日までたくさんの読者に愛読され続けてきたが，生物学に関する内容は年月と共に変わり，新しい事柄も加わっているので，この度改訂版を作成する運びとなった．

　本書のコンセプトは平易でわかり易いこと，読み進める事で生物学が自然に理解できること，そして医療系・看護系に必要な基礎的情報が十分に盛り込まれていることであるが，このコンセプトは改訂版にも受け継がれている．本書の章立ては初版作製時に十分に精査して決めたものであり，改訂版の章構成や記載項目の内容は，基本的には初版時のスタイルを踏襲している．改訂で特に留意した事は次の 4 点である．一つ目は，記述をより丁寧かつわかり易くしたことであり，二つ目は新たな技術革新などに関し，できるだけ記述を増やして内容を紹介したことである．三つ目は，索引にとり上げる太字表記の語句を大幅に増やした事である．教科書としての使い勝手の良さの一つに索引の豊富さにあるという事があり，この点にも注意を払った．そして最後は印刷を四色刷にし，これまで以上に見やすく，判読しやすくした．以上の事柄に気を配ったうえで，それらを初版と同じページ数に収め，本書が出来上がった．このような改訂を行った事により，本書は初版にも増して利用しやすい一冊に仕上がったのではないかと自負している．

　本書で学ぶ事により生物学に対して一層の興味をもち，次に学ぶであろうそれぞれの専門分野の学習の助となることができれば，作り手としてこれ以上の喜びはない．最後になりましたが，本書を再度世に出す事にご尽力いただいた，裳華房の野田昌宏，筒井清美の両氏に，この場を借りてお礼申し上げます．

　　　　　　　　　　　　　2016 年 8 月　　セミ時雨に包まれた西千葉キャンパスの一室にて
　　　　　　　　　　　　　　　　　　　　　　　　　　　　　　　　　　　田村　隆明

目　次

1章　生物学の基礎

1-1　生物の特徴：生物と無生物の違い　1
1-2　生物を分類する　2
　1-2-1　生物をグループ分けする　2
　1-2-2　生物の種と二名法　4
　1-2-3　動物の分類　4
1-3　生物の誕生　7
　1-3-1　生物は自然には生まれない　7
　1-3-2　生命はいかに生まれたのか　7
　1-3-3　真核生物の誕生：細胞内共生　9

2章　細　胞

2-1　細胞は生物の基本単位　11
2-2　細胞の構造　11
　2-2-1　細胞の基本構造　11
　2-2-2　細胞膜　13
　2-2-3　細胞小器官　15
　2-2-4　膜構造をもたない細胞内構造体　16
2-3　植物細胞　17
2-4　細胞骨格と細胞の運動　17
　2-4-1　細胞骨格　17
　2-4-2　運動とモータータンパク質　18
発展学習　タンパク質の成熟，細胞内移動，分解　19

3章　生物を構成する物質

3-1　物質の構成単位　22
　3-1-1　元素と原子　22
　3-1-2　分子　22
　3-1-3　イオン　23
3-2　水：生命を維持する基本の物質　23
　3-2-1　水の重要性　23
　3-2-2　pH　24
　3-2-3　浸透圧　24
3-3　生体を構成する物質　26
　3-3-1　人体に含まれる元素　26
　3-3-2　生体物質の分類と性質　26
　3-3-3　糖質　27
　3-3-4　脂質　29
　3-3-5　タンパク質とアミノ酸　29
　3-3-6　核酸とヌクレオチド　31

4章　栄養と代謝

4-1　栄養の摂取　34
　4-1-1　栄養素　34
　4-1-2　栄養素の消化　34
4-2　代　謝　35
　4-2-1　代謝：異化と同化　35
　4-2-2　化学反応におけるエネルギーの流れ　35

	4-2-3　エネルギー通貨：ATP	36	4-5　他の代表的な代謝経路	42
4-3　酵　素		37	4-5-1　糖の合成	42
	4-3-1　酵素の性質と種類	37	4-5-2　ペントースリン酸回路	42
	4-3-2　酵素の調節	38	4-5-3　ヌクレオチド代謝	42
	4-3-3　補酵素とビタミン	38	4-5-4　窒素の代謝	44
4-4　エネルギー代謝		39	4-6　光合成	45
	4-4-1　解糖系とクエン酸回路	39	4-6-1　明反応	45
	4-4-2　酸化的リン酸化	41	4-6-2　糖合成反応	45
	4-4-3　脂質の分解	42		

5章　遺伝とDNA

5-1　遺伝現象		46	5-4　DNAの複製	53
	5-1-1　遺伝と遺伝子構成	46	5-4-1　DNA複製の特徴	53
	5-1-2　メンデルの法則	46	5-4-2　DNA合成反応の特徴	54
	5-1-3　さまざまな遺伝様式	48	5-4-3　PCR	55
5-2　遺伝物質の探究		50	5-5　突然変異	56
	5-2-1　遺伝子の本体はDNAである	50	5-5-1　突然変異とは	56
	5-2-2　DNA構造の解明	51	5-5-2　突然変異発生機構	57
	5-2-3　遺伝子はタンパク質をつくる	51	5-5-3　突然変異がタンパク質合成に与える影響	58
5-3　ゲノムと染色体		51	5-6　修復と組換え	58
	5-3-1　ゲノムの構造	51	5-6-1　DNAの損傷とその修復	58
	5-3-2　染色体の構成	52	5-6-2　組換え	59
	5-3-3　染色体構造	53		
	5-3-4　クロマチン	53		

6章　遺伝情報の発現

6-1　転写とRNA		60	6-2-3　転写調節にかかわる2種類のDNA非結合性因子	63
	6-1-1　転写：RNA合成のしくみ	60	6-3　RNAの成熟	64
	6-1-2　RNAの種類と役割	61	6-4　タンパク質合成：翻訳	65
	6-1-3　ゲノムレベルで見た転写の全体像	61	6-4-1　遺伝暗号	65
6-2　転写調節		62	6-4-2　リボソーム上でのタンパク質合成	67
	6-2-1　プロモーターと転写の基本機構	62		
	6-2-2　転写調節配列と転写調節タンパク質	62		

7章　細胞の増殖と死

- 7-1　細胞周期とその制御　68
  - 7-1-1　細胞増殖の周期性　68
  - 7-1-2　細胞周期調節因子
    ：細胞周期のエンジンとブレーキ　68
  - 7-1-3　細胞周期の進行を監視する機構　70
- 7-2　体細胞分裂：有糸分裂　70
- 7-3　配偶子をつくるための細胞分裂
      ：減数分裂　70
  - 7-3-1　減数分裂とは　70
  - 7-3-2　減数第一分裂でみられる遺伝子の組換え　72
  - 7-3-3　卵の形成　72
  - 7-3-4　卵と精子の受精　73
- 7-4　細胞の死　74
  - 7-4-1　2種類の細胞死：壊死と自死　74
  - 7-4-2　アポトーシスの過程　75
  - 7-4-3　生理的なアポトーシス　75

8章　生殖，発生，分化

- 8-1　生物の増殖様式　76
  - 8-1-1　倍数性と生殖　76
  - 8-1-2　無性生殖　76
  - 8-1-3　有性生殖　77
  - 8-1-4　真核生物の生殖形態　78
- 8-2　動物の発生　79
  - 8-2-1　発生：受精卵から胚，個体へ　79
  - 8-2-2　受精から初期胚形成まで　79
  - 8-2-3　胞胚以降の発生　80
  - 8-2-4　ショウジョウバエが教える発生の調節　81
  - 8-2-5　ヒトの発生　81
- 8-3　分化・再生　82
  - 8-3-1　細胞の分化　82
  - 8-3-2　再生　82
  - 8-3-3　幹細胞　83
- 発展学習　種子植物の生殖　85

9章　動物の組織

- 9-1　組織の形成と細胞　86
  - 9-1-1　動物の組織　86
  - 9-1-2　上皮組織　86
  - 9-1-3　結合組織　87
- 9-2　筋細胞と筋収縮　87
  - 9-2-1　筋肉　87
  - 9-2-2　筋細胞分化　88
  - 9-2-3　骨格筋の構造　88
  - 9-2-4　筋収縮機構　89
  - 9-2-5　筋肉におけるエネルギー代謝　90
- 9-3　血液　90
  - 9-3-1　血液の組成　90
  - 9-3-2　血液細胞　90
  - 9-3-3　血液型　91
  - 9-3-4　血液細胞の分化　92
  - 9-3-5　血液の凝固と繊維素溶解　93
- 発展学習　植物の組織と器官　94

10章　動物の器官

- 10-1　器官と器官系　95
- 10-2　消化系　95
  - 10-2-1　消化　95
  - 10-2-2　栄養分の吸収　97
  - 10-2-3　肝臓と膵臓　97
- 10-3　循環系　98
  - 10-3-1　心臓　98
  - 10-3-2　血管系とリンパ系　99
- 10-4　呼吸器とガス交換　100
- 10-5　排出系　101
  - 10-5-1　腎臓とその働き　101
  - 10-5-2　他の動物の排出系　101
- 10-6　感覚系　102
  - 10-6-1　目　102
  - 10-6-2　耳　103
  - 10-6-3　その他の感覚器　104

11章　ホルモンと生体調節

- 11-1　生体の調節とホルモン　105
- 11-2　各内分泌器官から分泌されるホルモンとその作用　105
  - 11-2-1　視床下部　105
  - 11-2-2　下垂体　107
  - 11-2-3　甲状腺と副甲状腺　108
  - 11-2-4　膵臓　108
  - 11-2-5　消化管　108
  - 11-2-6　副腎　109
  - 11-2-7　生殖腺のホルモンと性周期の調節　110

発展学習　典型的ホルモン以外の生理活性物質　112

- 11-3　ホルモン分泌の調節　113
- 11-4　ホルモンによる恒常性の維持　113
  - 11-4-1　塩分と水分の調節　113
  - 11-4-2　血圧調節　114
  - 11-4-3　血糖量の調節　115
  - 11-4-4　体温調節　115
  - 11-4-5　カルシウムイオンの調節　116
- 11-5　細胞調節因子の作用機序　117
  - 11-5-1　受容体と細胞内情報伝達　117
  - 11-5-2　ホルモン情報の細胞内伝達　117

12章　神経系

- 12-1　神経系の構成　119
  - 12-1-1　神経系の構成要素　119
  - 12-1-2　脳の構成と役割　119
- 12-2　末梢神経系と神経伝達の経路　122
  - 12-2-1　末梢神経系　122
  - 12-2-2　自律神経系　122
  - 12-2-3　脊髄での神経連絡　123
- 12-3　ニューロンにおける神経興奮の伝導　123
  - 12-3-1　ニューロンの構造　123
  - 12-3-2　ニューロンにおける活動電位の発生と伝導　124
- 12-4　神経間伝達と神経伝達物質　125
  - 12-4-1　シナプス　125
  - 12-4-2　化学シナプスでの伝達機構　126
  - 12-4-3　神経伝達物質　127

13章　免疫

13-1　免疫とは　128
- 13-1-1　免疫系　128
- 13-1-2　2種類の免疫　129

13-2　自然免疫　129
- 13-2-1　自然免疫の初段階：外的防御　129
- 13-2-2　自然免疫の第二段階：内的防御　130
- 13-2-3　免疫担当細胞の異物認識とその後の応答　132

13-3　獲得免疫　133
- 13-3-1　獲得免疫の特徴　133
- 13-3-2　免疫の成立様式と種類　134
- 13-3-3　免疫応答のしくみ　134
- 13-3-4　体液性免疫と抗体　135
- 13-3-5　抗体の構造とクラス　136
- 13-3-6　細胞性免疫　136

13-4　医学領域における免疫　138
- 13-4-1　移植　138
- 13-4-2　ワクチンと血清療法　138
- 13-4-3　アレルギー　139
- 13-4-4　自己免疫病と免疫不全症　140

14章　微生物と感染症

14-1　微生物の種類と増殖　141
- 14-1-1　微生物，感染，健康　141
- 14-1-2　殺菌，滅菌，消毒　142

14-2　細菌　143
- 14-2-1　細菌の細胞と増殖　143
- 14-2-2　細菌とヒトとの関係　145
- 14-2-3　細菌の種類　145
- 14-2-4　細菌性食中毒　147

14-3　真核微生物　147
- 14-3-1　菌類／真菌　147
- 14-3-2　原生動物／原虫　148

14-4　ウイルス　148
- 14-4-1　ウイルスの形態と増殖　148
- 14-4-2　主なウイルス　149
- 14-4-3　ウイルスは癌を起こす　150

発展学習　寄生虫　153

15章　生命システムの破綻：癌と老化

15-1　癌　154
- 15-1-1　癌という疾患　154
- 15-1-2　癌細胞の特徴　155
- 15-1-3　遺伝子の変異と癌　156
- 15-1-4　癌では複数の遺伝子が変異している　158
- 15-1-5　細胞の健全性を保つp53と細胞増殖にブレーキをかけるRb　159
- 15-1-6　癌の原因　159
- 15-1-7　生体内における癌の生成とその進展　159

15-2　老化　160
- 15-2-1　細胞の老化と個体の寿命　160
- 15-2-2　細胞の寿命　161
- 15-2-3　カロリー摂取量と寿命　161

16章　バイオテクノロジーと医療

- 16-1　遺伝子組換えとその応用　162
  - 16-1-1　制限酵素とDNAリガーゼ　162
  - 16-1-2　遺伝子組換え技術により特定DNAを増やす　162
  - 16-1-3　遺伝子組換えによるタンパク質生産　163
  - 16-1-4　遺伝子構造解析　164
- 16-2　細胞工学と発生工学：細胞と胚の操作　165
  - 16-2-1　細胞融合による単クローン抗体の生産　165
  - 16-2-2　哺乳類の胚操作とその応用　165
  - 16-2-3　遺伝子組換え動物　165
  - 16-2-4　体細胞クローン動物　168
- 16-3　医療におけるバイオテクノロジー　168
  - 16-3-1　再生医療　168
  - 16-3-2　再生医療の新展開：iPS細胞　169
  - 16-3-3　遺伝子治療　169
- 16-4　バイオテクノロジーのヒトへの応用と生命倫理　170

参考書　171
索引　172

コラム

- ウイルスは生物なのか？　2
- 生物進化と水　5
- ヒトはどのように進化してきたか？　6
- 細胞内タンパク質分解　21
- 水生生物が浸透圧を調節するしくみ　25
- 呼吸と酸素　41
- 二倍体の意義　48
- 複製の末端問題と細胞寿命　56
- 後成的遺伝とゲノム刷り込み　64
- 細胞とゲノムを守るp53　71
- 有性生殖がある理由　78
- iPS細胞　84
- 花の容姿を決めるABCモデル　85
- 牛の食物は微生物？　97
- 血液脳関門　122
- 記憶と学習　127
- 免疫の多様性を生む機構　136
- 有用微生物　147
- 抗生物質と耐性菌　149
- 植物の腫瘍　154
- 大部分の癌は癌抑制遺伝子の欠損　156

1章　生物学の基礎

1-1　生物の特徴：生物と無生物の違い

　生物学を学ぶ最初として，生物とは何かを考えてみよう．石や水と比べると，カビや乳酸菌，蚊や雑草は増える．一般的にはこの自分自身で増えるという性質，すなわち**自己増殖能**が生物の基本的性質といわれる．ただ，鍾乳洞の中の鍾乳石や温泉の湯の花（温泉成分が沈殿したもの）は見かけ上増え，また濃い食塩水から水が蒸発するとやがて塩の結晶ができ，それが増殖する．だから増えることは生物を定義する十分条件ではないことがわかる．生物の増え方には特徴がある．「瓜のツルに茄子はならぬ」の諺が教えるように子は親に似るが，この**遺伝**という現象は生物の増え方の基本的性質である．ただ遺伝という現象は一定の確率で必ず「変わり者」が出現することも暗示するが，この**突然変異**という現象を示すことも生物の増え方の特徴である（=> 食塩の結晶の増殖では変異は皆無である）．

　生物は見た目が柔らかい．表面の堅い貝やクルミの種(たね)も内部は柔らかい．これは生物が**細胞**とい

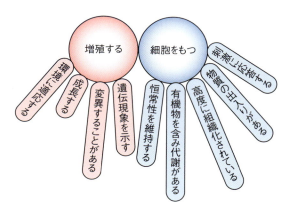

図 1-1　生物の条件

う水分を多く含む小さな柔らかい袋を単位としていることと関係がある．細胞をもつことが生物の必須要件である．細胞は膜で外界から隔離されているが，外部から物質を取り入れ，それを利用してエネルギーを得たり，増えるために必要な成分を合成するといった化学変化（=> **代謝**）を起こす．また，細胞自身にも増殖・遺伝という生物の基本的性質が備わっている．多くの生物には「動く」という現象がみられるが，乾燥した種のように動

表 1·1　通常の細菌・偏性細胞内寄生細菌・ウイルスの違い

	通常の細菌 （例：大腸菌）	偏性細胞内寄生細菌[§]		ウイルス
		リケッチア	クラミジア	
細胞	有（桿状）	有（桿状）	有（球状）	無
増殖形態	二分裂	二分裂 （動物細胞内）	二分裂 （動物細胞内）	素材ごとにつくられ，のちに粒子として集合
核酸	DNAとRNA	DNAとRNA	DNAとRNA	DNAかRNAのいずれか
人工培地での増殖	＋	－（一部＋）	－	
代謝系 エネルギー産生系	＋	＋〜±	±〜－	
特徴	ヒトの大腸の常在菌で，通常非病原性．人工培地でよく増える	ダニなどの節足動物により媒介されてヒトに感染する	きわめて小さく（〜0.3μm），ろ過性[#]．哺乳類や鳥類に広く分布	生細胞内でのみ増える．核酸のみでも感染する
病気を起こすものの例	病原性大腸菌 （例：O157(オー)）	発疹チフスリケッチア ツツガムシ病リケッチア	トラコーマクラミジア オウム病クラミジア	アデノウイルス インフルエンザウイルス

§：細胞の内部でのみ増える細菌．　＃：ろ過性：細菌を通さないフィルターを通過する．

> **コラム：ウイルスは生物なのか？**
>
> 　ウイルス（14章）はDNAかRNAの一方を遺伝子にもち（注：細胞はDNAとRNAの両方を含む），それが殻タンパク質に包まれている．ウイルスは生きた細胞に侵入し，宿主である細胞の成分，代謝反応，調節機構（生体分子，調節因子や酵素など）を借りて自身の遺伝子や殻タンパク質を増やして，ウイルス粒子として増え，細胞を殺して出てくる．元と同じウイルスが増えるといった遺伝現象を示すため，生物としての一面を示す．しかしウイルスは細胞のないところで自発的に増えることはできず，この意味で自己増殖能はないと判断できる（注：現在ではウイルスDNAを人工的に合成することができる）．さらにウイルスは細胞をもたないため，厳密には生物とはいえない．ウイルスの実体は殻に包まれた小さな核酸（DNAかRNA）ということができるが，**ウイロイド**という植物病原体は殻をもたず，小さなRNAがその本体である．
>
>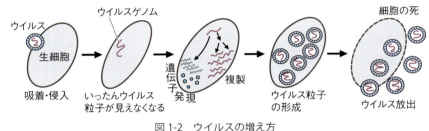
>
> 図1-2　ウイルスの増え方

かないものもあり，動くことは生物にとって本質的でない．細菌類や原虫（例：マラリアの病原体），酵母（例：ビール酵母）は細胞そのものが独立した生物の単位すなわち**個体**で，**単細胞生物**とよばれる．これに対し，カビやキノコ，動物や植物など，目で見える生物の大部分は個体が多数の細胞からできており，**多細胞生物**とよばれる．

1-2　生物を分類する
1-2-1　生物をグループ分けする

a．初期の分類法　生物学は個々の生物を観察し，それらを系統的に分類することから始まった（**博物学**）．生物ははじめ**動物界**（例：移動し，食べるもの）と**植物界**（移動せず食べないもの．緑色の葉をもつ）におおまかに分類された（二界説）．その後顕微鏡が発明されて，そこで見いだされた**原生動物**（例：赤痢アメーバ，膣トリコモナス，マラリア原虫）と**細菌類**（例：大腸菌，コレラ菌，結核菌）が原生生物として区分された（三界説）．しかしこの両者は以下に述べる五界説では明確に区別される．初期の分類法ではカビやキノコなどの**菌類**は植物に入れられており，矛盾の多いものであった．

> **疾患ノート　リケッチアとクラミジア**
> 　**リケッチア**（発疹チフス，ツツガムシ病の病原体）や**クラミジア**（オウム病，トラコーマ，性器クラミジア感染症の病原体）は生きた細胞内でのみ増える偏性細胞内寄生という性質をもつため，ウイルスの一種と思われていた時期もあったが，DNAとRNAの両方をもち，細胞のような構造を有するので，生物である．代謝系の一部を欠いており，細菌の退化した姿と考えられている．

> **メモ　寄生生物**
> 　**寄生生物**（例：植物のヤドリギ，動物のカイチュウ）は他の生物と一緒でないと生きられない．生物の定義から外れているように思えるが，これらは単に栄養摂取という点で依存性が際立っているだけで，まぎれもなく生物である．

表 1·2 生物の分類

三ドメイン説	五界説*	代表的な生物種（類）
真正細菌	モネラ界 （原核生物界）	大腸菌，梅毒トレポネーマ，発疹チフスリケッチア ランソウ類（シアノバクテリア）……ネンジュモ，ユレモ
古細菌		メタン細菌，高度好熱菌，高度好塩菌
真核生物	原生生物界	アメーバ，ミドリムシ，トリコモナス，トリパノゾーマ
	菌界	ミズカビ◎，シイタケ，酵母，アオカビ，タマホコリカビ◎
	植物界	ワカメ◎，スギゴケ，ワラビ，イチョウ，サクラ
	動物界	ミミズ，イカ，クモ，カエル，サル

◎：改良型五界説では原生生物界に入る．
＊：古典的五界説

b. 五界説 近代になりホイタッカーによって提唱されたもので，細菌類をモネラ界に入れて**原生生物**と分け，さらに植物界から菌類を独立させ，菌界を設けた．藻や海藻などの**藻類**（=> これらは光合成を行う）は植物界に入った．この分類法は生物の分類法として，今でも一般に受け入れられている．粘菌類や卵菌類，葉緑体をもつ藻類やシャジクモ類は，生活環のある時期に鞭毛をもった精子状の単細胞生物になるといった原生生物的な特徴が出るため，それらを原生生物に含ませる改良型五界説がその後提唱されている．

c. 三ドメイン説 細胞内にある核が核膜で包まれ，顕微鏡で明瞭に認識できる核をもつ生物を**真核生物**といい，モネラ界以外のすべての生物が含まれる．つまり，単細胞生物でも酵母（菌類）や赤痢アメーバ（原生生物）は真核生物に入る．

これに対し，モネラ界の生物は核がなく染色体が細胞に広がっており，**原核生物**という．原核生物のうち通常の細菌類と光合成を行う**ランソウ類**（**シアノバクテリアともいう**）（例：ネンジュモ．基本的には単細胞だが，連なった藻のような状態で増える．紅色硫黄細菌などの光合成細菌類とは異なる分類群）を含む生物群は下記の古細菌と区別するため，**真正細菌**とよぶ場合もある．

近年，形態的には細菌類に似ているが，遺伝子の構造や遺伝子発現様式が真核生物に似た特徴をもつ，古細菌（例：高度好熱菌，メタン細菌，高度好塩菌）といわれる一群の生物が発見された．**古細菌**は太古の地球環境のような過酷で無酸素の環境に棲んでいるためにそうよばれる．生物を真正細菌，古細菌，真核生物の三つのドメイン（領域）に分ける方法を**三ドメイン説**という．この方

表 1·3 三ドメイン説における各生物の特徴

	真正細菌	古細菌	真核生物
核（核膜）	ない	ない	ある
細胞数	単細胞	単細胞	単～多細胞
細胞分裂	無糸分裂	無糸分裂	有糸分裂
核相	一倍体	一倍体	二倍体以上（一倍体のときもある）
細胞小器官	ない	ない	ある
原形質流動	ない	ない	ある
ゲノムサイズ（遺伝子数）	小さい（～4,000）	より小さい（500～4,500）	大きい（5,000～30,000）
DNA	環状，裸	環状，クロマチン様	線状，クロマチン
転写プロモーター	Pribnow Box	TATA box	TATA box
RNA ポリメラーゼ	単純	複雑	複雑
プロテアソーム	ない	ある	ある

アミかけ部分は真核生物がもつ特徴．

法で分類されたそれぞれのドメイン内の生物は増殖様式や遺伝様式が似ており，分子レベルで生物の増殖や遺伝子発現を研究する分子生物学ではこの分類法が汎用される．私達がよく知っている細胞の特徴，つまり細胞質内に種々の細胞小器官が存在し，有糸分裂で増えるといった事柄は，すべて真核生物特有のものである．

1-2-2 生物の種と二名法

生物はまず界に分けられ，次に門，綱（こう），目（もく），科，属の順に細かく分類され，最後に種（しゅ）となる．生物の正式名称（**学名**）は属名と種名の組合せで命名されるが，この方法を**二名法**という．ヒトと植物のローズマリーの例を表1・4で示したが，ヒトの学名は，*Homo*（属名）*sapiens*（種名）[*H. sapiens*] となる．**種**は生物種を規定する最小かつ基本的な基準である（例：ハツカネズミ，クマネズミ，アカマツ，クロマツ）．現在約10万種の生物種が同定されているが，地球上にはまだ学名のついていない生物が多数存在する．種が異なれば別の生物である．異なった種間では遺伝子の隔たりが大きく，通常，交配（有性生殖で子孫をつくること）することができないか，できたとしてもその仔（このような生物を**種間雑種**という．例としてオスのロバとメスのウマからできたラバや，オスのヒョウとメスのライオンからできたレオポンがある）には交配能力がない．異なる犬種間の交配から正常な犬ができることから，あらゆる犬種はイヌという単一の種であることがわかる．

1-2-3 動物の分類

a. 動物の全体像 原生動物と区別するためには，後生動物といわれる．動物が発生するとき，それぞれの組織は胚（成体になる前の幼生の状態）の特定の部分，すなわち胚葉（8章参照）からつくられる．最も単純な体制をもつ海綿動物（例：

表1・4 二名法による生物の表記

階級	ヒト (*Homo sapiens*)	ローズマリー (*Rosmarinus officinalis*)
界	動物界	植物界
門	脊椎動物門 脊椎動物亜門	被子植物門
綱	哺乳綱 真哺乳亜綱 胎盤下綱	双子葉植物綱
目	サル（霊長）目 サル（真猿類）亜目	シソ目
科	ヒト上科 ヒト科	シソ科
属	ヒト属 (*Homo* 属)	ローズマリー属 (*Rosmarinus* 属)
種	ヒト (*sapiens*)	ローズマリー (*officinalis*)

表1・5 動物の分類[#]

後生動物					
		真正後生動物			
		旧口動物		新口動物	
		原体腔類	真体腔類		
海綿動物（カイメン）	[§]刺胞動物（クラゲ，イソギンチャク）	紐形動物（ヒモムシ）	節足動物（昆虫類，クモ，エビ）	毛顎動物（ヤムシ）	
		扁形動物（プラナリア，ヒラムシ）	環形動物（ミミズ，ゴカイ）	棘皮動物（ウニ，ヒトデ）	
		線形動物（センチュウ，カイチュウ）	軟体動物（貝類，イカ，ナメクジ）	原索動物（ナメクジウオ，ホヤ）	
		輪形動物（ワムシ）		脊椎動物（魚類，鳥類，哺乳類）	
無胚葉性	二胚葉性	三胚葉性			

[#]:代表的なものをあげた．[§]:以前はこれに無刺胞動物を加え，腔腸動物という名称が用いられていた．

メモ 後生動物
原生動物（原生生物のうち動物的性質の強いもの）に対する用語．いわゆる通常の動物が含まれる．多細胞で，前後，上下といった体制をもち，受精卵の分裂によって胚がつくられる．

コラム：生物進化と水

　生物の進化は水と密接な関係にある．これは生命が水の中で誕生したことと無縁ではない．太古の地球にはまだ酸素が少なく，DNAを傷める**紫外線**をさえぎる**オゾン層**もなかった．生物は紫外線を避けるためにも水中で暮らす必要があったが，やがて**酸素**が増えて地上の紫外線が減ると陸にあがることができるようになった．それでも水とは縁を切ることはできず，脊椎動物でも魚類まではもっぱら水中をすみかとしていた．両生類になりようやく陸にあがることができたが，オタマジャクシの頃はまだ水中で生活しなくてはならず，また成体になってからも皮膚は常に水で濡れている必要がある（皮膚呼吸が呼吸のかなりの部分を占めるため）．生殖方法に関しても，脊椎動物の進化は水依存性の低下と相関していることが見てとれる．同様のことは植物にも当てはまる．植物ははじめ藻類として水中で生じたが，最初に陸に上がったコケ類は有性生殖に水を必要とする精子を用いる．次に進化したシダ植物も有性生殖に精子を使うが，水を葉まで吸い上げたり養分の通り道となるための**維管束**を発達させた．種子植物に進化し，受精に花粉を使うことにより，ようやく生殖において水から解放された．しかし初期の種子植物である裸子植物（種子がむきだしになっているもの）の中で最も古い種であるイチョウは，いまだに受精に精子を用いている．

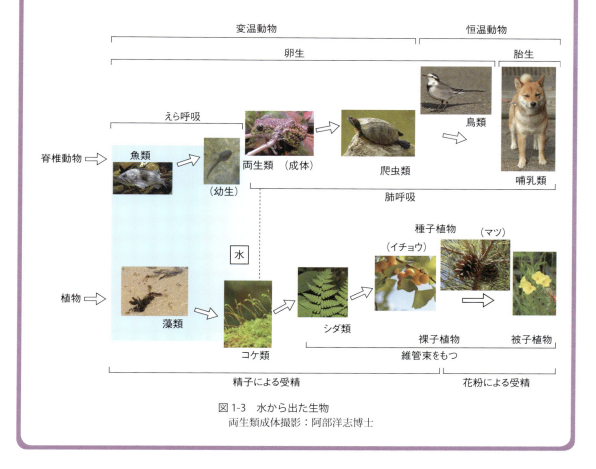

図 1-3　水から出た生物
両生類成体撮影：阿部洋志博士

コラム：ヒトはどのように進化してきたか？

　ヒトは分類学上，サル目（霊長目）の真猿下目＞狭鼻小目のヒト科に含まれる．ヒトはヒト上科（類人猿）の中のヒト科＞ヒト亜科＞ヒト族に位置し，ここにはチンパンジーとボノボ（ピグミーチンパンジー）も含まれる．このことからもわかるように，ヒトとサルは共通の祖先から進化してきた．化石により**ヒトの進化**の証拠があげられている．ヒトの特徴をもつ最も古い化石は600万年前のものだが，それから約100万年前までの間に生存していたヒトの祖先を**猿人**（例：ラミダス猿人，アファール猿人）といい，直立歩行をし，簡単な石器を使用していた．サル的要素の強い猿人から**原人**（例：北京原人）が進化し，火や形成された石器を使い，約20万年前まで暮らしていた．原人の一部から**旧人**（例：ネアンデルタール人）が進化し，その後**新人**（例：クロマニヨン人）が生まれ，現生人類へと至る．新人は10万年前に出現し，弓矢を使って狩猟を行い，高度な文化をもっていた．ここまでの期間を旧石器時代という．その後5000年前までを新石器時代といい，農業や社会生活が行われるようになった．

　化石人類の化石の発見場所やDNAの分析により，ヒトの起源はアフリカにあると考えられている（**ヒトのアフリカ起源説**）．世界に散らばった原人が，別々の場所で別々に進化したのではなく，アフリカの原人から進化したヒトが再度世界に広まったという理解である．ミトコンドリアDNAの研究から現生人類の祖先としてエチオピアに住んでいた一人の女性が同定されたが，その女性は旧約聖書の最初の女性「イブ」にちなみ**ミトコンドリア・イブ**と命名された．

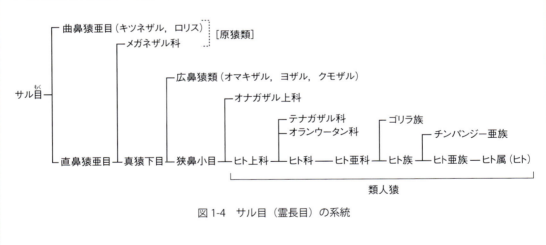

図1-4　サル目（霊長目）の系統

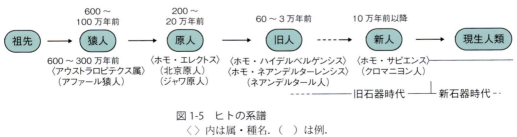

図1-5　ヒトの系譜
〈　〉内は属・種名．（　）は例．

カイメン）とそれより複雑な構造をもつ刺胞動物（例：クラゲ，イソギンチャク）はそれぞれ**無胚葉性動物**と**二胚葉性動物**（内胚葉と外胚葉をもつ）に分類されるが，さらに進化した動物はすべて**三胚葉性動物**（上に加えて中胚葉をもつ）に分類される．ここには**扁形動物**（例：プラナリア，サナダムシ），**線形動物**（例：カイチュウ），**軟体動物**（例：貝類，イカやタコ），**環形動物**（例：ミミズ，ヒル），**節足動物**（例：昆虫類，カニ，クモ），**棘皮動物**（例：ウニ，ヒトデ），そして最も進化したものとして**脊索動物**（ホヤなどの原索動物と，そこから進化した**脊椎動物**）が含まれる．

　b．脊椎動物　脊椎（＝背骨）をもつ動物で，進化のおおよその順に**魚類**，**両生類**（例：カエル，イモリ），**爬虫類**（例：ヘビ，カメ，ワニ），**鳥類**，**哺乳類**（例：ヒト，サル，クジラ）に分けられる．魚類は水中に棲みえら呼吸するが，それ以外は肺呼吸する（注：ただし，両生類も，オタマジャクシの時期はえら呼吸）．鳥類と哺乳類は体温が一定の**恒温動物**だが，他は変温動物である．また，哺乳類は**胎生**（仔を胎児として出産し，哺乳して育てる）であるが，他は卵生である（注：カモノハシのような卵生の哺乳類や，サメのような卵胎生の魚という変わり者もいる）．

1-3　生物の誕生

1-3-1　生物は自然には生まれない

「生物は生物から生まれる」という概念が定着したのはそれほど古いことではない．ヨーロッパでも中世までは生物は自然に発生すると信じられ，たとえばウジ［ハエの幼虫］は汚水から，ウナギは泥の中から，ネズミは油と牛乳をかけたモミの中から，そしてものを腐らせる微生物はスープなどの中から自然に湧いてくると思われていた．フランスの化学者**パスツール**は図 1-7 のような，外部からの空気の出入りはあっても細菌などの微生物が混入できないように工夫したツルの首状の口をもつフラスコを使い，中のスープが腐るかどうか（=> 微生物が増えるかどうか）の実験を行ったが，いつまで経ってもスープが腐ることはなかった．この検証により**自然発生説**は完全に否定された（1861 年）．人工の池にいつのまにか水草が繁茂するという現象も，水草の種が風や鳥で運ばれ，そこで芽を出して増えた結果で，決して自然に発生したわけではない．

1-3-2　生命はいかに生まれたのか

生物はすべて DNA という共通の遺伝物質をもち，類似の細胞成分や代謝経路をもつので，地球上の生物は共通の原始生物を元に進化したと考えられているが，最初の生物あるいは生命はどのようにして生まれたのかについてはよくわかっていない．生命誕生の前提にはアミノ酸や糖などの有機物（3 章）が必要であるが，これは塩類やアンモニア，二酸化炭素といった単純な無機物が高温，高圧の条件下で，雷などの火花で反応して合成されたと考えられる（=> 実験的に証明されている）．

解説：新口動物と旧口動物
初期発生のときにできる原口がそのまま口になるものを**旧口（前口）動物**，逆に肛門になるものを**新口（後口）動物**という．

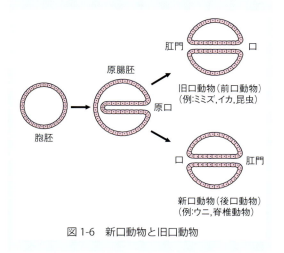

図 1-6　新口動物と旧口動物

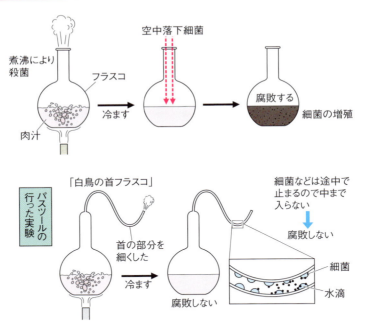

図 1-7 生物の自然発生の否定

このような単純な**有機物**は化学進化によってより複雑な有機物へと変化し，それが細胞の原型のようなものに包まれて最初の生命が生まれたと推定される．細胞の起源に関してはいろいろな説があるが，**オパーリン**はこのような有機物がコロイド状の液滴「コアセルベート」となり，それ自身が成長するという実験から**コアセルベート説**を提唱した．こうしてできた袋の中で代謝が起こり，さらに核酸が遺伝子としての機能を発揮すれば，複製可能な生命体ができる可能性があり，それが最初の細胞になったかもしれない．なお最初の生物の核酸は DNA ではなく，酵素作用をもつ RNA [6章参照] であったと考えられている：**RNA ワールド仮説**．RNA のもつ酵素作用はタンパク質に引き継がれ，遺伝子としての役割はより安定な DNA に引き継がれて現在のような **DNA ワールド**ができあがったのであろう．

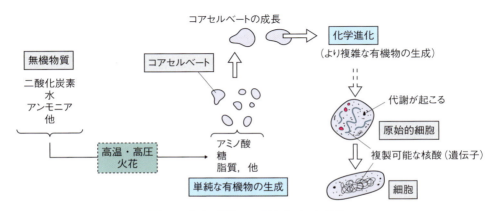

図 1-8 生命の誕生：コアセルベート仮説

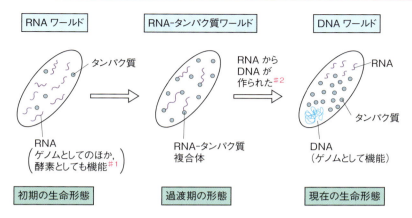

図 1-9 RNA ワールドから DNA ワールドへ
＃1：酵素活性をもつ RNA が多数知られている．RNA の自己複製も一部で確認されている．
＃2：RNA から DNA をつくる逆転写酵素が実際に存在する．

1-3-3　真核生物の誕生：細胞内共生

細胞内にあるミトコンドリアや植物細胞にある葉緑体の大きさは細菌に近く，内部に DNA をもち自己複製する．さらにその DNA／遺伝子で使われるコドン（6 章）の種類は核のものよりは，細菌，あるいはそれに感染するウイルスに近い．このような事実から，ミトコンドリアは酸素呼吸を行う細菌が細胞内に入り込んだ名残，葉緑体は光合成を行うランソウが細胞に入り込んだ名残と考えられる．生物が入り込んで新たな生物ができるこの過程を**細胞内共生**というが，まず細菌の原型のような**原始生物**が**真正細菌**と**古細菌**の祖先に分かれ，古細菌（1-2-1c 節）の進化の過程でその細胞内に酸素呼吸を行う細菌が共生して真核生物が生じ，その一部にランソウが共生して植物が生じたのであろう．ペルオキシソーム＊も過酸化物を分解する細菌，鞭毛＊もらせん細菌が共生した名残と考えられる（＊ただし DNA はない）．

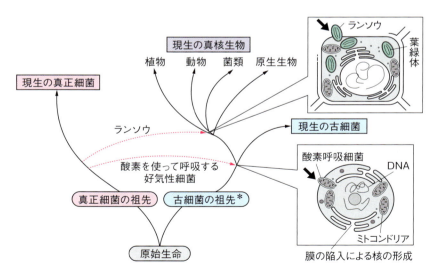

図 1-10　細胞内共生と真核生物の誕生
　　点線のように原核生物が入り込んだと考えられている．
　　＊：酸素を必要としない嫌気性の生物

トピックス　二次共生：植物系統の複雑さの原因

　葉緑体をもつ植物には，陸生のものと，水生の単細胞，多細胞藻類が含まれる．本文で述べたように，植物は2度の細胞内共生を経て真核細胞の祖先から生じた．植物は葉緑体DNAの分析では**単系統**（単一の祖先から進化した．おそらくランソウから）となるが，核DNAの分析によると植物は**多系統**であるという結果がでている．この矛盾は以下の**二次共生**で説明される．本文で述べた細胞内共生で生まれた植物は**一次植物**といい，その場合の共生を**一次共生**という．一次共生によって生じた一次植物が無色の真核生物に取り込まれたと考えられる生物があり，そのような生物を**二次植物**，その現象を**二次共生**という．二次植物では一次植物の核が退化するため（注：痕跡が残っているものもある），核は無色の真核生物のものとなり，このため植物をゲノムで見ると多系統となる．藻類にはこのような二次共生で生じたものが多数知られている．二次植物の中には，それがさらに別の無色細胞に捕捉され，三次共生，四次共生したものも含まれる．

　一次植物には緑色植物（緑藻類，シャジクモ類，陸上植物など），紅色植物（ノリ，テングサなど），灰色植物（単細胞真核藻類のあるグループ）が含まれ，それ以外はすべて二次植物である（例：ワカメやコンブのような褐藻，珪藻，葉緑体をもつ渦鞭毛藻，ミドリムシ）．**ミドリムシ**は葉緑体をもつが，原生動物のように鞭毛をもって盛んに運動し，ヒトにアフリカ睡眠病を起こすトリパノゾーマ（14章参照）と近縁である．井上勲博士の発見したハテナという生物は鞭毛虫に真核藻類が二次共生した藻類だが，おもしろいことに，細胞分裂で元と同じ植物的細胞と，葉緑体を失い捕食性の原生動物として生活する細胞が生じる．捕食性細胞は共生体を獲得して再び元に戻るので，ハテナは細胞内共生が確立する過渡期の状態を反映しているとみなされる．いずれにしても，これまでの植物分類法は見直されることになるであろう．

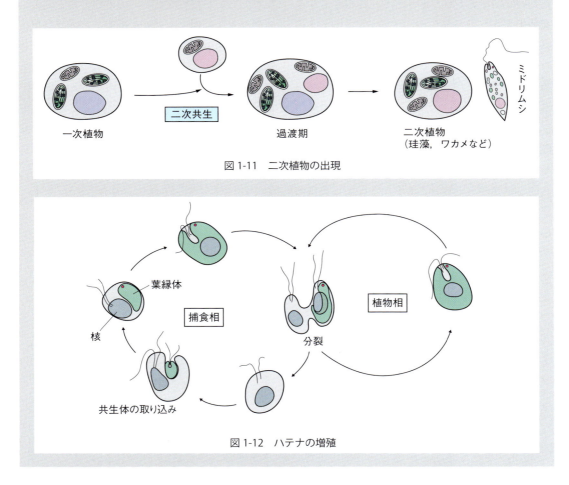

図1-11　二次植物の出現

図1-12　ハテナの増殖

2章 細胞

2-1 細胞は生物の基本単位

細胞を最初に観察したのは**フック**である（1665年）．フックは当時すでに発明されていた**顕微鏡**を用いてコルクの細胞を観察し，そこに見えた多数の小部屋のような空間を**細胞**（cell）と命名した（注：実際はコルクの幹の死滅した細胞の細胞壁を見ていた）．微生物の細胞はレーウェンフックにより観察された．このような観察を経て，動物や植物において，細胞が個体を構成する構造上の単位であるという「**細胞説**」が提唱された（1830年代）．その後**ウィルヒョウ**により細胞は細胞の分裂で生じることが示され，**パスツール**による生物の自然発生説の否定（1章）もあり，細胞が生物増殖の単位であることが認識されるようになった．

2-2 細胞の構造

2-2-1 細胞の基本構造

a．細胞の大きさ 細胞の大きさはおよそ1μmから1mmの範囲に入るが（1μmは1mmの千分の一），個体のどの部分に由来するかによりばらつきがある．最も小さな細胞は細菌で，0.5～5μmの大きさをもつ．大部分の動物細胞は10～50μmの大きさを示すが，卵細胞は例外的に大きく，鳥類の卵細胞（黄身の部分）は数cmと巨大である．神経細胞の中には神経繊維の部分を入れ

解説　光学顕微鏡と電子顕微鏡

通常の光学顕微鏡は2種類の凸レンズを組み合わせることにより，0.5μmの長さを区別することができ（=> 分解能がある），細菌の形なども観察できる．しかし細菌の内部構造やウイルスを見るためには，より高い分解能をもつ電子顕微鏡を用いる必要がある．電子顕微鏡は光（波長：380～750nm）より波長の短い（～1nm[10Å（オングストローム）]程度まで可能）電子線を使うため，タンパク質（一般に直径数nm）を見ることもできる．

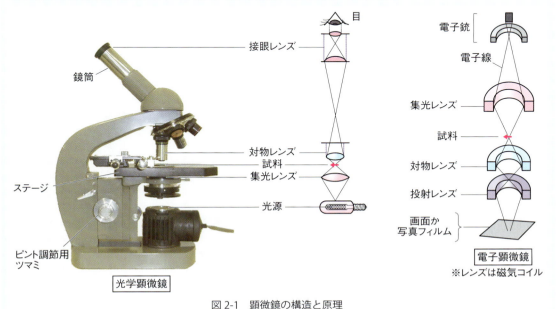

図2-1　顕微鏡の構造と原理

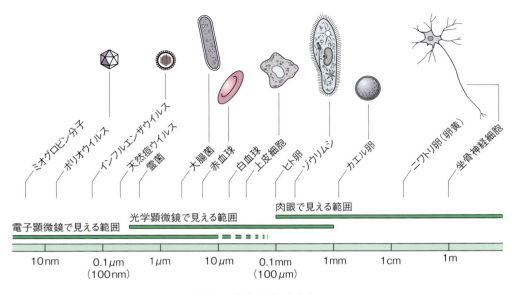

図2-2　細胞の形と大きさ

ると1mにもおよぶものもある.

b．細胞の形　球状（例：リンパ球），扁平状（皮膚の上皮細胞），紡錘状（例：筋細胞）とさまざまなものがあり，さらには突起をもつもの（例：神経細胞），ヒダ（例：小腸上皮細胞）や細かな毛／繊毛（例：気管支の上皮細胞）をもつもの，あるいは遊泳のための少数の長い鞭毛をもつもの（例：精子）などがある.

c．内部構造　細胞は大きさや形が多様であるが，生存にかかわる基本的な部分は共通に保たれ

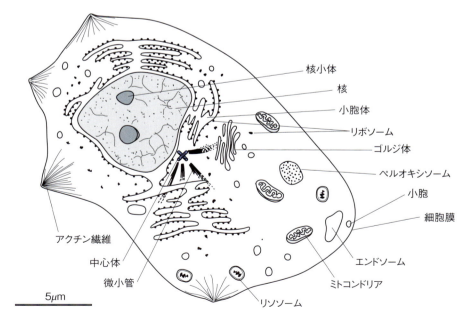

図2-3　細胞の内部構造

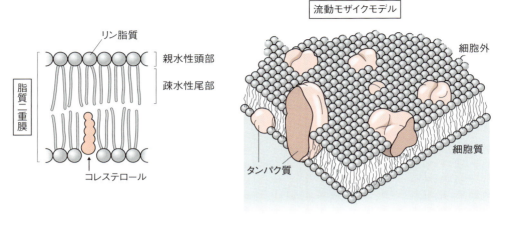

図 2-4　脂質二重膜と流動モザイクモデル

ている．細胞の周囲には**細胞膜**という薄い膜があり，これが内部と外界を分けている．細胞の内部（**細胞質**）は多数の分子や細かな顆粒が溶解あるいは懸濁した状態となっており，さらにそこに核やミトコンドリア，小胞体などの，やはり膜で包まれた構造物が**細胞小器官（オルガネラ）**として見られる（注：中心体，細胞骨格，鞭毛などの非膜系構造物も細胞小器官に含める場合がある）．光学顕微鏡では核以外の細胞小器官の内部構造は見えない．細胞膜，細胞質，細胞小器官などは細胞の生存に必須で，**原形質**ともよばれる．これに対し，細胞が成長した後でつくられる細胞壁などを**後形質**という場合がある．

2-2-2　細胞膜

a. 細胞膜の構造と機能　細胞膜は細胞小器官の膜と同じ構造をもち，一般に**生体膜**とよばれる．したがって膜で包まれた細胞小器官は，**細胞内膜系**ともいわれる．膜は水に溶けない**リン脂質**からできている．リン脂質分子の疎水性部分同士は互いに向き合い（疎水性 => 水に溶けにくい性質），親水性部分が外側を向いて安定化する．この構造を**脂質二重膜**というが，この構造が広がって細胞質を囲む．膜が脂質でできているため，水溶性物質は簡単には膜を通過できない．それに対し，気体，低分子の脂質，エタノールなどは自由に膜を通過できる．リン脂質は水の上にぎっしり並んだピンポン球のように水平方向に動くことができ（=> **膜の流動性**），さらに膜の所々にはタンパク質がモザイクのパーツのように埋め込まれており，脂質とともに動いている．このモデル（模型，仮説）を**流動モザイクモデル**というが，タンパク質の存在様式は細胞膜の内側や外側にあるもの，あるいは二重膜を貫通しているものとさまざまである．細胞膜には**コレステロール**も含まれており，膜に硬さと弾力を与えている．

b. 膜貫通型タンパク質の役割　これらのタンパク質の役割の一つは，細胞外からの物質（分子やイオン）の取り込み，あるいは排出である．ここにかかわるものの一つは**チャネル**とよばれ，小孔のような構造をしている（例：カルシウムイオンチャネル）．チャネルには電位（電圧）がかかることによって開閉するものと，アミノ酸などの結合により開閉するものがあり，神経細胞の機能にとってはとくに重要である（12 章）．このほか

> **メモ　アクアポリン**
> アクアポリンは細胞膜にある水を通すチャネルで，腎臓など，水輸送の盛んな細胞に多い．

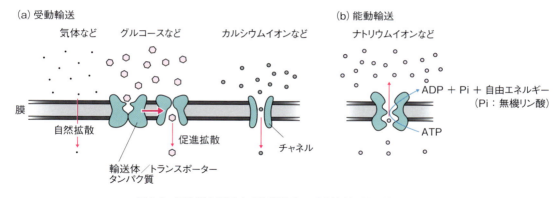

図2-5 細胞膜を通過する物質移動：受動輸送と能動輸送

のタンパク質には**膜輸送体タンパク質**や**トランスポーター**，そして**ポンプ**といわれるものがあり，アミノ酸，イオン，グルコース，水分子など，多くの物質の**選択的輸送**に関与する．輸送形式の一つは濃度に依存して（濃い方から薄い方へ）輸送される**受動輸送**であるが，濃度に逆らって輸送される場合もあり（**能動輸送**），その場合はATPか らのエネルギー供給を必要とする．膜タンパク質のもう一つの役割は細胞外物質との結合で，このようなタンパク質を**受容体**という（例：ホルモン受容体，味覚物質受容体．6，11章）．

c．膜の柔軟性と物質移動　細胞膜は上述のように柔らかで動くことができる．細胞膜が内部にくびれ，それが小胞となって細胞質内に物質が取り込まれる現象があり，一般に**エンドサイトーシス（食作用）**という．このうち特に液体などが取り込まれる場合は**ピノサイトーシス（飲作用）**，細胞などの大きなものが取り込まれる場合は**ファゴサイトーシス（貪食作用**．白血球などにみられる）という．これらとは逆に，細胞内小胞が細胞膜と融合することにより小胞内物質（例：ホル

> **解説　細胞外マトリックス**
> 実際の組織では，細胞はいろいろな物質を含む層で囲まれており，この層が組織の補強などに役立っている．この層を**細胞外マトリックス**といい，多くの多糖類（例：ヒアルロン酸）やタンパク質（例：コラーゲン）を含む．上皮細胞の下部にある真皮も細胞外マトリックスにあたり，また骨や腱，軟骨組織も大部分が細胞外マトリックスである．

> **解説：細胞の接着性**
> 肝臓の細胞はばらばらにならずに組織としてまとまり，また移植された皮膚は元の皮膚となじんで一体化する．このような現象は，細胞同士を結びつけるためのさまざまなタンパク質（普遍的なものや特異的なものがある）が細胞表面に存在し，それら同士が結合することによって達成される．セレクチン，カドヘリン，インテグリンなど，多くの**細胞接着タンパク質**が知られている．

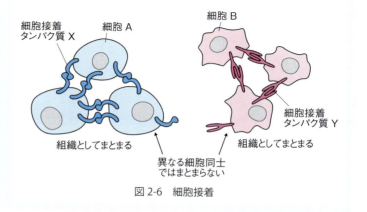

図2-6　細胞接着

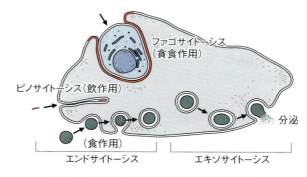

図2-7　細胞膜の流動性に基づく物質の移動

モン，酵素）が細胞外に分泌される現象がある．**エキソサイトーシス**といわれ，消化酵素やインシュリンの分泌などでみられる．

2-2-3　細胞小器官

a. 核　直径10μm弱の大きさをもつ最大の細胞小器官で，通常，細胞に一つあり，内部にDNAとタンパク質の結合した**染色体**をもつ．核の大きさは細胞の種類によらずほぼ一定である．染色体は物質的には**クロマチン（染色質）**といわれ，細胞分裂期以外は顕微鏡では見えない．核内部（核質）の均一に染色される部分を**真性クロマチン（ユークロマチン）**，ところどころの濃く染まる部分を**ヘテロクロマチン**という．核質の内部には少数の**核小体（仁）**が存在する．核の周囲は二重の膜「**核膜**」で包まれているが，そこには小さな穴（**核孔，核膜孔**）が多数（1000個程度）開いており，さまざまな物質がここを通って出入りする．

b. 小胞体　核膜の外膜から続く迷路のような袋状構造で，核を取り囲むように存在する．形態的に表面が滑らかな**滑面小胞体**と，リボソームが多数付着した**粗面小胞体**がある．粗面小胞体は分泌性タンパク質をつくり，膵臓などで発達している．一方滑面小胞体は，脂質合成やカルシウムイオン貯蔵といった多彩な機能をもつ．

c. ゴルジ体　小胞体の近傍に位置し，細胞に1個存在する．湾曲した扁平な袋が何層にも重なった構造をとる．**ゴルジ体（ゴルジ装置）**はタンパク質の加工（リン酸化，糖の結合など）を行うとともに，タンパク質配送センターとしても機能する．小胞体からゴルジ体に運ばれたタンパク質はゴルジ体を経て細胞膜に運ばれて分泌されたり，他の細胞小器官に取り込まれたりもし，またその逆方向の輸送にもかかわる（19頁発展学習参照）．

d. その他の小胞　ペルオキシソーム（ミクロボディーともいう）は小型の小胞で，**カタラーゼ**などの酵素を含み，有害な過酸化物を分解するとともに，脂質の分解を通して**発熱**にもかかわる．**リソソーム（ライソソーム）**は多数の消化酵素を

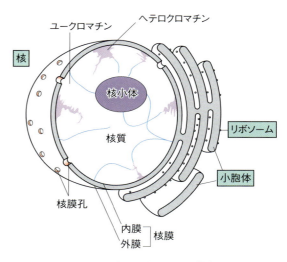

図2-8　核と小胞体の微細構造

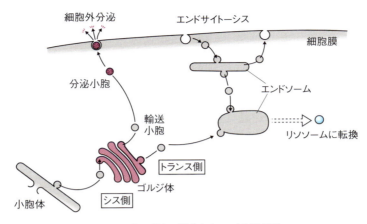

図2-9 ゴルジ体の構造とタンパク質輸送

含み，不要になった細胞内タンパク質や細胞小器官，細胞外からエンドサイトーシス（上記）で取り込んだ異物などの分解にかかわる．**エンドソーム**はエンドサイトーシスで取り込んだタンパク質の選別（細胞膜に戻すか分解にまわすか，など）と輸送に関与する．

e. **ミトコンドリア** ミトコンドリアは主要なエネルギー産生器官である．細胞容量の20〜30％を占め，形態は管状〜ラグビーボール状など

疾患ノート　ミトコンドリア脳筋症
　ミトコンドリアDNAの欠陥によりミトコンドリア機能障害が発生し，主にエネルギーを多量に消費する筋肉と脳神経に影響が出る．さまざまな病態がある．遺伝性の疾患だが，ミトコンドリアは精子には入らないため，**母性遺伝**の形式をとる．

と，細胞により異なる．二重の膜をもち，内膜は内部に入りくんだヒダ状構造（**クリステ**）をとる．内膜の内部**マトリックス**にはクエン酸回路（4章）があり，酸素を使った**好気呼吸**が行われ，エネルギー物質**ATP**が生産される．マトリックス内部には小型の環状のDNAがあり，自身の複製に伴ってDNAも増える．

2-2-4 膜構造をもたない細胞内構造体

a. **リボソーム** タンパク質合成の場となる粒子で，大小各1個の亜粒子からなる．真核生物以外の生物にも存在する．細胞に非常に多く存在し，細胞質に浮遊しているもののほかに小胞体に付着しているものもある．

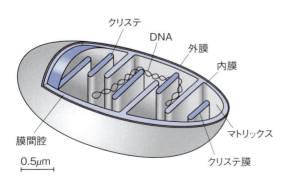

図2-10 ミトコンドリアの内部構造

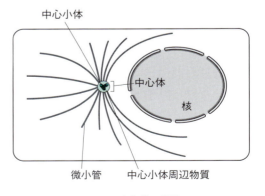

図2-11 中心体の構造

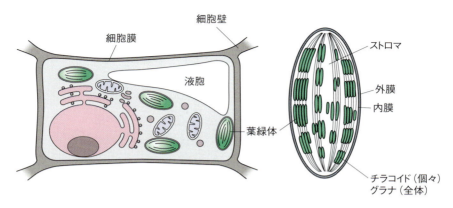

図 2-12　植物細胞の特徴

b．中心体　動物細胞の核のそばにみられ，1対の直角に交差する棒のような構造の**中心小体**と，その周囲の**中心小体周辺物質**よりなる．細胞分裂時になると複製し，両極に分かれて**星状体**となり，**微小管形成中心**となって紡錘体微小管などと結合する．植物には中心小体はなく，代わりに細胞表層に多数の微小管形成中心がある．

2-3　植物細胞

植物細胞も原形質に関しては動物とほぼ共通である．ただ植物にはペルオキシソームはなく，その代わりをグリオキシソームという細胞小器官が果たしている．中心体もない．植物細胞は細胞膜の外側に**細胞壁**という後形質がある．細胞壁は**セルロース**などを含むことにより，水に溶けない丈夫な構造を有している．**色素体**も植物に特有な膜をもつ細胞小器官である．いろいろな種類があるが，主要なものは**葉緑体**で，内部に**葉緑素（クロロフィル）**をもち，光合成の中心的な役割を果たす．葉緑体もミトコンドリアと同じく，内部にDNAをもつ．二重の膜で包まれ，内部に**チラコ**イドという扁平な袋が多数積み重なった**グラナ**という構造が見える．色素体にはこのほか**有色体**（カロテノイドを含む．ニンジンのオレンジ色），**白色体**（デンプンなどの貯蔵部位となる）などがある．

2-4　細胞骨格と細胞の運動
2-4-1　細胞骨格

真核細胞の形は多くの種類の**細胞骨格タンパク質**で維持される．細胞骨格タンパク質は7～25nmの太さをもつ繊維であるが，細い順から**アクチン繊維，中間径フィラメント，微小管**の3種類に分類される．通常これらのタンパク質は顕微鏡では見えない．細胞内では単位となる分子が集まって繊維となるが，繊維から単位分子が解離するなどの現象も起こり，繊維状態はダイナミックに変化している．アクチン繊維は細胞の形を維持するのに働くが，繊維構造のダイナミックな変化が仮（偽）足の伸縮を伴うアメーバ運動となって現れる．中間径フィラメントの種類は細胞によりさまざまであり（例：爪のケラチン，白血球のビメンチン），細胞内に縦横に張り巡らされている．微小管は中空の太い繊維で，中心体から放射状に出ており，モータータンパク質（次頁）のレールとなったり，染色体の牽引などに関わる．

> **メモ　葉緑素と血色素／ヘモグロビン**
> 植物に含まれる**葉緑素**と赤血球に含まれる**血色素（ヘモグロビン）**は化学的には**ヘム**という共通の構造をもつ．いずれも分子内に金属（葉緑素はマグネシウム，ヘモグロビンは鉄）を含む．

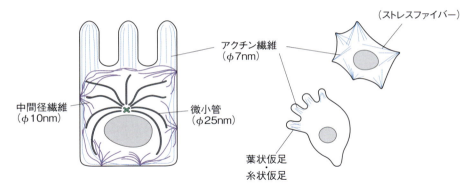

図2-13 細胞骨格タンパク質

2-4-2 運動とモータータンパク質

細胞にはいろいろな運動，あるいは動きがみられる．運動の程度は白血球，精子，筋肉細胞（9章）のようによくわかるものからそうでないものまでさまざまである．白血球は組織液とともに血管からしみ出し，傷口や病原体のあるところに集まることができる．一見運動がなさそうな細胞でも，細胞の内部ではいろいろなタイプの運動が顕微鏡的に観察できる．細胞小器官が細胞のある場所から他の場所に移動するという現象（**細胞内輸送**），あるいは細胞質全体が動くという現象（**原形質流動**），さらには染色体が細胞分裂後期に両極に引かれて動くという現象などは，細胞がみせる普遍的な運動を伴う現象である．これらの運動にはすべてエネルギーが必要であるが，このエネルギー源となるものは高エネルギー物質の**ATP**である．運動にはもう一つ，ATPのエネルギーを力に変えるタンパク質が必要であるが，このようなタンパク質を総称して**モータータンパク質**という．よく知られているモータータンパク質に**ミオシン**がある．モータータンパク質には，ATP加水分解活性とそのときに出るエネルギーを用いて分子が首振り運動をするという性質があるが，これが運動という形で観察される．**筋肉運動**は，アクチン繊維に接するミオシンが首振り運動をし，アクチン繊維を移動させる現象である（9章）．

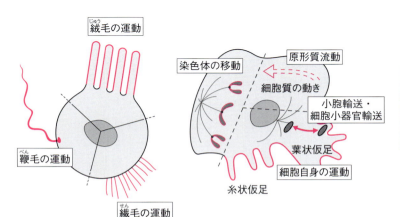 

筋肉細胞（撮影：阿部洋志博士）

図2-14 いろいろな細胞運動
運動の見られる部分を赤で示した．

発展学習　タンパク質の成熟，細胞内移動，分解

A：タンパク質のできる場所は利用される場所で違う

タンパク質は細胞質にある**リボソーム**でつくられる．リボソームには遊離のもの（**遊離リボソーム**）と小胞体に結合しているもの（**膜結合型リボソーム**）があるが，それぞれでつくられるタンパク質には違いがある．これはタンパク質がつくられた後，どこに移動して留まるか（=>**局在**する）によって決まる．核，ミトコンドリア，ペルオキシソーム，葉緑体に局在するタンパク質，細胞質にそのまま留まるタンパク質は遊離リボソームでつくられる．これに対し，ゴルジ体，エンドソーム，リソソーム，小胞に局在するもの，あるいは細胞外に分泌されるものは，膜結合型リボソームでつくられた後いったん小胞体の内腔に入り，その後**小胞輸送**によってそれぞれの標的部位に運ばれる．

B：タンパク質が膜を通過するときには一部が切断される

膜結合型リボソームでつくられたタンパク質が小胞体に入る場合，そのままでは小胞体膜を通過することはできない．この場合，まずタンパク質のアミノ末端（N末端）（3章）に存在する疎水性アミノ酸に富む短い断片（**シグナル配列**あるいは**シグナルペプチド**）が膜を貫通し，それを足がかりに残り部分が膜内に入り，その後シグナル配列が切断されるという過程を経る．

C：タンパク質の正しい折り畳み

小胞体に入ったタンパク質は通常正しく折り畳まれて活性型となるが，折り畳みに失敗する場合もある．そうした場合，ペプチド鎖（タンパク質の鎖）に折り畳みを正しくさせる機能をもつタンパク質（=>**シャペロン**）が結合し，ATPのエネルギーを使って折り畳みを行わせる．しかしタンパク質が過度に変性したり，正しい折り畳みができなかった場合は，**小胞体関連分**

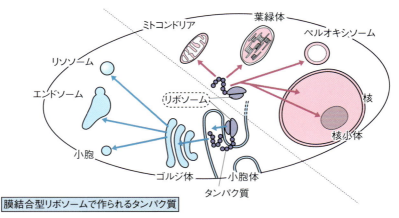

図2-15　タンパク質の局在化

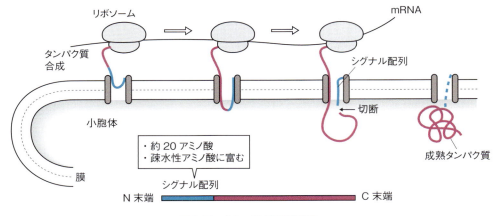

図 2-16 タンパク質の膜通過

解という機構によってタンパク質は分解処理される．小胞体にはこのような**タンパク質の品質管理**を行う機能がある．

D：小胞輸送

小胞体などの細胞小器官に入ったタンパク質が他の場所に移動するときは，基本的に**小胞輸送**によって運搬される．膜から芽が出るように小胞ができてタンパク質がその中に包まれ，その小胞が細胞質を移動する．移動した小胞と他の細胞小器官の膜との間での膜融合が起こり，その結果タンパク質が異なる場所に存在する細胞小器官に移動することになる．典型的な例は小胞体からゴルジ体（あるいはその逆）への移動，あるいはゴルジ体から細胞膜（注：この場合は**細胞外分泌**が起こる）や他の細胞小器官へ移動する際にみられる．

E：リソソームによるタンパク質の分解

リソソームは細胞内で不要になったタンパク質の分解にかかわる．内部は酸性の環境にあり，

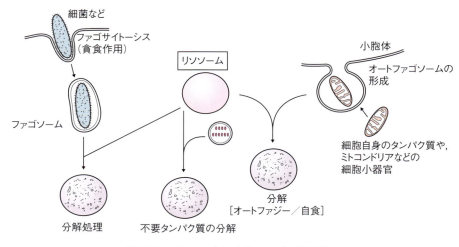

図 2-17 リソソームによるタンパク質分解

酸性で働く多くのタンパク質分解酵素，脂質分解酵素，核酸分解酵素，糖分解酵素を含む．リソソームの酵素はゴルジ体から供給されるが，小胞がリソソームと融合することにより，小胞内タンパク質が分解される．細胞外から取り込んだタンパク質を分解するほか，細胞自身の不要タンパク質も同様の機構で分解処理されるが，これを**オートファジー（自食）**という．

疾患ノート　リソソーム病（リソソーム蓄積症，ライソゾーム病）

リソソーム酵素に欠陥があるため，分解されるべき物質が細胞や体内に溜まってしまうために起こる**先天代謝異常症**の総称．ゴーシェ病やファブリー病など多くの疾患があり，特定疾患（難病）に指定されている．

コラム：細胞内タンパク質分解

細胞内タンパク質分解には大別して二つの機構があるが，一つは上述したリソソームによる分解である．リソソーム内部は酸性状態であり，中にある分解酵素は酸性状態でのみ働く．したがって他の細胞質タンパク質には影響せず，小胞に取り込まれた特定のタンパク質のみを細胞内で分解処理することができる．もう一つの分解機構は**プロテアソーム**による分解である．プロテアソームは巨大な筒状構造のタンパク質粒子で，内部にタンパク質を取り込んで分解する．プロテアソームによって分解されるタンパク質には，主に寿命の短いもの，細胞のある時期にのみに機能を発揮する必要のあるものなどが含まれる．プロテアソームは**ユビキチン**という小型タンパク質が鎖状に多数連結されたタンパク質のみを標的として分解するが，細胞内には特定のタンパク質をユビキチン化する特異的**ユビキチン連結酵素（ユビキチンリガーゼ）**が多数存在する．このような細胞内の特定のタンパク質が分解される機構は，血管や消化管内など"細胞外"でみられるタンパク質分解とは異なる．

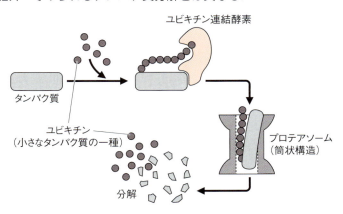

図2-18　ユビキチン-プロテアソーム系

疾患ノート　小胞体ストレス

小胞体が内部にあるタンパク質の品質管理ができなくなり，異常タンパク質が溜まって**小胞体ストレス**という状態になると，アポトーシスにより細胞が死滅する．小胞体ストレスは**糖尿病，癌，神経変性疾患**（例：ALS，パーキンソン病，アルツハイマー病）などの原因になると考えられる．

3章 生物を構成する物質

3-1 物質の構成単位
3-1-1 元素と原子

物質は**元素**からなる．元素には水素 H, 酸素 O, ナトリウム Na, 鉄 Fe などさまざまなものがあり，地球上には 100 を超える元素が存在する（元素はアルファベットによる**元素記号**で表す）．元素は直径 0.1 〜 0.3nm の**原子**という粒子で存在する．原子は中心の**原子核**とその周囲の**電子**から構成されるが，原子核は**陽子**と**中性子**を含み，元素としての性質は陽子数で決まる．陽子と中性子の重さはほぼ等しく，電子にはほとんど重さがない．原子の相対的質量を**原子量**（陽子数と中性子数を加えた整数値にほぼ近い）といい，原子量の大きな元素ほど重い（例：水素の原子量は 1, ウランは 238）．陽子はプラスの電気を一つだけもち，電子はマイナスの電気を一つもつ．通常は陽子数と電子数が釣り合い，原子は電気的に中性の状態にある．

> **解説　同位体**
> 陽子数が同じでも中性子数の異なる原子を**同位体**（アイソトープ）というが，この中には原子核が不安定で**放射線**を出してより安定になろうとするものがあり，**放射性同位体**（ラジオアイソトープ）とよばれる．

> **メモ　質量**
> 物体がどれだけ動かしにくいか，という重さの程度を示す量．変わることのない物体固有の物理量で，グラム [g] で表す．地球上で 1kg の物体でも重力のない宇宙空間では重さを示さないので，秤の測定値である重量とは異なる．

3-1-2 分子

複数の原子が**共有結合**で強く結合したものを**分子**という．酸素原子が 2 個結合したものは酸素（気体の酸素．あえて分子といわない），3 個結合したものはオゾンである．1 個の炭素と 1 個の酸素が結合した一酸化炭素や 1 個の炭素と 2 個の酸素が結合した二酸化炭素のように，異なる原子からできている分子を**化合物**という．分子は物質の基本単位であるが，物質の中には複数の分子が混ざっただけの**混合物**も多い（例：空気 [窒素＋酸素＋水＋二酸化炭素＋その他多数の気体] や尿）．

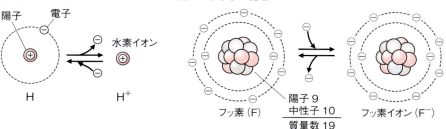

図 3-1　主な元素と原子の構造，およびイオン化

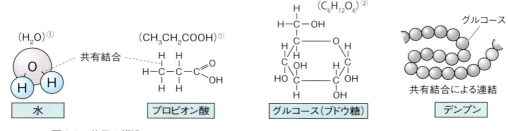

図 3-2　分子の構造
プロピオン酸とグルコースは分子構造式で示す．
（　）①と（　）②はそれぞれ分子式と組成式．デンプンは高分子，それ以外は低分子．

> **解説　原子量，ドルトン，分子量，モル**
> 原子の重さを示す**原子量**は炭素原子の質量を 12 とした場合の相対値で表し，単位はつけない．なお，原子 1 個の質量は原子量に**ドルトン**（**Da**．$1\text{Da} = 1.66 \times 10^{-27}$kg）という単位をつけて表現される．**分子量**は原子量の総和で，水（H_2O）は $1 \times 2 + 16 \times 1$ で 18 となる．分子量 N の分子が 6.01×10^{23} 個（**アボガドロ数 =>1 モル**）あるとき，その重さは N グラムとなる．

3-1-3　イオン

電子は簡単に原子から飛び出したり，逆に飛び込む性質があり，原子によって電子が出やすいもの（例：水素，カルシウム）や入りやすいもの（例：酸素，塩素）がある．このように原子が通常状態よりも少ない，あるいは多い数の電子をもつと，原子はそれぞれ正（プラス）あるいは負（マイナス）の電気をもつ．このようなものを**イオン**という．イオンになることを**イオン化**という．分子中の原子もイオン化する．酢酸を水に溶かすと 1 個の水素原子が簡単に分子から離れる（**解離**する）．このとき水素原子にあるべき 1 個の電子が酢酸の酸素原子に捕捉されるため，結果，酢酸はプラスの電気をもつ水素イオンとマイナスの電気をもつ酢酸イオンに解離することになる．解離してイオン化することを**電離**という．

3-2　水：生命を維持する基本の物質

3-2-1　水の重要性

水はすべての生物にとって必須で，細胞は多量の水を含む．水は温まりにくく冷めにくいので体温維持に適しており，また，小さな分子であるにもかかわらず 100℃ までは液体状態を維持できるため，さまざまな温度条件で細胞を保持できる．

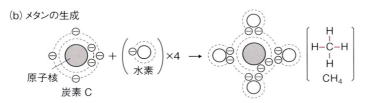

図 3-3　共有結合により分子ができる
赤い線が共有結合部分を示す．最も外側の軌道にある電子を価電子といい，共有結合にあずかる．

解説　電子と原子間相互作用
　原子や分子の構造維持，あるいは**原子間相互作用**などの振る舞いは電子の挙動，つまり同じ電気をもつものは反発し，異なる電気をもつものは引き合うという現象による．原子間相互作用には以下の5種類がある．**共有結合**は2個の原子核が電子を共有して，強固に結合し，分子骨格をつくるのに使われる（図3-3）．水素原子は2個の電子が共有結合にかかわるが，共有結合を記号で表す場合，2個の電子は"手"として1本の線で表される．酸素，窒素，炭素の手の数はそれぞれ2つ，3つ，4つである．以下の4種類は**非共有結合**，すなわち**弱い結合**で，小さなエネルギーで簡単に壊れる．（a）**イオン間相互作用**：正負のイオンが引き合う．（b）**水素結合**：水素原子は電子を遠ざけてプラスに電気を帯びやすいので，ここを標的とし，マイナスを帯びた酸素原子や窒素原子が接近する．（c）**疎水結合／疎水性相互作用**：疎水性部分が水分子から遠ざかり，疎水性部分同士で集まろうとする．（d）**ファンデルワールス力**：原子間に発生する普遍的な力．以上のような弱い力は分子の立体構造の形成，DNAの二本鎖形成，複数のタンパク質が集合してより大きな機能性タンパク質を形成するなどの過程で使われる．

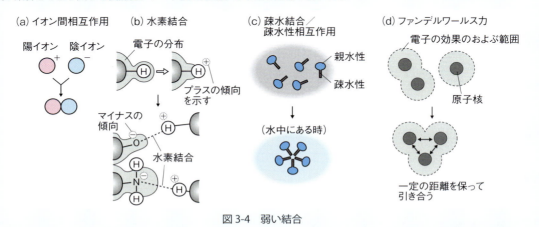

図 3-4　弱い結合

　水は物質をよく溶かすので，0℃以下でも凍らない状態をつくることができ，化学反応も容易に起こる．水分子は毛細管現象が顕著で，植物が水を高い場所に吸い上げることを可能にしている．水分子が強い**水素結合**によって互いに引き合うことが，これらの現象を可能にしている．

3-2-2　pH
　水自身も一部が電離し，**水素イオン** H^+ と**水酸化物イオン** OH^- になる．両イオンの濃度の積は $[H^+]$（1×10^{-7}M）× $[OH^-]$（1×10^{-7}M）= 1×10^{-14}M（M＝モル濃度）と一定である．水素イオン濃度の数値の逆数の対数値 $\log 10^7 = 7$ を **pH** という．水の pH は7で，これを**中性**といい，7未満の水素イオンの多い状態を**酸性**，7を超える水素イオンの少ない状態を**塩基性**という．通常の組織や細胞は中性であり，生物も一般的に中性を好む．酸（例：乳酸，核酸，アミノ酸）は水素イオンを出し，塩基性の石灰水や重曹水は水酸化物イオンが多く，水素イオンが少ない．胃には胃酸（塩酸）があるため強い酸性（pH2以下）になっている．

> **メモ　pH緩衝液**
> pHを安定に保つ目的の溶液を **pH緩衝液** という．アミノ酸やタンパク質も図3-13でわかるように，水素イオンや水酸化物イオンを吸収することができるので緩衝作用がある．

3-2-3　浸透圧
　食塩（塩化ナトリウム）水と水をセロハン紙で仕切ると，食塩水の水位が上がり，水の水位が下がって圧力差を生じる．この圧力差を**浸透圧**とい

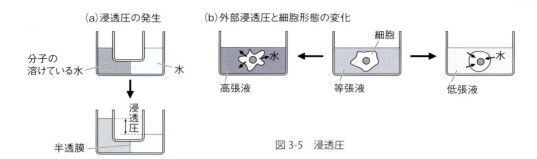

図 3-5　浸透圧

うが，この現象は，物質の均一になろうという性質と，セロハンに分子が通れるくらいの小さな穴があいていることによって起こる（=> 水が食塩水を薄めようと食塩水側に移動する）．食塩は分子が大きいために膜通過に時間がかかる．浸透圧は溶けているもののモル濃度に比例する．セロハンのような膜を**半透膜**といい，生体膜も半透膜である．濃度の薄い方から濃い方に水が移動するというこの性質のため，赤血球を真水に入れると中に水が入って破れる（=> **溶血**）．細胞や組織液の浸透圧は 0.9％の食塩水（**生理的食塩水**）と同等であるが，この状態を**等張**といい，高い場合と低い場合をそれぞれ**高張**，**低張**という．ヒトでは**腎臓**が血中の塩分や水分の排出を通して浸透圧の調節を行っている．

疾患ノート　腹水と浸透圧

肝臓が癌化して**アルブミン**をつくれなくなったり，栄養失調で血中アルブミン濃度が下がると，血液浸透圧が下がって水分が血液から組織に移るために腹水が溜まるという病状が現れる．

コラム：水生生物が浸透圧を調節するしくみ

水中に棲む動物は，**体内浸透圧**を調節する独自のしくみをもっている．硬骨魚類のうち，淡水魚は周囲から水が浸入するため体内浸透圧が低張になりがちであり，逆に海水魚は濃い塩分が浸入するために内部が高張になりがちである．しかし淡水魚がとくに水っぽく，海水魚がとくに塩辛いということはない．これは淡水魚は薄い尿を出し，エラからは塩類を積極的に取り込む一方，海水魚は塩分の多い尿を出すと共にエラから塩分を排出しているためである．ウナギなどは，ダイナミックな浸透圧調整能力があり，淡水と海水，両方の環境で生きられる．サメやエイなどの軟骨魚類は老廃物である尿素を体内に保持し，それで海水と同じ浸透圧を維持している（=> 古代魚であるシーラカンスも同様）．淡水や汽水（淡水と海水の混じった水）に棲むカニはある程度の浸透圧調節能があるが，海底に棲むカニには調節能がほとんどなく，体内浸透圧は外界と等しい．焼きガニに塩味を感ずるのはこの理由による．海産物を餌とするクジラ類，ウミガメ類，海鳥類は，潮吹きや塩涙腺という特別の方法や器官によって塩分の濃い水を排出する．

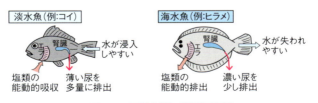

図 3-6　硬骨魚類の浸透圧調節

(a) 元素組成（重量比）

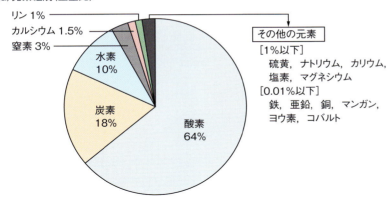

(b) 元素の働きと局在

元素（元素記号）	働き，局在
酸素（O）	有機物全般，吸気として外界から取り入れる．水
炭素（C）	有機物全般，炭酸ガスの形で呼気として排出
水素（H）	有機物全般，水
窒素（N）	アミノ酸（タンパク質も含む），塩基（核酸やヌクレオチドを含む），尿素として尿から排出
カルシウム（Ca）	骨，歯，細胞機能調節，神経細胞，酵素活性制御
リン（P）	核内に多い（染色体DNAやRNA）．タンパク質や脂質と結合，リン酸の形で利用される
硫黄（S）	タンパク質を構成するアミノ酸（システイン，メチオニン）
ナトリウム（Na）	体液，細胞，浸透圧調節，細胞機能制御
カリウム（K）	体液，細胞，細胞機能制御
塩素（Cl）	体液，細胞，胃液，細胞機能制御
マグネシウム（Mg）	酵素活性の調節，タンパク質に結合（植物：葉緑体）
鉄（Fe）	赤血球，筋肉，酸素と結合，酵素活性の調節，酸化還元酵素の調節
亜鉛（Zn）	タンパク質と結合，制御因子の調節
銅（Cu）	さまざまなタンパク質と結合
マンガン（Mn）	酵素活性の調節，タンパク質と結合
ヨウ素（I）	甲状腺ホルモン，大部分は甲状腺に含まれる
コバルト（Co）	ビタミンB_{12}

図 3-7　ヒトの体に含まれる元素

3-3　生体を構成する物質

3-3-1　人体に含まれる元素

人体には約 20 種類の元素が含まれている．元素の量を重量比で見た場合，酸素，炭素，水素がとくに多く（=> **主要 3 元素**），これに窒素を加えた**主要 4 元素**で全体の 95％を占める．残りの元素で主要なものはカルシウム，リン，硫黄，ナトリウム，カリウム，塩素，マグネシウムで，ここまでの元素はすべての細胞に共通にみられる．組織にはこのほか鉄，コバルト，亜鉛，銅などの微量元素が含まれる．各元素は図 3-7 に記した働きと細胞／組織局在性を示す．

3-3-2　生体物質の分類と性質

a. 有機物と無機物　炭素を含む化合物（ただし，一酸化炭素，二酸化炭素，青酸などをのぞく）を**有機物**といい，それ以外の分子を**無機物**という．有機物にはタンパク質，エタノール，乳酸など

解説　界面活性剤

両親媒性物質を水と油の界面に加えると，疎水性部分が油側に向いて油を微粒子として包み，親水性部分で水となじむため，界面が消え，油は微粒子となって水に懸濁する（=> **乳化**という．牛乳はバターが乳化されている）．このような性質をもつ両親媒性物質を**界面活性剤**といい，石けんもその一つである．胆汁中の脂質の一種**胆汁酸**も脂肪を乳化させ，リパーゼによる脂肪の消化を助ける．

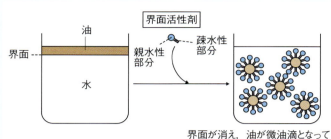

図 3-8　界面活性剤の作用

が含まれ，生物活動に関連して存在するものが多い（注：尿素が化学合成できるなど，生命がなくても有機物は合成できる）．無機物には無機塩類，無機酸類，単体の金属や炭素，ある種の気体，水やその他の物質が含まれる．

b．低分子と高分子　**低分子**は分子量がおよそ 10000 までの分子で，生体分子ではアミノ酸，グルコース，デオキシヌクレオチド（下記参照）などがある．分子量が 10000 以上のものを**高分子**という．高分子は低分子物質が単位分子（**モノマー**）となり，それが多数連なった**重合分子（ポリマー）**である．生体高分子であるタンパク質，グリコーゲンやデンプン，DNA は，それぞれアミノ酸，グルコース，デオキシヌクレオチドからなる．モノマーの重合数が 2 ～数十個程度のものを**オリゴマー**という場合がある．

c．親水性と疎水性　それぞれ水に溶けやすい性質と溶けにくい性質を表す．イオンに解離しやすいものは親水性である．有機物の場合，水酸基（-OH）や解離性水素を多数もつもの（例：エチルアルコール，ショ糖，DNA）は親水性を示す．疎水性物質は脂質に溶ける**脂溶性**を示す．分子内に疎水性領域と親水性領域がある分子は水と油の両方になじむ**両親媒性**を示す．細胞膜の主成分であるリン脂質も脂肪酸部分が疎水性，リン酸基が親水性で，疎水性部分で集合して脂質二重膜（2章）を形成する．

d．酸性物質と塩基性物質　水に溶けたときに**水素イオン**を放出し，自身が負のイオンになる物質を**酸**，あるいは**酸性物質**という．逆に**水酸化物イオン**を放出したり，水素イオンを捕捉し，自身が正に荷電する性質をもつものを**塩基**，あるいは**塩基性物質**という．水酸化化合物（例：水酸化ナトリウム）が典型的な塩基であるが，生物に含まれる物質の場合は窒素をもつものが多い（例：アンモニア，アデニン）．酸か塩基かの判断は分子全体を見て判断する．分子内に酸の部分があっても塩基性の性質が優勢であれば塩基性物質である（例：タンパク質のヒストンやプロタミン）．

3-3-3　糖質

炭素数 3 ～ 9 の炭素骨格に多数の水酸基（-OH）をもち，アルデヒド基かケトン基をもつものを**糖**という．主に**エネルギー源**として使われるが，調節物質や核酸の成分，植物ではセルロースのように細胞素材としても使われる．**単糖**は糖の基本形だが，中でも炭素数 5（**五炭糖**）と 6（**六炭糖**：グルコース[ブドウ糖]など）のものが重要である．**グルコース**は基本となる糖で，他の単糖はグルコースに変換されて利用される．**血糖**は血中のグルコースである．単糖が数個結合したものを**オリゴ糖（少糖）**といい，**二糖類**（例：グルコース

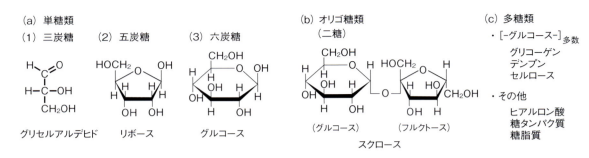

図 3-9 糖質の種類と構造

とフルクトースが結合した**スクロース**[ショ糖／砂糖]）がとくに重要である．単糖やオリゴ糖は水によく溶け，多くは甘みを示す．**多糖**は単糖の重合した高分子で，このうち**グリコーゲン，デンプン，セルロース**などはグルコースのみが重合した**ホモ多糖**である．これに対し**グリコサミノグリカン**（例：ヒアルロン酸，ヘパリン）は複数種の単糖の誘導体（構造の変化したもの．例：グルコサミン）が多数連なった**ヘテロ多糖**で，細胞外マトリックス（2章）に多く存在する．生体内には以上のような**単純糖質**以外にも，タンパク質や脂質にオリゴ糖や多糖が結合した**複合糖質**が多数存在する．**アルコール類**は糖の代謝過程で生じるので，分類上は糖に入る．

表 3·1 糖と脂質

糖		
単糖類	五炭糖（リボース，デオキシリボース） 六炭糖（グルコース，フルクトース，マンノース） 単糖の誘導体（グルコサミン，ガラクトサミン）	単純糖質
少糖類	二糖類（マルトース，スクロース，ラクトース），三糖類	
多糖類	ホモ多糖（デンプン，グリコーゲン） ヘテロ多糖（ヒアルロン酸，コンニャクマンナン，アラビアゴム）	
	複合糖質（プロテオグリカン［ヘテロ多糖＋タンパク質］，糖タンパク質，糖脂質）	

脂質	*誘導脂質に分類される
<種類>	
脂肪酸*	パルミチン酸，リノール酸，アラキドン酸
単純脂質	脂肪（中性脂肪），ロウ
複合脂質	リン脂質：ホスファチジルコリン，ホスファチジルセリン 糖脂質：グリセロ糖脂質，スフィンゴ糖脂質
ステロイド*	コレステロール，性ホルモン，副腎皮質ホルモン
その他*	ビタミン D，ビタミン A，プロスタグランジン類
結合脂質	リポタンパク質，プロテオリピド，リポ多糖

<機能>

機能	脂質の種類
貯蔵エネルギー	中性脂肪
生体膜成分	リン脂質，コレステロール，糖脂質
脂質の消化促進	胆汁酸
脂質運搬体	リポタンパク質
生体調節機能	プロスタグランジン，イノシトールリン脂質
ホルモン，遺伝子発現調節	ビタミン A，ステロイドホルモン，甲状腺ホルモン

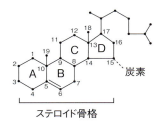

図 3-10 主な脂質の構造

3-3-4 脂質

有機溶媒に溶けやすい物質を**脂質**といい，いくつもの種類がある．長い炭素の鎖に酸の性質を示す**カルボキシ基**（-COOH）がついたものは**脂肪酸**といい，炭素の長さの違いなどにより多くの種類がある．グリセロールと結合した形で油脂に含まれ，炭素数が 16 と 18 のものが多い（例：パルミチン酸，オレイン酸）．**グリセロール**（グリセリン）に脂肪酸がついたものを**中性脂肪**といい，種子油や皮下脂肪など，動植物の油脂の中心をなし**エネルギー源**となる．リン酸をもつ脂質を**リン脂質**といい，細胞膜を形成する．脂質にはこのほかにも生理活性をもつものがある．**プロスタグランジン類**は子宮の収縮や弛緩，血管の拡張や弛緩に効く．特徴的な複数の炭素環状構造をもつ脂質に**ステロイド類**がある．ステロイドには細胞や血中に広く分布する**コレステロール**，そして**ビタミンD**や**ステロイドホルモン類**（例：糖質コルチコイド，性ホルモン），**胆汁酸**などがある．

3-3-5 タンパク質とアミノ酸

a. アミノ酸　塩基の性質を示す**アミノ基**（-NH$_2$）と酸の性質を示す**カルボキシ基**をもつ分子を**アミノ酸**という．タンパク質はアミノ酸が重合した高分子だが，タンパク質を構成するアミノ酸は 20 種類に限定されている（表 3・2）．図 3-11

表 3・2　タンパク質を構成する 20 種類のアミノ酸

性質		名称	3文字表記
中性アミノ酸		グリシン	Gly
親水性アミノ酸	正電荷をもつ	ヒスチジン リシン アルギニン	His Lys Arg
	負電荷をもつ	アスパラギン酸 グルタミン酸	Asp Glu
	アミドを含む	アスパラギン グルタミン	Asn Gln
	水酸基を含む	セリン トレオニン	Ser Thr

性質		名称	3文字表記
疎水性アミノ酸	芳香環をもつ	トリプトファン チロシン	Trp Tyr
		フェニルアラニン	Phe
	硫黄を含む	メチオニン システイン	Met Cys
	脂肪族の性質をもつ	アラニン ロイシン イソロイシン バリン プロリン	Ala Leu Ile Val Pro

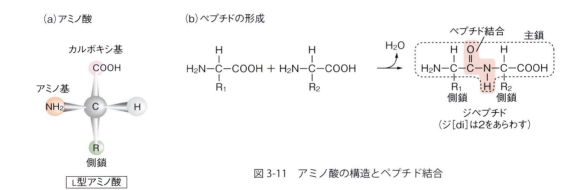

図 3-11　アミノ酸の構造とペプチド結合

に示すように，アミノ酸は炭素にカルボキシ基とアミノ基，アミノ酸特異的な原子団である**側鎖**，そして水素が結合している．天然のアミノ酸はすべて水素とアミノ基がこの向きの配置にある**L型アミノ酸**である（反対側にあるものをD型アミノ酸という）．

b. ペプチドとタンパク質　アミノ酸のカルボキシ基と別のアミノ酸のアミノ基から水が取られる形でアミノ酸同士が結合する．この結合様式を**ペプチド結合**という．アミノ酸が連なったものを一般に**ペプチド**というが，アミノ酸の数が数十までのものをオリゴペプチド，あるいは単にペプチドといい，それを超えたものを**ポリペプチド**（ポリ［poly］は多）という．一定の高次構造（下記）をもったポリペプチドが**タンパク質**といわれる．タンパク質はこのように**アミノ末端（N末端）**と**カルボキシ末端（C末端）**という方向性をもつ．ペプチド鎖が延びる方向はタンパク質の合成方向と同じであり，アミノ酸配列（=> タンパク質の**一次構造**）は遺伝子で決められている．タンパク質の構造は多様であり，その機能も，酵素，ホルモン，輸送，調節物質など，多岐にわたる．

c. タンパク質の高次構造　ポリペプチド鎖はアミノ酸同士の弱い結合によってヒダ状構造（**β-構造，β-シート**）やらせん状の構造（**α-らせん**）をとるが，これらをタンパク質の**二次構造**という．二次構造をもつポリペプチド鎖は内側に疎水性アミノ酸，外側に親水性アミノ酸を配し，折り畳まれて一定の形をとるが，それを**三次構造**という．システインのスルフヒドリル基（-SH）同士が酸化され，**ジスルフィド結合**（-S-S-，**SS結合**）でポリペプチド鎖が共有結合する場合があり，こ

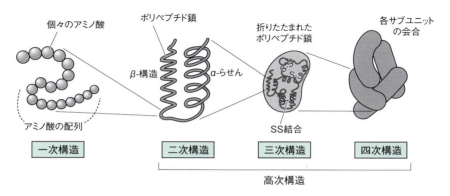

図 3-12　タンパク質の高次構造

解説　アミノ酸とタンパク質の電離

アミノ酸が水に溶けるとイオン化してカルボキシ基とアミノ基がそれぞれ $-COO^-$ と $-NH_3^+$ となり，酸と塩基の両方の性質を示すが，それに加え，側鎖も電離する．このためアミノ酸がある pH でどのような電気的性質を示すかは，アミノ酸特異的である．たとえば中性の pH ではアスパラギン酸は酸として振る舞い（**酸性アミノ酸**．自身は負に荷電），アルギニンは塩基として振る舞う（**塩基性アミノ酸**．自身は正に荷電）．このようにアミノ酸は特有の電気的性質をもつが，この性質はタンパク質でもみられる．

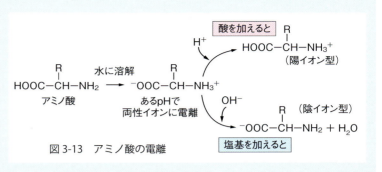

図 3-13　アミノ酸の電離

疾患ノート　プリオン病

プリオン（prion）は哺乳動物の正常タンパクであるが，遺伝子に変異があると高次構造が変化して不溶化し，細胞や組織（とくに脳細胞）に沈着して個体を死に至らしめる．例として牛の BSE（**ウシ海綿状脳症／狂牛病**），ヒトの CJD（**クロイツフェルト - ヤコブ病**）がある．異常プリオンは正常プリオンを異常に変える働きがあるため，BSE に罹った動物の肉の摂取や，CJD 患者の組織移植によって異常プリオンが体内に入ると，脳の正常プリオンを異常化させるために「感染」が成立し，脳症が発症すると考えられる．

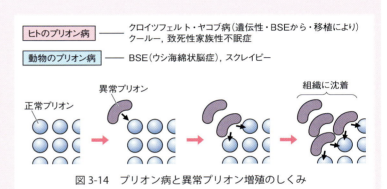

図 3-14　プリオン病と異常プリオン増殖のしくみ

れも三次構造形成にかかわる．タンパク質が非共有結合で結合して機能性タンパク質となる場合，個々のタンパク質を**サブユニット**という．二次構造〜サブユニット構造（**四次構造**）をタンパク質の**高次構造**という．高次構造が熱（例：60℃以上）や反応性試薬（例：酸や塩基，ハロゲン，水素結合切断試薬，界面活性剤）で壊れることを変性といい，多くの場合タンパク質の機能が失われる（**失活**）が，変性剤を除くと元の構造に戻って活性を取り戻す場合もある（**再生**）（注：タンパク質の高次構造は一次構造で決まる）．

3-3-6　核酸とヌクレオチド

核にある酸性物質である**核酸**（nucleic acid）は，糖（**リボース**か，そこから酸素が一つとれた**デオキシリボース**）と**塩基**，そして**リン酸**からなる**ヌクレオチド**が重合した高分子で，リボースをもつ**リボ核酸**（**RNA**：ribonucleic acid）と，デオキシリボースをもつ**デオキシリボ核酸**（**DNA**：deoxyribonucleic acid）の 2 種類がある．DNA は遺伝子として，RNA はタンパク質合成やそれ以外の目的で用いられる（5 章）．

a．ヌクレオチドの構造　DNA 用ヌクレオチドの塩基には**アデニン**（A），**グアニン**（G），**シトシン**（C），**チミン**（T）の 4 種類がある．糖にある炭素は $1'\sim 5'$ の番号をもつが，塩基は $1'$ に，リン酸は $5'$ に付く．リン酸は 3 個まで結合可能で，たとえば A とリボースが結合したアデノシ

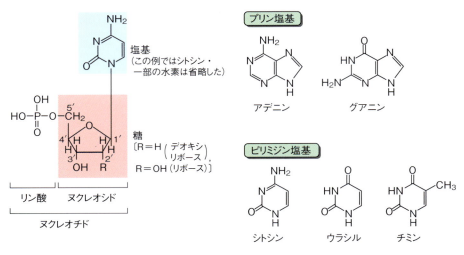

図 3-15 ヌクレオチドの構造

ン(Adenosine)に 3 個(Tri)のリン酸(Phosphate)が付いた分子はアデノシン三リン酸：**ATP** という．リン酸が 2 個(di)のものと 1 個(mono)のものは，それぞれ **ADP**，**AMP** といい，その他も表 3・3 のようによぶ．DNA 用のヌクレオチドはデオキシアデノシン三リン酸（dATP）などとよぶ．リン酸基同士の結合は大きなエネルギーを含み，**ATP は高エネルギー物質としても使われる**（次章）．DNA 合成や RNA 合成の基質は三リン酸型のヌクレオチドである．

表 3・3 塩基, ヌクレオシド, ヌクレオチドの名称

塩 基	ヌクレオシド		ヌクレオチド		
	糖†	名 称	一リン酸	二リン酸	三リン酸
プリン#					
アデニン(A)	R	アデノシン	AMP（アデニル酸）	ADP	ATP
	D	デオキシアデノシン	dAMP （デオキシアデニル酸）	dADP	dATP
グアニン(G)	R	グアノシン	GMP（グアニル酸）	GDP	GTP
	D	デオキシグアノシン	dGMP （デオキシグアニル酸）	dGDP	dGTP
ピリミジン#					
シトシン(C)	R	シチジン	CMP（シチジル酸）	CDP	CTP
	D	デオキシシチジン	dCMP （デオキシシチジル酸）	dCDP	dCTP
ウラシル(U)	R	ウリジン	UMP（ウリジル酸）	UDP	UTP
チミン(T)	D	（デオキシ）チミジン	TMP （（デオキシ）チミジル酸）	TDP	TTP

†：R：リボース，D：デオキシリボース
　ヌクレオシドにリン酸がついたものをヌクレオチドという．
＃：塩基は構造により，大きくプリン塩基とピリミジン塩基に分けられる．

(a) DNA 鎖の構造（水素の一部は省略した） (b) 塩基対を介した二本鎖形成 (c) 二重らせん構造

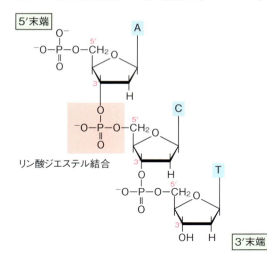
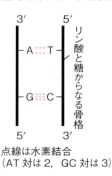
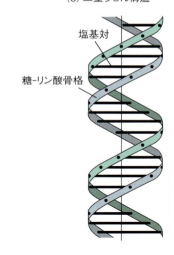

図 3-16　DNA の構造

b. DNA の構造　デオキシヌクレオチドの糖の 3′ に次のデオキシヌクレオチドの糖の 5′ がリン酸を一つ残した**リン酸ジエステル結合**で結合し，この結合が次々に起こって多数ヌクレオチドが連なった DNA 分子ができる．DNA 分子の違いはヌクレオチドのもつ塩基の違い，すなわち**塩基配列**の違いによる．DNA 鎖はこのように 5′ 末端→3′ 末端という方向性をもつが，この方向が実際に核酸が合成される方向でもある．DNA は 2 本で 1 組となる．この場合，もう一つの DNA 鎖が反対の方向に向いて塩基同士が**水素結合**で結合する．塩基のペア（**塩基対**）は A に T，G に C というように法則があるが，一方の鎖の塩基が決まれば他方の鎖の塩基も決まるこの性質を**塩基対の相補性**という．二本鎖 DNA はさらに全体が右にねじれている〔**DNA の二重らせん構造**〕．DNA のこの構造はワトソンとクリックにより発見された．塩基対は 100℃ の加熱や尿素処理といった水素結合を切る条件で壊れ，DNA は一本鎖になる（**DNA の変性**）が，冷ましたり変性剤を除くことで二本鎖に戻る．一本鎖 DNA が相補的塩基配列で水素結合して二本鎖になることを**アニーリング**あるいは**ハイブリダイゼーション**という．

c. RNA の構造　RNA は DNA と似た分子であるが，基本的に一本鎖である．ただ，分子内の相補的な領域で部分的に二本鎖になることが多い．RNA は塩基としてチミンの代わりに**ウラシル**(U) が使われる（注：A と塩基対をつくる）．

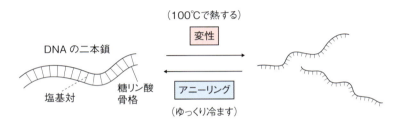

図 3-17　熱による DNA の変性
　　由来の異なる核酸(DNA や RNA)のかかわるアニーリングを特にハイブリダイゼーションという．

4章　栄養と代謝

4-1　栄養の摂取
4-1-1　栄養素

生物は外部から種々の物質を取り込み，細胞成分を合成しながら生命を維持するが，これらの活動にはエネルギーも必要である．素材の合成とエネルギーの獲得，これが生物が栄養を必要とする理由である．生物が代謝（下記参照）し生存するために外から摂取する物質を**栄養素**という．主たる栄養素は**糖質**，**脂質**，**タンパク質**の**3大栄養素**で，糖質と脂質は主にエネルギーを得るために用いられ，一部が細胞の素材（細胞膜，ヌクレオチドなど）の合成や調節（ホルモン，調節因子など）に用いられる．タンパク質は体内のタンパク質合成や窒素化合物をつくるために用いられる．**無機塩類**（**ミネラル**ともいう）や**ビタミン**などは少量の摂取でよいため**微量栄養素**といわれ，代謝調節や細胞機能の調節に効いている．植物は消化器官がないので，栄養素は無機塩類に限られる．栄養素ではないが水と酸素も（植物では二酸化炭素や光も）生命維持に必須であり，充分に摂らなくてはならない．

```
栄養素  ┌ 3大栄養素 ─ 糖質,脂質,タンパク質
        └ 微量栄養素 ─ 無機塩類(ミネラル),ビタミン
それ以外  水,酸素,その他
```

図 4-1　ヒトが体内に取り入れる物質

解説　独立栄養生物と従属栄養生物
炭素源としての有機物を二酸化炭素からつくる生物を**独立栄養生物**といい，光合成を行う植物やランソウ，一部の細菌が含まれる．これに対し，有機化合物を食物／餌として摂る生物を**従属栄養生物**という（例：動物，原生動物，菌類，大部分の細菌）．

4-1-2　栄養素の消化

食物として摂るものの多くは高分子のため，栄養素が吸収されやすいよう，消化器官にある酵素で高分子を分解（**加水分解**：水分子が分解にあずかる）「**消化**」する必要がある．

a. 糖の消化　ヒトは糖の大部分をデンプン（穀物に多い）というグルコースの高分子として摂取する．口ではデンプンが**唾液アミラーゼ**により適当なサイズに切断される．十二指腸では膵臓アミラーゼにより**マルトース**（麦芽糖）になり，さらに小腸ではマルトースが**マルターゼ**によりグルコースに切断される．スクロース（ショ糖），ラクトース（乳糖）などもそれぞれに特異的な酵素により単糖に切断される．

b. 脂質の消化と吸収　**中性脂肪**は十二指腸／小腸で**リパーゼ**により脂肪酸がグリセロールから切り離されるが，**胆汁**は脂肪を乳化して消化を助ける．分解された中性脂肪は小腸の細胞で再度中性脂肪に組み立てられ，リンパ管に入った後血中へ移行する（=> 細胞で再度消化される）．ある種の脂肪酸（例：リノール酸，リノレン酸，DHA）は体内で合成できず，栄養素として摂る必要がある**必須脂肪酸**である．

疾患ノート　血中コレステロール
脂質‐リポタンパク質粒子で比重の低い **LDL**（Low Density Lipoprotein）は肝臓コレステロールを組織に運び，比重の大きな **HDL** はコレステロールを肝臓に戻す働きがある（図 4-2）．これが LDL コレステロールが「悪玉」といわれる理由である．

c. タンパク質の消化　タンパク質は**胃液**にある**ペプシン**で比較的長めのペプチドに分解され，十二指腸では膵液中の**トリプシン**や**キモトリプシン**などで短めのペプチドになる．ペプチドは小腸

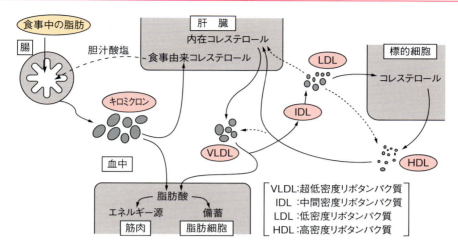

図 4-2　リポタンパク質による脂質輸送
胆汁酸塩はコレステロールから作られる．

にある種々の**ペプチダーゼ**によりアミノ酸 1〜3 個にまで切断される．

4-2　代　謝

4-2-1　代謝：異化と同化

生体内（主に細胞内）で起こる化学反応を**代謝**という．便宜上**物質代謝**（=> 物質の変換）と**エネルギー代謝**（=> エネルギーの取り出し）に分けられるが，エネルギー代謝でも物質代謝を伴う．代謝のうち有機物が分解される方向のものを**異化**といい，エネルギーを取り出して ATP を合成する反応と関連する．他方，より大きな有機物を合成する代謝を**同化**といい，反応にはエネルギーが必要である．

4-2-2　化学反応におけるエネルギーの流れ

生体分子の合成には**エネルギー**が要る．植物は光合成により二酸化炭素と水からグルコースを合成する．つまりグルコースには光エネルギーが取り込まれており，エネルギーは共有結合という形

図 4-3　各種栄養素の消化

器官	加水分解物（消化酵素名）		
	糖質 [デンプン]	脂質 [中性脂肪]	タンパク質
口	切断されたデンプン （唾液アミラーゼ）		
胃			＊胃酸の分泌 長めのペプチド （ペプシン）
十二指腸	マルトース （膵臓アミラーゼ）	＊胆汁の分泌 （膵臓リパーゼ）	短めのペプチド （トリプシン キモトリプシン）
小腸	グルコース （マルターゼ） [スクロースにはスクラーゼ，ラクトースにはラクターゼが作用]	脂肪酸 グリセロール DG#，MG# （活性化されたリパーゼ）	アミノ酸 1〜3 個 （種々のペプチダーゼ）

＃：中性脂肪（主にトリアシルグリセロール[TG]）から脂肪酸が 1 個とれるとジアシルグリセロール（DG），2 個とれるとモノアシルグリセロール（MG）となる．

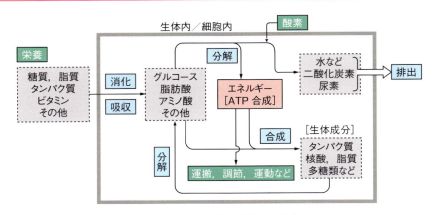

図 4-4 栄養と物質代謝の全体像

で蓄えられる．逆に異化により共有結合が切れるとエネルギーは放出される．細胞内ではこのエネルギーが熱となって逃げる場合もあるが，反応によっては ATP が合成される．エネルギーを取り出すための物質としては，多数の水素が結合しているものが重要である（解説参照）．

解説　酸化とエネルギー

一般に酸素との結合を**酸化**，水素との結合あるいは酸素の離脱を**還元**といい，酸化と還元は必ずペアで起こる（酸素と水素から水ができる場合，水素は酸化され，酸素は還元される）．化学的には電子を得ることを還元と定義するが，電子をどれだけ得やすいかは物質固有であり，電子はより得やすいものの方に移動する．酸素は電子を受けとりやすく，水素は離しやすいので，水素を多くもつ化合物ほど多くのエネルギーを含むことになる．導線を電池につなぐと電流が流れて（電子が移動して）ランプが光るなどの形でエネルギーを取り出せるが，生体でも電子が移動するとエネルギーが発生し，その量は電位差に比例する．

4-2-3　エネルギー通貨：ATP

細胞内で発生したエネルギーは **ATP**（アデノシン三リン酸）合成に使われる．ATP の**リン酸-リン酸結合**には大きなエネルギーが蓄えられてお

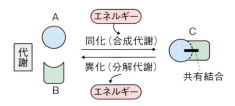

図 4-5　代謝とエネルギー

(a) ATP の構造

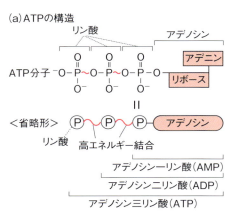

(b) ATP 代謝での移動

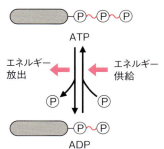

(c) 高エネルギー物質の加水分解により生まれるエネルギー

物質	エネルギー (kJ／モル)
クレアチンリン酸	43.0
ATP（ADP + Pi）	30.5
ATP（AMP + PPi）	45.6
アセチル CoA	31.4

Pi：無機リン酸
J：ジュール

図 4-6　ATP の構造と性質

表 4・1 酵素の分類

分類	反応の概要	酵素の例
1. 酸化還元酵素	酸化還元反応（電子の転移）を行う	乳酸デヒドロゲナーゼ カタラーゼ
2. トランスフェラーゼ （転移酵素）	アミノ基など，ある基を基質から他の基質へ移す	コリンアセチルトランスフェラーゼ DNA合成酵素
3. 加水分解酵素	種々の加水分解を行う	トリプシン ATPアーゼ
4. リアーゼ （脱離酵素）	基質から加水分解や酸化によらずにある基を除く	クエン酸シンターゼ アデニル酸シクラーゼ
5. イソメラーゼ （異性化酵素）	分子内転移などを行う	アミノ酸ラセマーゼ トリオースリン酸イソメラーゼ
6. リガーゼ （合成酵素）	ATPの加水分解を伴って2分子を結合させる	アセチルCoAシンテターゼ DNAリガーゼ

り，ATPは**高エネルギー物質**の一つになっている．ATPが加水分解されてリン酸が一つ／二つとれて**ADP／AMP**になると大量のエネルギーが放出される．ATPはエネルギーを必要とされる部分に運ばれ，加水分解されてエネルギーを放出し，それが**物質合成，運動，能動輸送，調節，発光**に供される．このように，ATPは**エネルギー通貨**のように振る舞う．

4-3 酵素

4-3-1 酵素の性質と種類

生物は体温／室温という穏やかな条件で代謝を行わなくてはならず，大部分の代謝には**酵素**というタンパク質触媒の存在が不可欠である（**触媒**：反応開始に必要な活性化エネルギーを減らして反応を起きやすくする．反応の前後で変化せず，反応の平衡／向きには影響しない）．酵素は金属触媒と違ってかかわる反応が決まっており，かかわる物質（＝基質）にも特異性がある（**基質特異性**）．このため，酵素の種類は非常に多い．化学反応は高温ほどよく進むが，酵素タンパク質は高温で失活するため，通常は体温／生育温度付近が最適温度となる．反応が進むとき，まず基質が酵素の**活性中心**に結合し，その後構造変化が起こって反応が進み，反応生成物が生成して酵素から離れる．酵素は触媒する反応の形式により**酸化還元酵素，**

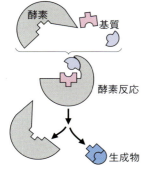

(a) 酵素反応の様子

酵素は基質と特異的に結合し，触媒反応後は元の状態に戻る

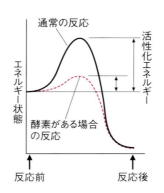

(b) 酵素は反応に必要なエネルギーを減らす

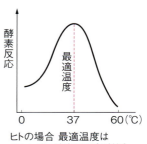

(c) 酵素反応の温度特性

ヒトの場合 最適温度はほとんどの酵素で37℃付近．

図 4-7　酵素反応の概要

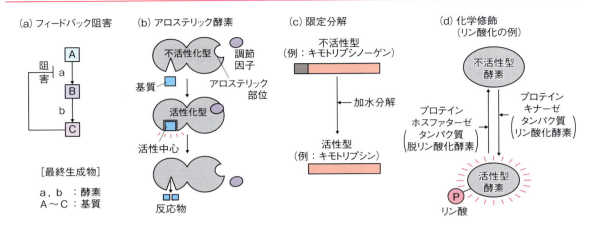

図4-8 酵素活性の調節

転移酵素，加水分解酵素，脱離酵素，異性化酵素，合成酵素に分けられる．

> **疾患ノート　アイソザイム検査**
> 同じ反応を触媒するがタンパク質としては異なるものを**アイソザイム**という．アイソザイムが組織特異的で細胞から漏れるものであれば，酵素を検査することにより（例：乳酸脱水素酵素 LDH，アルカリホスファターゼ ALP，ガンマグルタミルトランスペプチダーゼ γ-GTP）病気の診断に使うことができる．

4-3-2 酵素の調節

a. 反応生成物による調節　A→B，B→Cという反応にそれぞれaとbという酵素がかかわる反応で，Cが代謝の最初にかかわる酵素aを阻害する場合，これを**フィードバック阻害**といい，物質Cの過剰生産を防止できる．ある物質が活性中心以外の場所（⇒**アロステリック部位**）に結合して活性中心の構造が変化して酵素反応が調節される場合，その酵素を**アロステリック酵素**という．酵素ではないが，**ヘモグロビン**に酸素が1個結合するとさらに酸素が結合しやすくなるという現象も同様の機構で説明できる．

b. 限定分解や付加による調節　酵素の中には不活性な状態で合成され，必要なときにペプチド鎖の一部が**限定分解**されて活性型になるものがあり，消化酵素（例：キモトリプシノーゲンからキモトリプシンへの活性化）や**血液凝固因子**（例：プロトロンビンからトロンビン）などの加水分解酵素にその例がみられる．**タンパク質リン酸化酵素**が酵素をリン酸化することにより活性化型に変化させる機構もある．リン酸以外にも種々の活性化要因があるが，このような機構には活性化要因の付加や除去という素早い反応がかかわるため，迅速な活性調節が可能になる．

4-3-3 補酵素とビタミン

酵素反応に基質とは別の有機物が必要な場合，それらを**補酵素**という．補酵素は基質の中の原子（団）と結合して運搬する性質があるが，運搬する原子団によりいくつかの種類がある．NAD^+や

> **疾患ノート　ビタミン**
> ビタミンは代謝を円滑に行うために栄養として摂るものだが，大部分の**水溶性ビタミン**は補酵素として生化学反応にかかわる．**ビタミンC**には還元作用（⇒抗酸化作用）があり，水素の運搬に関与すると考えられる．コラーゲンの形成にかかわり，欠乏すると血管壁が弱くなり出血傾向の**壊血病**となる．**脂溶性ビタミン**（例：ビタミンA, D, E, K）のうち**ビタミンK**は血液凝固などに働き，**ビタミンE**は抗酸化をもつ．**ビタミンA**（欠乏症は夜盲症）と**ビタミンD**（欠乏症は骨軟化症）は遺伝子発現促進に働くが，ビタミンDはカルシウムの吸収と代謝にかかわり，骨の形成に必要である．

表 4·2 補酵素となるビタミン

ビタミン	相当する補酵素	酵素反応	欠乏症
ビタミン B_1（チアミン）	チアミン二リン酸	脱炭酸	脚気, ウェルニッケ脳症
ビタミン B_2（リボフラビン）	フラビンヌクレオチド（FMN, FAD）	酸化還元 脱水素	口角炎, 口内炎
ニコチン酸（ナイアシン）	ピリジンヌクレオチド（NAD, NADP）	酸化還元 脱水素	ペラグラ
パントテン酸	コエンザイム A	アシル CoA 合成 脂肪酸合成	皮膚炎
ビタミン B_6（ピリドキシン）	ピリドキサルリン酸	アミノ基転移 アミノ酸の脱炭酸	皮膚炎
葉酸	テトラヒドロ葉酸（THF, THFA）	核酸塩基の合成	悪性貧血
ビタミン B_{12}	コバラミン	カルボキシ基転移	悪性貧血
ビタミン H	ビオチン	炭酸基関連反応	——

NADP, FMN や FAD は**酸化還元反応**にかかわり, **水素の受け渡し**をする（例：**脱水素酵素**により NAD^+ は還元され, 水素（+電子）を2個受け取って $NADH + H^+$ となり, 酸化されて元に戻る）. 補酵素 A（**CoA**）はアセチル基の転移にかかわる. これらの補酵素は B 群の水溶性ビタミンが活性型になったものである.

4-4 エネルギー代謝

エネルギーは主にはグルコースの異化経路によって得られ, グルコース以外の単糖はグルコースに変換されるか, グルコース異化経路に入ってから利用される.

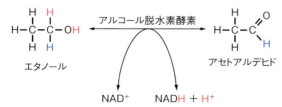

図 4-9 水素を運搬する補酵素（NAD^+ / NADH の例）
アルコール脱水素酵素は両方向の反応にかかわる.
NAD：ニコチンアミドアデニンジヌクレオチド

（NAD は電子が不足しており NAD^+ と書かれる. そこに2個の電子と1個の水素が結合して NADH となる. 残りの水素は電子を奪われ, 水素イオンとなる.）

4-4-1 解糖系とクエン酸回路

a. 解糖系 グルコースにまずリン酸が付き, この分子が数段の反応の後に分割されて**グリセルアルデヒド 3-リン酸**になり, 以下順次代謝されて**ピルビン酸**になるが, 無酸素状態ではさらに**乳酸**となる. この経路を**解糖系**あるいは **EMP 経路**というが, 1分子のグルコースから2分子の ATP が産生され, 同時に NADH（下記参照）もつくられる. 筋肉を激しく動かすとこの経路が働き, 筋肉に疲労物質の乳酸が溜まる（⇒ 乳酸は肝臓に運ばれ, 糖新生経路 [後述] の働きでグルコースとなり, 再び筋肉に供給される：**コリ回路**）. 解糖系の反応は細胞質で起こり, 酸素は要らない.

b. クエン酸回路 酸素が十分あるとピルビン酸がミトコンドリアに入り, **補酵素 A（CoA）**と結合して**アセチル CoA** となり, それが**オキサロ酢酸**と反応して**クエン酸**になる. クエン酸は幾つかの反応を経てオキサロ酢酸になりクエン酸に戻るため, この代謝系を**クエン酸回路**という（**TCA 回路**ともいう）. この回路では ATP に相当する GTP と, 基質から除かれた水素を元に NADH や $FADH_2$ がつくられる. 基質から除かれた炭素と酸素は二酸化炭素となる（→この酸素は呼吸によって取り込まれた酸素ではないことに注意）.

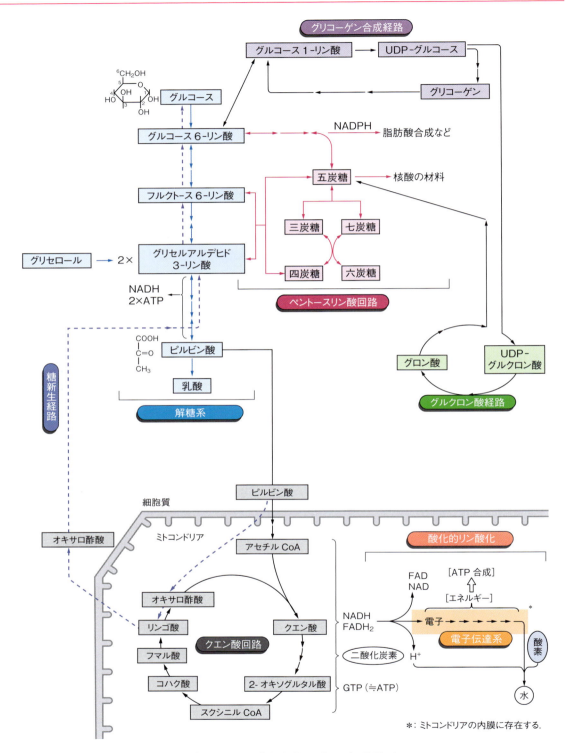

図4-10 糖にかかわる物質代謝とエネルギー代謝の概要
----▶ は糖新生経路

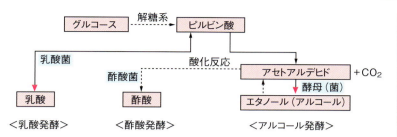

図4-11 発酵に関する代謝系
点線はアルコールを摂取した場合の代謝経路
→は還元反応を表す

> **メモ　発酵と腐敗**
> 微生物が有機物を分解・代謝してエネルギーを得，別の有機物をつくる現象．できた有機物が人間に有用な場合を**発酵**（アルコール発酵，乳酸発酵），有害な場合を**腐敗**という．発酵は狭義には無酸素状態で起こる現象をいう．

4-4-2　酸化的リン酸化

a. 電子伝達系　NADHとFADH$_2$の水素は水素イオンと電子になり，電子は酸化力のより強い分子に順に受け継がれ，少しずつエネルギーを落としていく．この経路は**電子伝達系**（あるいは**呼吸鎖**）といい，その実体は種々の酵素，シトクロム b や c，その他の補助因子など，多くの成分からなる複雑な複合体である．電子は最後に細胞が取り込んだ酸素に渡され，水素イオンと結合して水が生じる．この水を**代謝水**という．長時間水を飲まないラクダはこの水を活用している．

b. ATP合成　電子伝達系で取り出したエネルギーはミトコンドリアのマトリックスから内膜と外膜の間の膜間腔へ水素イオンをくみ出す**プロトンポンプ**の駆動に使われる．膜間腔に溜まった水素イオンはマトリックスに流れ込もうとするが，このエネルギーが**ATP合成酵素**に作用してATPが合成される．電子伝達と共役して起こるこの過

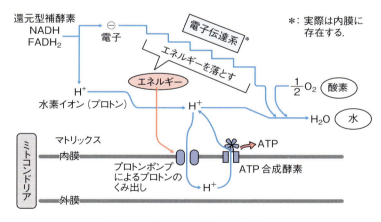

図4-12　酸化的リン酸化のしくみ

> **メモ　外呼吸と内呼吸**
> 肺で行う酸素と二酸化炭素のガス交換を**外呼吸**，細胞で行われる酸素が取り込まれて水ができる異化代謝を**内呼吸**という．

> **メモ　ATP合成の収支**
> グルコース1個からできる**ATP**は解糖系で2個，クエン酸回路〜酸化的リン酸化まですべて足すと32個（ただし脳や筋肉では30個）となる（注：古い教科書では38個としている場合がある）．

コラム：呼吸と酸素

われわれが**呼吸**で**酸素**を必要とするのは最終電子受容体として酸素を使うためで，もし酸素がなければ，電子は行き場を失い，瞬時に窒息してしまう．**青酸化合物**は電子伝達系を停止させる．ある種の嫌気性細菌は電子受容体として酸素ではなく他の無機物（硝酸や硫酸）を利用する．これを**嫌気呼吸／無気呼吸**というが，広い意味では解糖系やアルコール発酵も嫌気呼吸に含まれる．

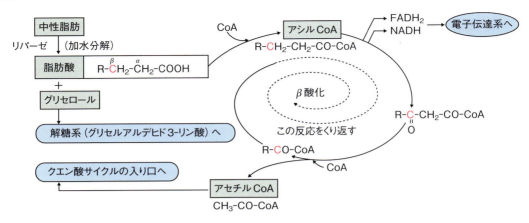

図 4-13　中性脂肪の分解と β 酸化

程を**酸化的リン酸化**という．

4-4-3　脂質の分解

中性脂肪の加水分解で生じたグリセロールは解糖系に入るが，脂肪酸はミトコンドリアにある **β[ベータ] 酸化**という経路で分解される．そこではまず $FADH_2$ と NADH がつくられ，次に炭素2個を単位とする切断が起きて**アセチル CoA** ができる．この反応が連続して起こり，脂肪酸の鎖が短くなる．このように β 酸化では糖に比べて多くのエネルギーが生み出され，その効率は糖の数倍にもおよぶ．

> **解説　脂肪酸の合成**
> エネルギーに余裕ができると余分な糖は**中性脂肪**に変わる．まずアセチル CoA を原料にマロニル CoA ができ，これを単位として炭素鎖が延びて脂肪酸がつくられる．脂肪酸はグリセロールと結合して中性脂肪になる．

4-5　他の代表的な代謝経路

4-5-1　糖の合成

グルコースが足りなくなると，ピルビン酸や糖異化経路の分子を元にグルコースを合成する代謝が起こるが，これを**糖新生経路**という．ピルビン酸はいったんクエン酸回路に入り，リンゴ酸になってミトコンドリアから出，あとは解糖系をさかのぼる反応でグルコースとなる（注：部分的に逆反応が働かないところでは解糖系と異なる酵素が働く）．グルコースが余分になると肝臓や筋肉ではグルコースから**グリコーゲン**がつくられて蓄えられるが，グルコースが必要になるとグリコーゲンはグルコースに分解される．グリコーゲンの合成と分解の優先性はホルモンで調節される．**グルカゴン**や**アドレナリン**のような血糖を上昇させるホルモンは，結果的にグリコーゲンの合成酵素を阻害し，分解酵素を活性化する．

4-5-2　ペントースリン酸回路

解糖系の側路として知られている代謝経路である．グルコース 6-リン酸がいくつかの反応を経由して五炭糖（**ペントース**）で**核酸**の原料にもなる**リボース 5-リン酸**となるが，この過程で脂肪酸合成に必要な **NADPH** も合成される．リボース 5-リン酸は複雑な代謝経路を通って解糖系の基質であるグリセルアルデヒド 3-リン酸やフルクトース 6-リン酸になり，解糖系をさかのぼってグルコース 6-リン酸に戻る．

4-5-3　ヌクレオチド代謝

アミノ酸や二酸化炭素，ATP などを材料にまず**塩基**が合成され（プリン塩基はヒポキサンチン，

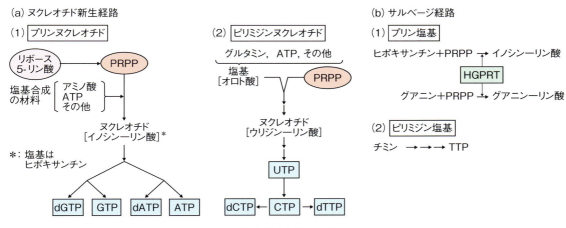

図4-14 ヌクレオチドの新生合成と塩基の再利用
PRPP：ホスホリボシルピロリン酸（ホスホリボシル二リン酸）
HGPRT：ヒポキサンチングアニンホスホリボシルトランスフェラーゼ

ピリミジン塩基はオロト酸），これらにリン酸を2個もつ活性化されたリボースである**ホスホリボシルピロリン酸（PRPP）**が結合して最初のヌクレオチドとなる．引き続き塩基修飾，リン酸化，リボースとデオキシリボースの間の酸化還元などが起こって，核酸合成に必要な三リン酸型ヌクレオチドとなる．細胞が死ぬと核酸はヌクレオチドに切断され，次に塩基が切り取られる．細胞にはこの塩基を再利用する**サルベージ経路**が存在し，プリン塩基であればPRPPを結合させてヌクレオチドをつくる．チミンは糖とリン酸が付いてヌクレオチド（=>TTP）に組み直される．

疾患ノート　プリン代謝異常
PRPP合成上昇やサルベージ代謝経路の低下によりPRPPが増えるとプリンヌクレオチドが増え，その結果プリン塩基の分解物である**尿酸**が増える（**プリン体** => プリン骨格をもつ化合物）．尿酸はヒトでは尿として排出されるが，血中濃度が高いと針状結晶となって関節に蓄積し，**痛風**の原因となる．

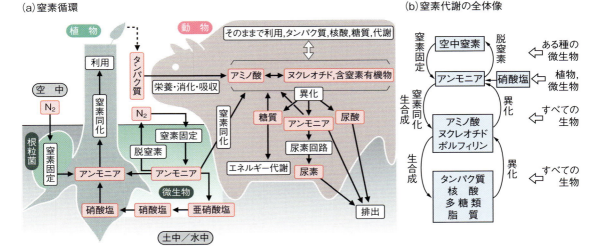

図4-15 生物にみられる窒素の循環と代謝

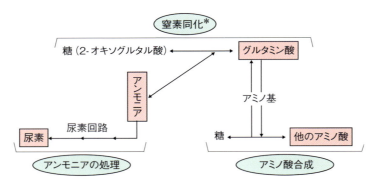

図 4-16 アミノ酸に関連する代謝
＊：グルタミン酸がグルタミンになる反応も存在する．

4-5-4 窒素の代謝

a. 同化 すべての生物は，アンモニア（NH_3）を有機物に結合させて**グルタミン酸**か**グルタミン**をつくり（**窒素同化**），それを他のアミノ酸やヌクレオチドといった窒素化合物の材料にすることができる．植物や細菌は**硝酸塩**（NO_3^-）からアンモニアをつくることができる．グルタミン酸はアミノ酸代謝の中心的化合物で，そのアミノ基は解糖系やクエン酸回路中の物質に移されてさまざまなアミノ酸に組み換えられる．アミノ酸は窒素を含む生理活性物質（例：**ドーパミン，アドレナリン，一酸化窒素**）の材料にもなる．

b. 異化 動物はアミノ酸に余裕があってもそれを蓄積せずに分解してしまい，アミノ基は**アンモニア**に変換される．アンモニアには毒性があるため**肝臓**で無毒な**尿素**に変換され，尿として排泄される（注：水中に棲む動物はアンモニアのまま，爬虫類と鳥類は**尿酸**として排出する）．アンモニアを尿素に変換する代謝回路を**尿素回路**あるいは**オルニチン回路**といい，アルギニン，オルニ

> **メモ 生物学的窒素固定**
> 生物が空中の窒素ガスをアンモニアにすること．マメ科植物の根にあるコブ（根瘤）中に棲むアゾトバクターやランソウなどの**窒素固定細菌**がその活性をもつ．

> **メモ 必須アミノ酸**
> 体内で合成できないか，できても不足するアミノ酸．ヒトではバリン，ロイシン，イソロイシン，リシン，トレオニン，メチオニン，フェニルアラニン，トリプトファン，ヒスチジン．

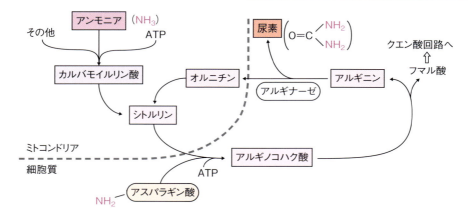

図 4-17 尿素回路

(a) 光合成の流れ

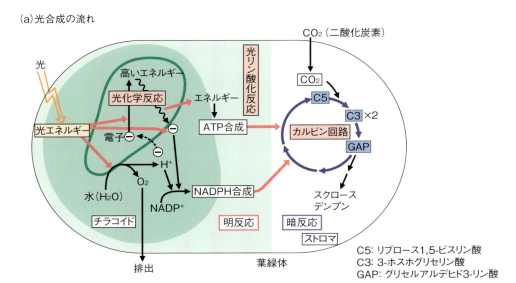

(a) 光合成反応のまとめ

$$6CO_2 + 12H_2O \xrightarrow{光エネルギー} グルコース(C_6H_{12}O_6) + 6H_2O + 6O_2$$

図 4-18　光合成のしくみ

チン，シトルリンといった化合物が関与する．この理由によりアルギニンが体内で不足することはない．

疾患ノート　アミノ酸代謝異常
アミノ酸分解関連酵素に欠陥があると血中や尿中にアミノ酸やその中間代謝物が溜まり，重大な疾患を起こす（例：**アルカプトン尿症**, **フェニルケトン尿症**, **白子症** [チロシンからメラニンの生成に欠陥がある]）．

4-6　光合成

植物が水と二酸化炭素から光エネルギーによって糖をつくり，副産物として水や酸素ができる反応で，光に依存する**明反応**と，依存性の少ない**暗反応**に分けられる．

4-6-1　明反応

葉緑体内では光によって活性化された**クロロフィル（葉緑素）**により水が分解される．酸素は放出され，水素は水素イオンとエネルギーを蓄えた電子となるが，電子がエネルギーを落とすときにエネルギーが取り出される．この**光化学反応**は二段階で進む．1段目の光化学系IIはエネルギーによって水素のくみ出しとATP合成が起こるが（**光リン酸化**），これはミトコンドリアでみられる酸化的リン酸化と似た反応である．2段目の光化学系Iでは，活性化電子と水素イオン，さらに$NADP^+$からNADPHがつくられる．

4-6-2　糖合成反応

暗反応の中心は**二酸化炭素が糖に同化されるカルビン回路**である．この反応系は，酵素（**ルビスコ**）によって**リブロース1,5-ビスリン酸**に二酸化炭素が結合し，途中で**グリセルアルデヒド3-リン酸**が放出され，残りはまたリブロース1,5-ビスリン酸に戻るという複雑な反応からなる．明反応でつくられたATPとNADPHはこの経路で使われる．グリセルアルデヒド3-リン酸は葉緑体中でグルコースに組み替えられた後デンプンとして貯蔵されるが，一部は細胞質に出て**スクロース**となり，全身に送られる．

5章　遺伝とDNA

5-1　遺伝現象
5-1-1　遺伝と遺伝子構成

親の**形質**（性質と形態）が子に伝わる現象を**遺伝**といい，形質を支配し遺伝現象を起こす単位を**遺伝子**（gene）という．有性生殖する**二倍体**生物では，体細胞から**一倍体**（**半数体**）の配偶子（卵や精子）がつくられ，これらが**接合**（**受精**）することによってまた二倍体個体へと戻る．二倍体細胞は，ある遺伝子に関して雌雄に由来する2個の遺伝子をもつが，この遺伝子のそれぞれを**対立遺伝子**という．対立遺伝子が同じ場合を**ホモ**，異なる場合を**ヘテロ**という（=> 正しくは**ホモ接合**とヘテロ接合）．異なるそれぞれの対立遺伝子は，メンデル遺伝学において対比される二つの形質のそれぞれに関与する（下記）．

5-1-2　メンデルの法則

a. 優性の法則　遺伝の法則に関する研究は19世紀の中頃，**メンデル**によってなされた．メンデルはエンドウを材料に，いくつかの対立遺伝子を決め（例：種が丸かしわか，背が高いか低いか），それらを掛け合わせる（**交雑**）ことにより子孫（**雑種一代**：F_1）として種を得，それをまいて次の子孫（雑種二代：F_2）をつくるという実験を行った．丸い種としわの種をつくる品種の交雑でできた雑種一代の種は丸になるが，ここで現れる方の形質を**優性**，隠れる方を**劣性**とする．雑種一代で優性の形質が出るこの現象を，**優性の法則**という．

b. 分離の法則と独立の法則　雑種一代の個体で自家受粉（自身のおしべとめしべで受粉させる）を行わせ，雑種二代の種をつくらせると，今度は丸としわの種が3：1の比で得られる．この現象を**分離の法則**という．しわはその後何度自家受粉させても常に劣性／しわの形質を示す．丸の三分の一も常に優性／丸の優性の形質を示すが，三分の二はまた優性と劣性が3：1に分離する．この現象は，二倍体個体には2個の対立遺伝子があり，配偶子にはそのうち1個が入り，受精によってまた二倍体に戻ると考えると説明がつく．優性と劣性を各1個ずつもつヘテロ個体では優性の形質が出現し，劣性遺伝子がホモになったときにのみ劣性の形質が出ると考えると理解できる．優性のホモのみならずヘテロも優性形質を現すことができるのは，優性遺伝子のつくる産物には余裕があり，

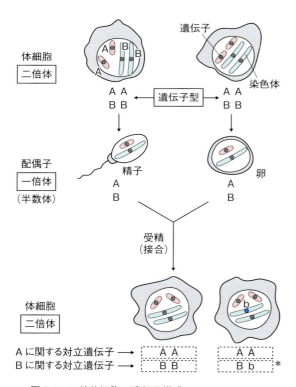

図5-1　二倍体細胞の遺伝子構成
＊：B/bに関してはヘテロ（対立遺伝子が異なる），その他に関してはホモ（対立遺伝子が同じ）．

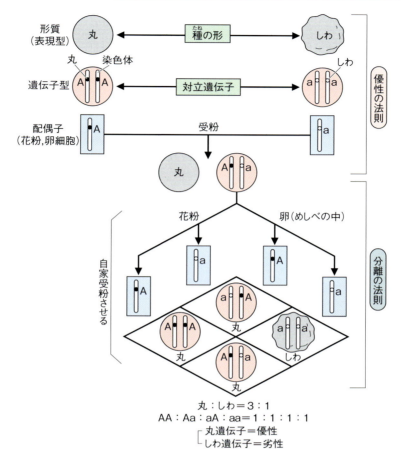

図 5-2 メンデルの法則（エンドウの種子（種）の場合）

半量になっても効果を現すためである．丸としわという組合せに別の対立遺伝子も組み合わせて交雑実験を行っても，各遺伝子における遺伝の法則は通常通りにみられるが，これを**独立の法則**という（図 5-6a）．

> **メモ　雑種と交雑**
> 異なる遺伝的背景をもつ生物の交配でできた子を**雑種**，その操作を**交雑**という

> **解説　中間雑種と遺伝子の量的効果**
> 花の色が赤（優性ホモ）と白（劣性ホモ）の交雑でできる雑種一代（ヘテロ）の花の色が中間色のピンクになる場合，この雑種を**中間雑種**という．優性遺伝子に関して**遺伝子の量的効果**が出るとこのような現象が起こる．

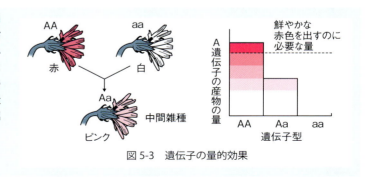

図 5-3　遺伝子の量的効果

> **コラム：二倍体の意義**
>
> 　原核生物は一倍体であり，真核生物でも菌類などは条件次第では一倍体で増殖する．藻類，コケ植物では一倍体個体が生活環の大きな部分を占める．二倍体生物は有性生殖というエネルギーを使って子孫を残すが，それなりに意味がある．遺伝子を2個もつことにより，一方が欠陥となっても，もう片方が健全であれば影響が表に出ない．また配偶子が2個あることで接合の組合せが増えて子の遺伝的多様性が高まり，環境適応力が広がる．劣性の**遺伝病**の遺伝子をもっていても，それがヘテロであればその病気は個体に現れることはない．
>
> (a) 利点
> (1) 不利な突然変異の影響が現れにくい　　(2) 有性生殖による遺伝的多様性が増える
>
> (b) 欠点
> ・有性生殖にコストがかかる
> ・変異が表に出にくく，環境変化にダイナミックに対応できない
> ・増殖速度や進化速度が遅い
> ・不利な変異が排除されにくい
> ・その他
>
>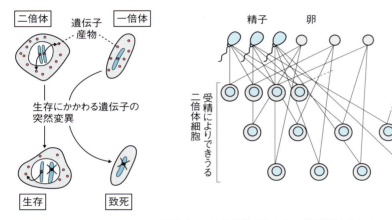
>
> 図 5-4　二倍体生物の生存における利点と欠点

解説　近親婚の弊害

　日本では直系親族はもちろんのこと三親等以内の婚姻（例：兄弟同士，おじ／おばと姪／甥）は認められない．遺伝子がホモになると，いわゆる血が濃いといわれる状態になり，遺伝病などの劣性遺伝子形質が出てしまう．閉鎖された小さな集団内で，限られた数の家族間だけで結婚を続けると，いつのまにか遺伝子全体でホモになる比率が上がり，生物学的に弱い集団になってしまう．**近交弱勢**といい，自然界でも問題になる（例：個体数が極端に減少した生物種集団の将来）．

5-1-3　さまざまな遺伝様式

a. 伴性遺伝，致死遺伝

　遺伝子が性染色体にあると**伴性遺伝**の様式をとる．哺乳動物の**性染色体**はオスがXY，メスがXXである．Xに乗っている遺伝子の場合，オスは**ヘミ接合**（遺伝子や染色体が1個しかないこと）であるため，優性／劣性にかかわらずその形質が直に出る．メスでは劣性遺伝子があってもホモにならない限り劣性形質は現れにくい．ある遺伝子が発生に必須な場合（例：心臓の形成，細胞自身の生存），劣性の対立遺伝子がホモになると発生途中で胚が死ぬため，生まれてこない．このような遺伝子を**致死遺伝子**といい，流産の原因となる．

疾患ノート　遺伝病

　遺伝病のうち**フェニルケトン尿症**や**アルカプトン尿症**，**白子症**などの**代謝異常症**，**アデノシンデアミナーゼ（ADA）欠損症**，**色素性乾皮症（XP）**などは常染色体劣性の遺伝形式をとるが，**家族性高コレステロール血症**や**ハンチントン病**のような常染色体優性の形式をとるものもある．伴性遺伝する**血友病**，**無ガンマグロブリン血症**，**赤緑色覚異常（色盲）**などは遺伝子が劣性でX染色体上にあるため，患者は男性が多い．

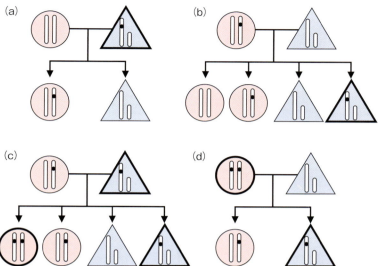
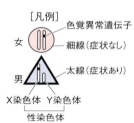

図 5-5 伴性遺伝の例（ヒトの赤緑色覚異常）
色覚異常遺伝子（X 染色体上にある）は劣性であり，ホモの時に症状が出る．（実際には正常遺伝子が1つでもあれば症状は出ない）．
(a) 〜 (d)：種々の結婚の例を示す．

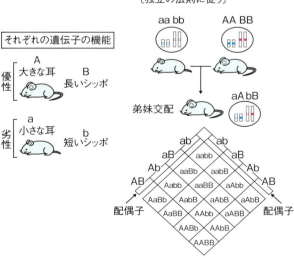
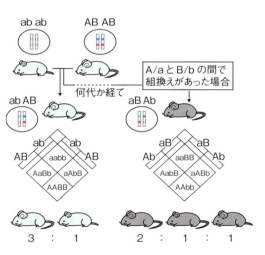

図 5-6 遺伝子の連鎖と組換え

b. 連鎖と組換え 2個の遺伝子が同一染色体上にあると，両者の形質は連動して子に伝わる．これを**連鎖**といい，独立の法則に従わない．この事実は遺伝子が染色体にあるという**遺伝子の染色体説**を支持することにもなった．減数分裂で配偶子ができるときには，一定の頻度で染色体の間で**交叉**と**乗換え**が起き（後述），これによって遺伝子間の**組換え**が起きる．組換えがあると，連鎖関係にある遺伝子も完全には連鎖しなくなる．組換えはそれぞれの染色分体ごとにランダムに起こり，染色体上の距離が遠いほど**組換え率**も高い．連鎖している形質に関する表現型の出現頻度を調べることにより，遺伝子間の相対位置を求めて**遺伝子地図**をつくることができる．

> **メモ　母性遺伝**
> ミトコンドリアや葉緑体は精子には入らないが卵には入る．そのためそれらの DNA 中にある遺伝子は**母性遺伝**（=> **細胞質遺伝**）の形式をとりやすい．

5-2 遺伝物質の探究
5-2-1 遺伝子の本体は DNA である

遺伝子の物質的本体を探る研究は 20 世紀に入り急速に加速した．染色体数が生物で一定で，配偶子にはその半分が入ることから，遺伝子は染色体にあることがわかった（**遺伝子の染色体説**）．染色体は核酸とタンパク質からなり，当初はタンパク質が遺伝子と思われたが，この推測は以下の二つの実験により完全に否定された．一つ目はマウスへの**肺炎双球菌**感染実験である．**グリフィス**は殺した強毒性細菌と生きている弱毒性細菌を混ぜたものをマウスに注射した．するとマウスが肺炎で死んで血液中に大量の強毒菌がみられたことから，強毒菌から弱毒菌に遺伝子が移動したと考えた．**アベリー**は強毒菌の抽出物を弱毒菌と混ぜた後でそれらを培養したところ，強毒菌が観察され，DNA を分解するとそのような現象がみられなかったことから，遺伝物質は DNA と考えた（=>DNA を取り込ませて形質を変化させるこ

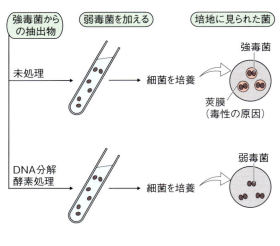

(a) アベリーの肺炎双球菌を用いた実験＊

＊：簡略化して図示してある．

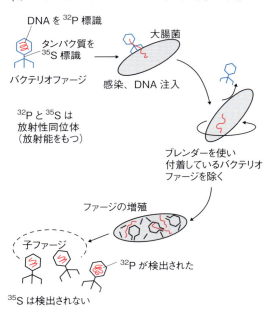

(b) ハーシーとチェイスのバクテリオファージを用いた実験

図 5-7　遺伝子が DNA であることを示した二つの実験

表 5·1　シャルガフの法則

試料	DNAの塩基組成 [%]				塩基の比率	
	G	A	C	T	$\frac{A+C}{G+T}$	$\frac{G+C}{A+T}$
ウシ肝臓	21.0	28.3	21.1	29.0	1.00	0.73
ウシ精子	22.2	28.7	22.0	27.2	1.03	0.78
ヒト肝臓	19.5	30.3	19.9	30.3	1.01	0.65
ニワトリ赤血球	20.5	28.8	21.5	29.2	1.01	0.72
大腸菌	24.9	26.0	25.2	23.9	1.05	1.00

とを**形質転換**という）．**ハーシー**と**チェイス**は**バクテリオファージ**（細菌ウイルス）のタンパク質と核酸（DNA）を**放射性同位体**で別々に標識し，増えた子ウイルスを調べたところ，DNAの標識のみが子ウイルスに伝わるということを明らかにした．遺伝子は安定な物質である必要があるが，DNAはタンパク質よりも格段に安定である．

5-2-2　DNA 構造の解明

DNAは3章で述べたようなヌクレオチドが重合した鎖状高分子である．はじめ，DNA鎖は二本鎖か三本鎖か不明だったが，**ウィルキンス**らにより二本鎖であることが明らかにされ，さらに**ワトソン**と**クリック**により二本鎖全体が右にねじれる**二重らせん**構造であることが示された．彼らは二本鎖の結合に**塩基対**（A：T，G：C）というアイデアを導入したが，これにはシャルガフがDNAの塩基量に関して発見した**シャルガフの法則**（表5·1）(=>AとT，GとC，[A + G]と[C + T]の比は1だが，[A + T]：[C + G]の比は生物固有，など）が大きな貢献を果たした．

5-2-3　遺伝子はタンパク質をつくる

増殖に，あるアミノ酸を必要とするようになった（=> そのアミノ酸を合成できなくなった）アカパンカビの突然変異株がそのアミノ酸を合成する酵素を欠いていたという事実から，**ビードル**と**テータム**は**一遺伝子一酵素説**を提唱した．現在では「遺伝子はタンパク質をつくる」と一般化されている．**鎌状赤血球貧血**という遺伝病では，ヘモグロビンタンパク質のあるアミノ酸とそれに相当するDNAが変化している．

> **解説　遺伝子の解釈**
> タンパク質をつくらない転移RNAやリボソームRNAがRNAしかつくらなくとも，RNAが生物学的機能発現にかかわるならばDNAは遺伝子として挙動することになる．分子生物学ではRNAをつくる領域／転写領域を遺伝子とする．これを拡大解釈すると，転写や転写後の調節にかかわるDNA上の調節領域（例：転写プロモーター[次章]）も，遺伝子のように振る舞うことになる．

5-3　ゲノムと染色体

5-3-1　ゲノムの構造

ゲノムとは生存に必要な染色体の1セットで，一般には染色体DNAをさす．大腸菌のゲノムDNAは450万塩基対，ヒトは30億塩基対のサイズをもつ（注：二倍体生物は2セットのゲノム，すなわちこの倍のDNAをもつ）．一方，遺伝子数は大腸菌は4300個なのに対し，ヒトは約20000個で，ヒトゲノムは**遺伝子密度**が低い．ゲノムには遺伝子以外に，遺伝子でない部分も含まれ，ヒトではその比率が高い．真核生物のゲノムには繰り返して存在する**反復配列**があり，その比率はゲノムの50％にもなる．遺伝子は非反復配列に含まれるが，遺伝子部分といってもタンパク質に翻訳される部分はそのうちの10％程度であ

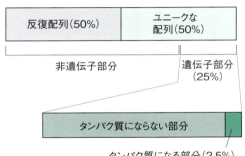

図 5-8 ヒトゲノムの構成

る．反復配列には比較的長い（～数百塩基対）配列がゲノム中に散らばって存在する**散在性反復配列**と，短い配列が連続的に繰り返す**縦列反復配列**があり，前者が反復配列の大部分を占める．

> **メモ　サテライト DNA**
> 一群の縦列反復配列のこと．ある種の**サテライト DNA**（マイクロサテライト DNA）は家系間で違いがあり，**DNA 指紋**として**個人識別**などに利用される．

解説　類似遺伝子
進化の過程で遺伝子の重複，組換え，変異が起こることにより，ある遺伝子に構造の似た遺伝子がゲノム中に複数存在することになり，**遺伝子ファミリー**が形成される（例：**βグロビン遺伝子ファミリー**は 5 個の類似した遺伝子からなる）．

表 5・2　生物の染色体数

生物名（一般名）	染色体数（二倍体）
[動物]	
ヒト	46
アカゲザル	42
イヌ	78
ウマ	64
マウス	40
ウサギ	44
ニワトリ	78±*
カエル	26
コイ	104
キイロショウジョウバエ	8
[植物]	
トマト	24
タバコ	48
エンドウ	14

＊：これ以外に多数の微小染色体がある．

5-3-2　染色体の構成

生物は種に特有な数と形の染色体をもち，通常の**常染色体**と性により構成が異なる**性染色体**に分けられる．動物の性染色体はオスが XY，メスが XX である（注：Y 染色体は細胞の生存には必須でない）．二倍体細胞の染色体は一倍体（半数体）である雌雄の配偶子に由来し，その数は基本的に偶数である．ただ，生物の中には一倍体や，三倍体以上の染色体構成をもつものもある．顕微鏡で染色体が観察できるのは細胞が分裂を起こしている時期である．なお，観察できる染色体は DNA 複製を終えているので，四倍体の状態にある．

> **疾患ノート　染色体の数や構成の異常**
> 染色体分配の段階で異常が起こり，そのまま受精してしまうと**染色体異常**となる．通常は胎児が成長せず流産となるが，中には誕生して**先天異常**が現れる場合がある．ある染色体だけが 3 本になる（**部分三倍体**）疾患としては 21 番染色体の**ダウン症候群**がよく知られている．これとは別にある常染色体が 1 本しかないというケース（例：5 番染色体）もある．**性染色体異常**では女性の X，XXY，XXXY や，男性の XYY，XXYY など，さまざまな異常例が知られている．染色体が相互に組換えを起こし（**相互転座**），それが疾患の原因になるという例は白血病で多く知られるが（例：慢性骨髄性白血病の 9 番および 22 番染色体との間の組換え[**フィラデルフィア染色体**]．急性白血病の 8 番染色体と 21 番染色体），これは白血病細胞固有の体細胞突然変異で，遺伝しない．組換えで異常な遺伝子発現が起こり，白血病につながることがある．

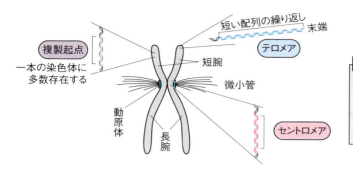

図 5-9 染色体各部の名称と機能

5-3-3 染色体構造

染色体は 2 本の棒が中央で付着するような構造をもつ．付着部分には**動原体**という構造があり，染色体を牽引する微小管が結合する．動原体にある DNA は特殊な構造をもち，**セントロメア**とよばれる．一方，染色体末端は**テロメア**とよばれ，繰り返し構造からなる特殊な DNA 構造をもち，染色体末端の保護と染色体の安定性にかかわる．染色体が細胞内で安定に維持されるためには，複製するための部分（**複製起点**），そしてセントロメアとテロメアの 3 つが必要である（**染色体の必須要素**）．

5-3-4 クロマチン

染色体は物質的には**クロマチン**といい，DNA とそれに結合するタンパク質（塩基性タンパク質であるヒストンが数種と，少量の非ヒストンタンパク質）からなる複合体である．4 種類のコアヒストンが 2 個ずつ集まったものに 146 塩基対分の DNA が巻き付く**ヌクレオソーム**が（約 200 塩基対ごとにできる）クロマチンの基本構造である．ヌクレオソームはらせん状に密に集合して繊維をつくり，この繊維が何重にも折り畳まれてさらに太い繊維が形成される．ヒトゲノム DNA は伸ばすと 2 m 近くになるが，これが直径 $10\mu m$ 以下の核に収められるのはこのようなしくみによる．細胞分裂時にはクロマチンがさらに凝集して，光学顕微鏡で見える状態になる．

5-4 DNA の複製

5-4-1 DNA 複製の特徴

DNA が複製（同じものが二つできる）する場合，

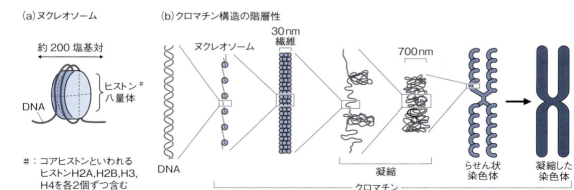

図 5-10 ヒストン，ヌクレオソーム，クロマチン，染色体

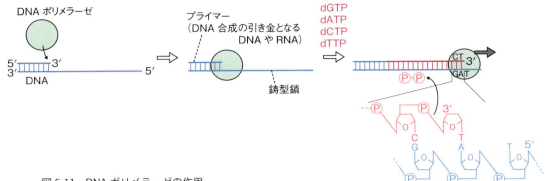

図 5-11　DNA ポリメラーゼの作用

まず親 DNA が部分的に変性して一本鎖となり，各一本鎖 DNA に対する相補的塩基（3 章．A には T，G には C が当てられる）をもつヌクレオチドが DNA 合成酵素（**DNA ポリメラーゼ**）で連結され，最終的に元と同じ**娘 DNA** が 2 個できる．この元の DNA 鎖が半分残る複製機構を**半保存的複製**という．真核生物のように巨大な線状 DNA をゲノムにもつものでは，DNA 複製はゲノムのさまざまな部位にある**複製起点**（*ori*）から同時に起こり，複製反応は両側に進行して全 DNA の複製が完了する．環状 DNA をゲノムにもつ原核生物では，複製は一ヶ所から始まる．

5-4-2　DNA 合成反応の特徴

DNA ポリメラーゼは DNA 鎖を分子の 3′ の方向（3 章参照）に伸ばすように，鋳型(いがた) DNA に基

解説　半保存的複製を証明したメセルソンとスタールの実験

DNA 中の塩基には窒素が含まれる．窒素の原子量（3 章）は 14 ドルトンだが（^{14}N），^{15}N を入れた培地で大腸菌を培養するとその DNA は重くなる．この大腸菌を通常培地に移して 1 回分裂させ，その DNA の比重を密度勾配遠心分離という方法で調べたところ，DNA は重い DNA と通常の軽い DNA の中間になった．このことから複製後の DNA は古い DNA と新しい DNA の二本鎖であることがわかった．もう一度細菌を分裂させると，DNA は軽い分画と中間の分画に分かれ，次回以降は中間部が減り，軽い部分が増えていく．

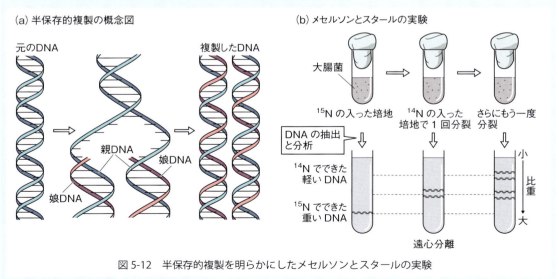

図 5-12　半保存的複製を明らかにしたメセルソンとスタールの実験

解説　不連続複製

DNA合成は一本鎖になった親DNAの両鎖でそれぞれ起こるが，DNAポリメラーゼは3′の方向にしかDNAを合成できない．このため片方の鎖ではDNA合成方向と全体の複製方向が異なるという矛盾を生んでしまうが，細胞はこの矛盾を**不連続複製**によって解決している．DNAはまず3′の方向に短く合成され（このDNAを**岡崎断片**という），その後**DNAリガーゼ**という連結酵素でつなげられる．全体としてみると，DNA複製は半連続複製で進むことになる．

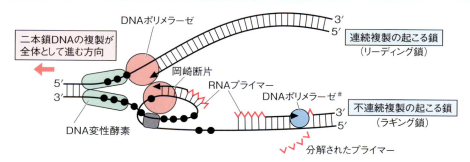

図5-13　連続複製と不連続複製
＃：この酵素は前方にあるDNAやRNAを除く活性ももつ．
このほかRNAプライマーをつくる酵素やDNAリガーゼも関与する．

質となる相補的なデオキシヌクレオチドを連結していく（反応後3個のリン酸のうち端の2個は除かれる）．DNAポリメラーゼは一本鎖鋳型に結合しているDNAかRNA（この合成のきっかけとなる核酸を**プライマー**という）の3′側を伸ばすようにDNA鎖を合成するが，細胞では数塩基長の短いRNAがプライマーとなる．多くのDNAポリメラーゼはいったん合成した鎖を戻りながら削るという**ヌクレアーゼ活性**をもつため，もし酵素が間違ったヌクレオチドを取り込んでもこの活性が働き，間違った部分を取り除いて合成をやり直す（⇒DNAポリメラーゼの**校正機能**）．

5-4-3　PCR

DNAは試験管内反応で複製させることができる．通常のDNAポリメラーゼは熱に不安定だが，

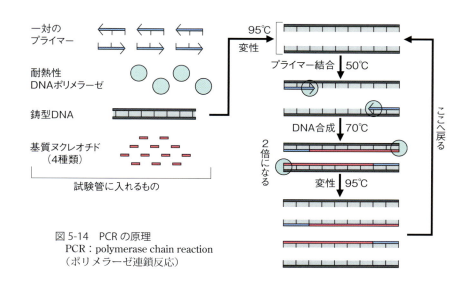

図5-14　PCRの原理
PCR：polymerase chain reaction
（ポリメラーゼ連鎖反応）

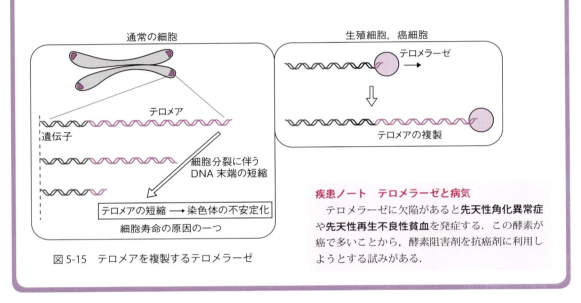

コラム：複製の末端問題と細胞寿命

　DNA 合成反応の特徴ゆえ，線状 DNA の各鋳型の 3' 末端は複製されないまま残ってしまうが，これを**複製の末端問題**という．このため染色体が複製するたびにその端（=> 意味のない繰り返し配列からなるテロメア）は短くなっていくが，**テロメア**の短縮が進むと染色体は安定性を失い，細胞はそれ以上増えることができない．正常細胞を培養してもやがて増えなくなる一因がこの末端問題にある．生殖細胞にはテロメアを複製する**テロメラーゼ**という特殊な酵素が存在するが，通常細胞にはほとんどない．無限増殖の可能な癌細胞にはテロメラーゼが豊富に存在する．

図 5-15　テロメアを複製するテロメラーゼ

疾患ノート　テロメラーゼと病気
テロメラーゼに欠陥があると**先天性角化異常症**や**先天性再生不良性貧血**を発症する．この酵素が癌で多いことから，酵素阻害剤を抗癌剤に利用しようとする試みがある．

耐熱性 DNA ポリメラーゼを使うと以下のことが可能となる．はじめに試験管に DNA，酵素，基質，プライマーを入れ，95℃で DNA を一本鎖に変性させる．温度を 50℃に下げるとプライマーが鋳型 DNA に結合する．そこで酵素が働く 70℃付近に温度を上げると DNA 合成反応が進む．このように温度を周期的に変化させると DNA 合成反応が連続的に起こり，20 ～ 30 回の反応で DNA を大量に増幅させることができる．この技術を **PCR**（ポリメラーゼ連鎖反応 [chain reaction]）という．DNA のある領域を増幅したい場合は希望領域を左右から挟むようにしたプライマーのセットを用いればよい．この方法は特定の DNA 配列があるかどうかをチェックする **DNA 鑑定**（血縁鑑定や犯罪捜査）などにも利用されている．

疾患ノート　医療における PCR 利用
医療の場では，**遺伝子診断**（遺伝病や癌の診断，遺伝的背景の検査）や感染病原体の特定（病原体の種類の決定）にも用いられている．

5-5　突然変異

5-5-1　突然変異とは

　遺伝的に均一な純系マウスであっても，個々の個体の体重は平均値を中心にばらつき，少し重い個体や軽い個体もみられる．このような平均値からずれた個体は成育条件の違いによって生じた**環境変異体**（variation）で，遺伝しない．しかし黒いマウスから白いマウスが予期せずに生まれ，それが子孫に遺伝する場合，それは一般に**突然変異**（mutation）とよばれる．通常より体重の重い／

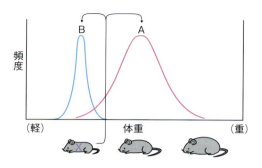

- 純系マウスの体重分布→Aのようになる ▭環境変異がみられる▭
- 小型マウス[X]の子の体重分布→Aのようになる
  ▭Xは突然変異ではない▭
  →Bのようになる
  ▭Xは突然変異個体▭

図5-16 突然変異とばらつき
環境変異はラマルクの用不用説（例：よく使う器官は発達し，その形質が子孫に遺伝する）が否定されているように，遺伝しない．

軽いマウスの子孫が常に重い／軽い子孫となる場合，それらの形質は遺伝的に決まっていると判断でき，やはり突然変異体ということができる．生物学では親と多少異なる変異も，大きく異なる変異も，子孫に伝わる変異であればすべて突然変異という．一方，分子生物学ではDNA塩基配列の変化を突然変異と定義するため，形質に現れないDNAだけの変異や，下記メモにあるような子孫に伝わらない体細胞突然変異も，すべて突然変異として扱う．

> **メモ　体細胞突然変異**
> 生殖細胞に起こる変異に対し，通常組織に局所的に出現する**体細胞変異**（例：癌細胞．渋柿の木の特定の枝に生った甘柿）は遺伝しないが，慣例的に突然変異という語句を用いる．

5-5-2 突然変異発生機構

a. 突然変異の構造による分類　DNA塩基配列の変化は以下の三つのタイプに分けられる．第一のタイプは**点突然変異**（**点変異**）といい，単独，あるいは複数の塩基が別の塩基に変化する．第二

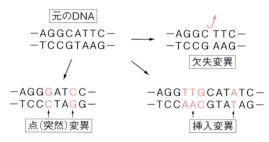

図5-17　DNA配列レベルでみた突然変異の例

の**欠失変異／挿入変異**は1〜複数塩基が欠失／挿入する．複数の遺伝子を含む広範囲な領域がかかわることもある．第三は**組換え**で，DNAが他の部分と連結し，新しい構成のDNAができる（注：組換えを突然変異に入れない場合もある）．

b. 突然変異の原因　突然変異はDNAポリメラーゼが不適切に働いてまちがった塩基を取り込んだり，取り込み機構そのものの不具合が起こり，それらがそのまま（修正されずに）残った場合に生じる．突然変異は外的物質，すなわち**変異原**が外部からDNAに作用して起こる場合もある．変異原は主に電磁波（例：**紫外線**，X線やγ線などの**電離放射線**）と化学物質（例：DNA結合性物質，塩基の構造を変化させるもの，DNAを切るものなど）がある．反応性の高いラジカルや活性酸素

> **解説　変異原と発癌物質**
> 癌は遺伝子の突然変異が直接の原因であり，**変異原**のようなDNAに作用する物質のあるものは発癌誘発剤としても作用しうる．例として紫外線やX線，ベンゾ（ツ）ピレン（たばこの煙やタールに含まれる成分）などがある．

表5·3　変異原／DNA傷害剤とその作用

変異原	作用
亜硝酸塩	（塩基の脱アミノ化：C→Uの変化）
マスタードガス* ニトロソグアニジン 高温，酸	（塩基の除去）
紫外線	（塩基構造の変化）
重金属 X線，γ線 ブレオマイシン	（DNA鎖切断）

かっこ内は作用形式．＊：毒ガスの一種

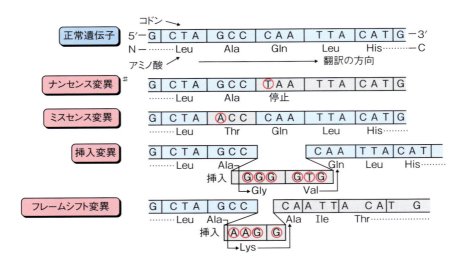

図 5-18 突然変異の翻訳への影響
　コドンを区切り，アミノ酸は3文字表記で表した．塩基配列はDNAのコード鎖のみを示している．フレーム（読み枠）はコドンのとり方を意味する．3の倍数で塩基の欠失が起こると欠失変異となる．フレームシフト変異ではいずれ停止コドンが現れる．#：タンパク質はほとんどできない．

がDNAを攻撃して変異させる場合もある．以上に加え，染色体に入り込んで変異を誘発するウイルスDNAやトランスポゾン（次頁トピックス）も，広い意味で変異原ととらえることができる．

5-5-3　突然変異がタンパク質合成に与える影響

　突然変異がタンパク質を指定するDNA内部で起こると，タンパク質に影響が出る場合がある．アミノ酸を指定するコドン（6章）が点変異によって変化すると，アミノ酸の種類が変化することがあり，それによりタンパク質の機能が変化したり無くなったりする（**ミスセンス変異**）．コドンが変化してもアミノ酸が変化しない場合は，突然変異があってもタンパク質への影響はない（**サイレントな変異**）．コドンが終止コドンに変化すると翻訳が阻止され，タンパク質はできない（**ナンセンス変異**）．欠失変異や挿入変異がある場合も，変動する塩基の長さと配列の種類により異なるタンパク質ができたり，タンパク質ができなかったり，いろいろな場合がある．

5-6　修復と組換え
5-6-1　DNAの損傷とその修復

　DNAに化学物質が作用してその構造が異常（例：二本鎖同士の共有結合．塩基構造の変化や除去．切断）になり，機能を発揮できなくなる場合がある．また紫外線は塩基構造を変え，放射線などはDNA鎖を切断する．このような**DNA損傷**が起こると細胞は死んでしまうか，突然変異となる場合がある．紫外線による損傷は日常でも高頻度で起こっている．このように生物は常に生存の危機にさらされているが，細胞にはこのような損傷を**修復**する酵素があり，生存を確保している．

> **メモ　除去修復**
> 　DNA修復の一つの形式で，損傷部を一度取り除き，その後DNAを合成し直す．後述のXPやCSはこの機構に欠陥がある．

> **疾患ノート　DNA損傷修復に欠陥をもつ遺伝病**
> 　**色素性乾皮症（XP）**や**コケイン症候群（CS）**は劣性の先天性異常で，傷害を受けた部分を修復する酵素が欠損している．XPは紫外線（日光）により色素沈着を起こし，皮膚癌を発症しやすい．CSは発育不全，早期老化，神経症状などを呈する．

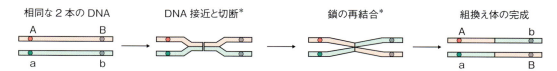

図 5-19　DNA 組換え機構（相同組換えの例）
＊：実際はもっと複雑な反応によってこの過程が進む．

5-6-2　組換え

　細胞内に配列の同じ DNA が存在すると，2 本の鎖の間で切断と再結合が起こり（注：実際の分子機構は途中に複雑な過程が関与する），DNA 鎖が組み換わる．この機構を**相同組換え**といい，真核生物では減数分裂時にみられる．多くは AB と ab の間で起きて Ab と aB となる相互組換えである．これとは別に，相同性のない DNA 間で組換えが起こる**非相同組換え**という機構も存在する．

疾患ノート　組換え遺伝子と老化
　組換え酵素に欠損をもつと**ウエルナー症候群**や**プロジェリア**などの**早期老化症**を起こす．これらの酵素は DNA 変性作用をもつ **DNA ヘリカーゼ**で，DNA の組換えや修復にかかわる．

トピックス　動き回る遺伝子：トランスポゾン
　DNA はなくなったり増えたりせず，通常は安定だが，中にはみずから別の DNA に入ったりする不安定な DNA が存在する．このような DNA を**トランスポゾン**（転移性 DNA）といい，両端に特徴的な繰り返し配列と，内部に転移／組込みにかかわる酵素遺伝子をもつ．大腸菌やいくつかの真核生物においてトランスポゾンの存在が知られているが，大腸菌のトランスポゾンは**薬剤耐性遺伝子**をもつため，プラスミド DNA に入り，薬剤耐性プラスミドを生成することがある（14 章コラム）．真核生物では酵母，植物，ショウジョウバエのプラスミドがよく知られている．トランスポゾンがゲノムに入ることによりゲノム遺伝子が破壊されることがあり，**突然変異原**にもなり得る．トウモロコシの種のまだら模様やアサガオの花の斑入りも，トランスポゾンの仕業である．
　RNA が途中に介在する**レトロトランスポゾン**というものもある．これはレトロウイルス（14 章参照）が起源と考えられ，転写された RNA が**逆転写酵素**によって DNA に写し取られ，これがゲノムに転移する．レトロトランスポゾンは真核生物の**ゲノムサイズ増加**の主な要因になっており，ヒトを含む高等真核生物では，ゲノムのおよそ半分がレトロトランスポゾンで占められている．

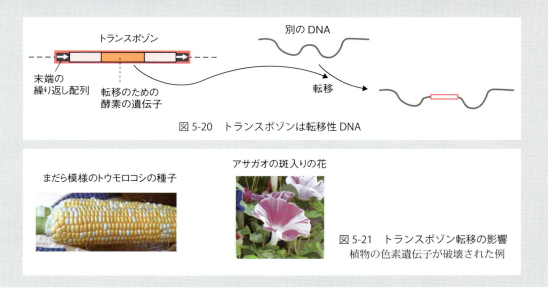

図 5-20　トランスポゾンは転移性 DNA

図 5-21　トランスポゾン転移の影響
植物の色素遺伝子が破壊された例

6章　遺伝情報の発現

DNAの遺伝情報が利用されるには，RNAやタンパク質に変換されなくてはならない．RNAやタンパク質が合成され，DNAの遺伝情報が取り出されることを**遺伝子発現**といい，直接の遺伝情報をもつDNA，RNA，タンパク質は**情報高分子**とよばれる．情報の流れる方向はDNA→RNA→タンパク質であるが，この原則を分子生物学における**セントラルドグマ**［中心命題］という．

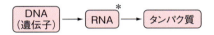

図6-1　セントラルドグマに示された遺伝情報の流れ
＊：RNAで終わるものもある．

6-1　転写とRNA

6-1-1　転写：RNA合成のしくみ

RNA合成を**転写**といい，遺伝子発現の第一歩である．遺伝子によってはRNAが最終産物の場合もあり，また転写が以降の過程を進める決定要因となるため，転写は時として**遺伝子発現**と同じ意味に使われる．二本鎖DNAを元に一本鎖RNAをつくる酵素を**RNAポリメラーゼ**という．真核生物では転写は核で起こる．転写が始まるときはまず転写の開始点付近にRNAポリメラーゼが結合し，DNAが部分的に変性する．するとDNA鎖の一方が**鋳型鎖**となりRNAポリメラーゼは鋳型の塩基に相補的なヌクレオチド（糖がリボースのリボヌクレオチド．ただしチミンの代わりにウラシルが使われる）を次々に連結し，酵素がDNA上を進むとともに変性部分も移動し，RNA鎖がつくられる．RNAは鋳型鎖とは相補的だが，反対鎖とは同じ配列となり，DNAの一方の鎖が写し取られた（転写された）ことになる．鋳型鎖は遺伝情報をもたず，RNAに写し取られた側の鎖（**コード鎖**あるいは**非鋳型鎖**）が遺伝子情報をもつ．RNAポリメラーゼの性質のうち，ヌクレオチド三リン酸が基質となること，それがRNAに取り込まれるときには2個のリン酸が除かれること，鎖の延びる方向が3′の方向であることはDNAポリメラーゼと共通である．ただDNAポリメラーゼと異なり，RNAポリメラーゼは鎖合成の開始ができる（=> プライマーは不要）．

> **メモ　転写開始部位の上流と下流**
> 遺伝子のRNAポリメラーゼの進む方向を下流，その反対側を，遺伝子でない部分も含め上流という．

> **解説　非典型的な遺伝情報の流れ**
> セントラルドグマに合わない遺伝情報の流れはレトロウイルス（14章）（RNAからDNA）や一般のRNAウイルス（RNAからRNAを合成）でみられる．細胞にも微弱だが，このような非典型的過程を触媒する酵素が存在することが明らかになっている．

図6-2　転写機構
RNAではT（チミン）がU（ウラシル）に変わる．
遺伝情報は非鋳型鎖（→コード鎖）に含まれる．

表 6·1 RNA の種類と働き

役割	RNA 種	機能，特徴
タンパク質合成に関与	mRNA	伝令 RNA．アミノ酸配列をコードする．多種類存在
	rRNA	リボソーム RNA．リボソームの成分．4種類
	tRNA	転移（運搬）RNA．アミノ酸と結合する．20種類
それ以外の機能をもつ	snRNA	核にある．スプライシングの調節．数種類
	miRNA	RNA 干渉．翻訳の阻害
	各種リボザイム	さまざまな酵素活性
	その他の非コード RNA	複製のプライマー RNA．RNA の加工．遺伝子発現制御

解説　RNA ポリメラーゼの種類

原核生物は1種類の RNA ポリメラーゼしかもたないが真核生物には複数の酵素があり，それぞれ特定の種類の RNA を合成する．mRNA をつくる **RNA ポリメラーゼⅡ** は毒キノコ（例：ベニテングタケ）の毒（成分はアマニチン）で阻害される．

表 6·2 代表的な真核生物の RNA ポリメラーゼ

RNA ポリメラーゼⅠ	rRNA を合成
RNA ポリメラーゼⅡ	mRNA を合成．毒キノコの毒で阻害される．
RNA ポリメラーゼⅢ	tRNA やある種の小型 RNA を合成

6-1-2　RNA の種類と役割

核で合成された RNA は主に細胞質に移動してそこで働くが，中には核で働くものもある．RNA はタンパク質合成にかかわるものとそれ以外の働きをもつものに分けられるが，量的には大部分の RNA がタンパク質合成にかかわり，細胞質で機能する．タンパク質合成にかかわる RNA は **rRNA**（リボソーム RNA），**tRNA**（転移／運搬 RNA），**mRNA**（伝令 RNA）の3種であるが，タンパク質をコードしているのは mRNA で，遺伝子の数に相当する種類がある．rRNA はリボソームに含まれ，数種類存在する．tRNA は小型の RNA で，少なくともアミノ酸の数だけ存在し，アミノ酸をリボソームに運ぶ．RNA のタンパク質合成以外の役割としては **リボザイム**（RNA 酵素），スプライシング調節，遺伝子発現調節，RNA 干渉，RNA の加工，遺伝子発現抑制などがある．

6-1-3　ゲノムレベルで見た転写の全体像

1回の転写は遺伝子の範囲，すなわち転写開始部位から転写終結部位の範囲で起こる．転写の起こる時期や，起こる頻度は遺伝子特異的で，ある時点を見た場合，転写がまったく起こっていない遺伝子（発現していない遺伝子）もある．ゲノム遺伝子のうち常に転写されているものは細胞機能に必須な全体の数十％で，のこりは特定の細胞や特定の時期，あるいはある特定の条件下（例：特定の刺激物質の影響）で発現する．複数の遺伝子

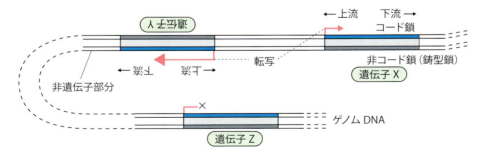

図 6-3　ゲノムレベルで見た転写の概要
遺伝子 X は遺伝子 Y や Z と向きが反対側になっている．
遺伝子 Y は発現量が大きく，Z はまったく発現していない．

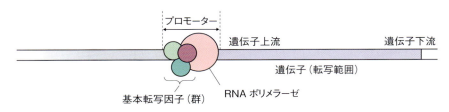

図 6-4　プロモーターと基本転写因子

がみな 1 本の長い DNA 鎖の片方のみに指定（コード）されているわけではない．

6-2　転写調節
6-2-1　プロモーターと転写の基本機構

転写は調節される．複製と違い，転写の程度は細胞の置かれた状況により，遺伝子ごとに別々のレベルで調節される．転写を調節するためのDNA 配列（=> **シス配列**）が遺伝子ごとに遺伝子の周り（場合によっては遺伝子内部）に配置されている．転写開始部位付近にあり，RNA ポリメラーゼが結合する周辺の DNA 領域を**プロモーター**という．とくに決まった配列はないが，約 30 塩基対上流にある AT に富む配列（**TATA ボックス配列**），あるいは GC に富む配列（GC ボックス配列），転写開始部位付近のピリミジンに富む配列（イニシエーター）などがしばしばみられる．原核生物遺伝子のプロモーターは比較的類似した構造をもち，転写開始部位上流の 10 塩基対部分と 35 塩基対部分に共通配列をもつ．真核生物の RNA ポリメラーゼは自身ではプロモーターの正しい位置に結合できず，複数の**基本転写因子**の助けが必要である．基本転写因子はどの遺伝子にも必要なタンパク質で，RNA ポリメラーゼのプロモーター結合を助けるのみならず，酵素を活性化状態にしたり，DNA を転写されやすい状態にするなどの機能をもつ．

> **メモ　コンセンサス配列**
> 関連する機能をもつシス配列にみられる共通配列を**コンセンサス配列**という．

6-2-2　転写調節配列と転写調節タンパク質

遺伝子にはプロモーター以外にも，**遺伝子特異的転写調節**を行う別のクラスのシス配列，すなわち**転写調節配列**（転写を高めるものを**エンハンサー**，弱めるものをサイレンサーという）がある．転写調節配列には**転写調節タンパク質**（=> **転写調節因子**あるいは**配列特異的転写調節因子**ともいう）が結合し，プロモーターに結合しているタンパク質群（=> 基本転写因子と RNA ポリメラーゼ）

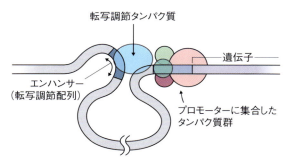

図 6-5　遺伝子特異的な転写調節タンパク質

表 6·3　代表的な転写調節タンパク質結合配列

タンパク質名	結合配列*
Sp1	GGCGGG
E2F	TTTCGCGC
CREB	TGACGTCA
MRF4	CANNTG
C-Myc	CACGTG
エストロゲン受容体	AGGTCAN$_3$TGACCT

*：二本鎖 DNA の一方の鎖（5′→3′）のみを示した．
N：A, G, T, C．

疾患ノート　転写調節タンパク質と疾患

病気の中には転写調節タンパク質（因子）の機能不全で起こるものがいくつか知られている（例：Pit-1 因子の変異による脳下垂体機能低下や小人症，**p53 因子の変異による発癌**）．ウイルスによる発癌の中には，ウイルスの転写調節タンパク質がかかわるものが多数ある．炎症，細胞増殖，免疫には**NFκB因子**がかかわるが，抗炎症剤アスピリンはこの因子の機能を低下させる．

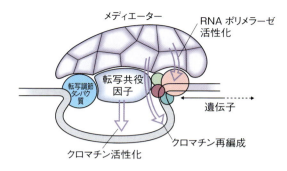

図6-6　DNA結合性のない転写調節因子

に影響をおよぼす．転写調節配列の位置や種類は遺伝子により異なり，転写調節タンパク質も遺伝子特異的であるため，遺伝子独自の転写調節が可能となる．転写調節タンパク質は転写開始部位の上流に結合することが多く，上流数千塩基対の場所にあるものもある．

6-2-3　転写調節にかかわる2種類のDNA非結合性因子

転写制御を達成するためのDNA結合能をもたない因子が2種類知られている．一つは**転写共役因子（転写補助因子）**で，転写調節タンパク質と結合してプロモーター上にある因子との相互作用を強固にする．転写共役因子は転写調節タンパク質に応じた種類があるが，中にはクロマチン状態を活性化する酵素活性（=> **ヒストンアセチル化酵素：HAT**）をもつものもある．もう一つの因子は**メディエーター（転写介在因子）**である．メ

解説　ヒストンにある遺伝暗号

ヌクレオソーム構成タンパク質である**ヒストン**はさまざまに化学修飾（例：アセチル化）されている．この修飾が転写調節因子の機能に影響をおよぼすため，ヒストンは隠れた遺伝暗号をもつといわれ，**後成的遺伝**（次頁コラム）にもかかわる．

疾患ノート　ステロイドホルモンの作用

性ホルモンや副腎皮質ホルモンなどの**ステロイドホルモン**は細胞膜を通過して細胞に入り，そこで特異的タンパク質（特異的**ステロイドホルモン受容体**）と結合する．受容体はホルモン結合によって活性化し，クロマチン中の標的遺伝子近傍の転写調節配列に結合して転写を活性化する．同様な機構で効果をおよぼすものに**ビタミンA，ビタミンD，甲状腺ホルモン**がある．このような物質と結合する転写因子を一般に**核内受容体**という．農薬や化学工業に使用される化合物の中にはホルモン受容体と結合してホルモン様作用をおよぼす（あるいはホルモンの作用を抑える）ものがあるが，このような物質（=>**環境ホルモン**ともいう）が動物の性徴を乱すとして問題視されている（メスのオス化やオスのメス化など）．ビタミンAやその誘導体は遺伝子発現を通じて組織形成を促し，胎児に対して奇形を誘導する活性（**催奇形性**）が危惧されているため，妊婦は多量に摂取しない方がよい．

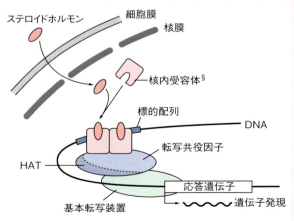

図6-7　ステロイドホルモンの作用機構
§：この場合はステロイドホルモン受容体
HAT：ヒストンアセチル化酵素

解説　ラクトースオペロン

細菌には関連する複数の遺伝子を連続して転写する**オペロン**というしくみがある．**ラクトースオペロン**はラクトースの利用に関する三つの遺伝子を含むが，普段は**リプレッサー**といわれるタンパク質がプロモーター近傍の**オペレーター**に結合してRNAポリメラーゼの働きを抑えている．ラクトースが入るとリプレッサーと結合してその働きを無効にするのでオペロンが転写される．この現象はジャコブとモノーにより，オペロン説として発表された．

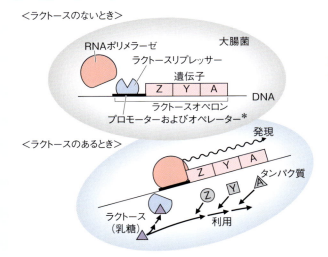

図6-8　原核生物に特徴的な遺伝子発現様式：オペロン（ラクトースオペロンの例）
ラクトース（乳糖）利用に関する三つの遺伝子を含むオペロン．このオペロンは通常ラクトースリプレッサーという抑制因子がオペレーターに結合しているため，転写は抑制されている．しかしラクトースが入るとその誘導体が抑制因子に結合して機能を失わせ，RNAポリメラーゼが働くようになる．
＊：プロモーターのすぐ下流にリプレッサーの結合するオペレーターがある．

コラム：後成的遺伝とゲノム刷り込み

染色体DNAはシトシンが部分的にメチル化（$-CH_3$結合）されている．この修飾は細胞分裂後も保存され，またメチル化を受けたDNAにはさまざまなタンパク質が結合して遺伝子発現を左右する．このためDNAのメチル化は遺伝現象に大きな影響を与えるが，このような塩基配列によらない遺伝を一般に**後成的遺伝（エピジェネティクス）**という．癌になった組織ではこの修飾状態が変化している例が多く知られる．このような修飾をゲノムインプリンティング（**ゲノム刷り込み**）というが，修飾の基本パターンは生殖細胞でリセットされる．子どもの染色体DNAの一方は父方，他方は母方の刷り込みパターンを受け継いでいるが，父親似／母親似という現象もゲノム刷り込みと関係あるかもしれない．メスの2本の性染色体Xの片方は発現しないように抑えられているが（**X染色体不活化**），これはゲノム刷り込みの典型的な例である．

ディエーターは多くのタンパク質からなる巨大な複合体で，RNAポリメラーゼや転写活性化因子と結合することによって，転写調節情報を集約してRNAポリメラーゼに伝える．メディエーターはRNAポリメラーゼを活性化するリン酸化酵素活性やクロマチン中のヌクレオソームの位置を変化させる活性をもつ．

6-3　RNAの成熟

真核生物では合成されたばかりのRNAは，核で限定的切断を受けてから成熟するが，このうちの最も特徴的なものに**スプライシング**がある．スプライシングはRNAの内部が1〜数個取り除かれ，残った部分でつながるRNAつなぎ替えで，除かれる部分を**イントロン**，残る部分を**エキソン**

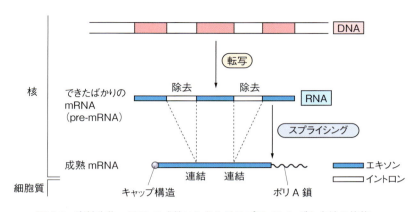

図6-9 真核生物 mRNA の成熟にみられるスプライシングと末端の修飾

という．エキソンとイントロンの境界の塩基配列には共通性がみられる．エキソンとイントロンの数は遺伝子により異なるが，中には複数のエキソン（場合によってはイントロンも含め）がさまざまに選択され，一つの遺伝子から複数の成熟RNAができる機構もある（mRNAの場合）．このような**選択的スプライシング**は一つの遺伝子から複数のタンパク質をつくる機構の一つである．

6-4 タンパク質合成：翻訳

mRNAが細胞質に移動してリボソームと結合し，そこへアミノ酸を結合したtRNAがよび込まれてリボソーム上でアミノ酸が連結され，タンパク質がつくられる．このように，塩基配列をアミノ酸配列に読み替える機構が働くため，タンパク質合成は"**翻訳**"とよばれる．

6-4-1 遺伝暗号

塩基配列がどのような法則でアミノ酸配列に変えられるのか？ それを決めているのが，塩基配列をアミノ酸に変換する暗号（コード），すなわち**遺伝暗号**である．暗号は連続した3個の塩基配列である**コドン**で組み立てられ，このコドンが1個のアミノ酸を決めている．コドンは全部で64通りあり，これで20種類のアミノ酸を指定する．このことは一つのアミノ酸に複数のコドンが割り

> **メモ mRNA の末端**
> スプライシングを終えた真核生物の成熟 mRNA は5′末端に**キャップ構造**（特殊な化学修飾），3′末端に**ポリA鎖**（Aの連続配列）という構造をもつ．

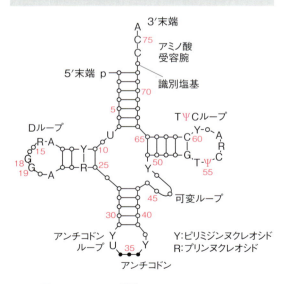

図6-10 tRNA の構造
tRNAをクローバー葉型様に示した．
分子内で多くの二重結合ができている．
Ψ（プソイドウリジン）：特殊塩基の一種

> **解説 アミノ酸とtRNAの結合**
> tRNAの種類は少なくともアミノ酸の数だけはあり，それぞれのtRNAは決められたアミノ酸と結合する（例：アラニンtRNAはアラニンとのみ結合する）．tRNAの中央部にはmRNA上のコドンと相補的に結合する配列（**アンチコドン**）がある．

表6・4 遺伝暗号表#

第1字目	第2字目								第3字目
	U		C		A		G		
U	UUU	Phe	UCU	Ser	UAU	Tyr	UGU	Cys	U
	UUC	Phe	UCC	Ser	UAC	Tyr	UGC	Cys	C
	UUA	Leu	UCA	Ser	UAA	終止	UGA	終止	A
	UUG	Leu	UCG	Ser	UAG	終止	UGG	Trp	G
C	CUU	Leu	CCU	Pro	CAU	His	CGU	Arg	U
	CUC	Leu	CCC	Pro	CAC	His	CGC	Arg	C
	CUA	Leu	CCA	Pro	CAA	Gln	CGA	Arg	A
	CUG	Leu	CCG	Pro	CAG	Gln	CGG	Arg	G
A	AUU	Ile	ACU	Thr	AAU	Asn	AGU	Ser	U
	AUC	Ile	ACC	Thr	AAC	Asn	AGC	Ser	C
	AUA	Ile	ACA	Thr	AAA	Lys	AGA	Arg	A
	AUG	Met※1	ACG	Thr	AAG	Lys	AGG	Arg	G
G	GUU	Val	GCU	Ala	GAU	Asp	GGU	Gly	U
	GUC	Val	GCC	Ala	GAC	Asp	GGC	Gly	C
	GUA	Val	GCA	Ala	GAA	Glu	GGA	Gly	A
	GUG	Val	GCG	Ala	GAG	Glu	GGG	Gly	G

#：mRNAの5'側からの配列．※1：開始コドンとしても用いられる．大腸菌ではホルミルメチオニン．アミノ酸の3文字表記については，表3・2を参照

当てられていることを意味しており，事実，メチオニンとトリプトファン以外のアミノ酸は複数のコドンをもつ．一つのアミノ酸をコードする複数のコドンを**同義コドン**というが，同義コドンの多くは3文字目の塩基が変化している．コード領域に点突然変異が生じてもアミノ酸配列が変化しないという現象は，同義コドンへの変異で説明できる．メチオニンのコドン AUG は翻訳の**開始コドン**

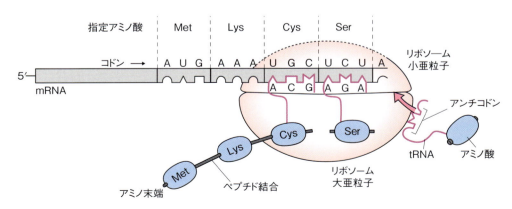

図6-11 mRNA，リボソーム，tRNA のかかわる翻訳機構の概要

解説　RNA 干渉

細胞内に二本鎖の短い RNA（例：siRNA, shRNA）を入れると，それと同じ塩基配列をもつ RNA が分解され，翻訳が阻止されるという現象（**RNA 干渉 [RNAi]**）が起こる．RNA 干渉は人工的に遺伝子発現を抑制するための技術として汎用されるが，生理的にも類似の機構で遺伝子発現の抑制に関与していることがわかっている（例：マイクロ RNA による遺伝子発現抑制）．

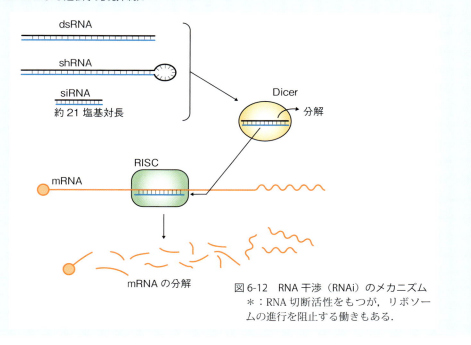

図 6-12　RNA 干渉（RNAi）のメカニズム
＊：RNA 切断活性をもつが，リボソームの進行を阻止する働きもある．

としても機能する．UAG, UGA, UAA は指定するアミノ酸をもたず，翻訳の終了を指示する**終止コドン**として機能する．

6-4-2　リボソーム上でのタンパク質合成

リボソーム（mRNA 結合能をもつ小亜粒子と，触媒活性をもつ大亜粒子よりなる）は mRNA の 5′ 末端付近に結合したあと開始コドンである AUG まで移動し，その後，コドンに沿った（3 塩基ずつの）**読み枠**で翻訳を開始する．mRNA にはコドンを区切るカンマのようなものはなく，3 種類の読み枠のどれが使われるかは開始コドンが決まることにより自動的に決められる．アミノ酸をペプチド結合でつなげる活性はリボソーム自身がもつ．なお，リボソームの触媒活性はリボソーム中のタンパク質ではなく，大亜粒子中の rRNA にある（注：つまり rRNA は**リボザイム [RNA 酵素]** である）．

解説　大腸菌での翻訳開始

大腸菌のリボソームは，mRNA 上の開始コドンの少し 5′ 側にある特殊な塩基配列（=> SD 配列）を認識して結合する．

疾患ノート　細菌の翻訳を阻害する抗生物質

抗生物質は細菌類（主に放線菌類）や菌類の生産物に由来する物質で，細菌の増殖を止めるが，中には真核細胞の増殖を止めたり，癌細胞治療に用いられるもの（例：ブレオマイシン）もある．ペニシリンは細菌の細胞壁形成を阻害するが，他のいくつかの抗生物質（例：**ストレプトマイシン，カナマイシン，テトラサイクリン，クロラムフェニコール，エリスロマイシン**）は細菌のリボソームに結合し，翻訳を阻害することによって薬理作用を現す．

7章　細胞の増殖と死

7-1　細胞周期とその制御

7-1-1　細胞増殖の周期性

真核生物の細胞増殖はDNA合成期（**S期**）（S: synthesis[合成]）と細胞分裂期（**M期**）（M: mitosis[有糸分裂]）を繰り返して進む．M期とS期の合間をG_1期，S期とM期の合間をG_2期というが，細胞増殖がG_1期→S期→G_2期→M期を経てG_1期に戻るこの周期性を**細胞周期**といい，逆行することはない．図7-1に示した細胞周期の各所用時間は，細胞が違ってもG_1期以外はほぼ一定である．増殖を止めているG_1期にある細胞のおかれた状態をとくにG_0期という．G_1期／G_0期からS期に進入するためには，一定以上の細胞サイズと増殖因子の存在が必須である．S期に入る前のある時期（**制限点**）を越えるとDNA合成が始まり，その後G_1期に戻るまで細胞周期が途中で止まることはない．S期ではDNA合成が起こり，二倍体のゲノムは一時的に四倍体状態になる．M期では凝集して太くなった染色体が紡錘体微小管に引っ張られ，細胞質分裂が起こって染色体が半分ずつ娘細胞に分配される．

> **解説　卵成熟因子の発見**
>
> メスのカエルに性ホルモンであるプロゲステロンを注射すると減数分裂中の卵母細胞が成熟するが，この現象の原因物質として発見されたのが**卵成熟因子**（Maturation Promoting Factor：**MPF**）である．MPFは通常細胞にもあってM-phase Promoting factor（**M期促進因子**）といわれる．MPFはM期への進入とM期進行に必須であるが，その実体はサイクリンBとCDK1の複合体である（次頁参照）．

7-1-2　細胞周期調節因子：細胞周期のエンジンとブレーキ

細胞には細胞周期を回すエンジン役の分子と，それを抑えるブレーキ役の分子が多数存在してお

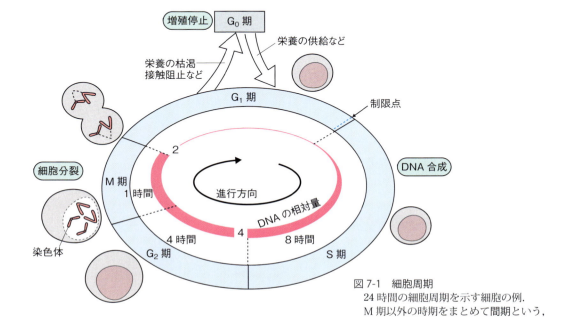

図7-1　細胞周期
24時間の細胞周期を示す細胞の例．
M期以外の時期をまとめて間期という．

7-1 細胞周期とその制御

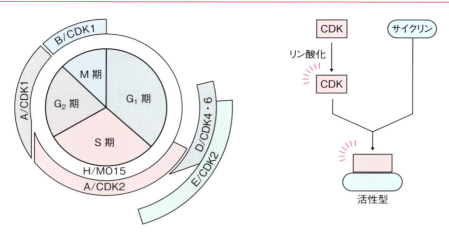

図 7-2　細胞周期の各段階で働くサイクリン／CDK 複合体
サイクリン B／CDK 複合体は MPF ともいわれる

り，正常な細胞増殖は両者の適切なバランスの上で実行される．エンジンは **CDK**（サイクリン依存性キナーゼ）というタンパク質リン酸化酵素で，複数種があるが，**サイクリン**といわれるタンパク質と結合して活性を発揮する．サイクリンも複数あるが，特定の細胞周期に存在するため，CDK が特定の時期に作用を発揮できる．細胞周期は図 7-2 に示すような種類のサイクリン／CDK の作用を受けて進む．なお CDK が働くためにはリン酸化（*）される必要がある．ブレーキを司る分子には，CDK に結合して活性を抑える **CDK 阻害因子**（例：p21），サイクリン／CDK を分解に向かわせる**ユビキチン連結酵素**（例：APC／C，SCF）（2 章），CDK の特定部位をリン酸化する酵素などがある（注：(*) と異なる部位．この部位のリン酸除去は CDK の活性化につながる）．

疾患ノート　細胞分裂制御異常と癌

癌は細胞増殖が異常に亢進しているが，細胞周期抑制因子の突然変異がかかわる場合が多い．CDK 阻害因子である p21 やその転写調節タンパク質の **p53**（下記）は**癌抑制タンパク質**として作用する．**Rb** という癌抑制タンパク質は DNA 複製にかかわる転写調節タンパク質 **E2F** に結合してその作用を抑えている．

疾患ノート　毛細血管拡張性運動失調症：AT

常染色体劣性の疾患で，運動失調，毛細血管拡張，免疫不全，白血病，癌など多くの病態がみられる難病の一つ．原因遺伝子 *ATM* は DNA の傷を最初に見つけてその情報を p53 に伝える**タンパク質リン酸化酵素**をコードする．

表 7·1　主なサイクリンと CDK

サイクリンの種類	複合体を形成する CDK
サイクリン A	CDK1，CDK2
サイクリン B	CDK1
サイクリン C	CDK8
サイクリン D	CDK4，CDK6
サイクリン E	CDK2
サイクリン F	―
サイクリン G	CDK5
サイクリン H	CDK7（MO15）

CDK1 は cdc2 ともいう．

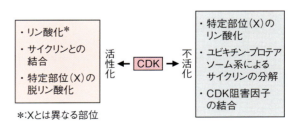

図 7-3　CDK 活性の調節

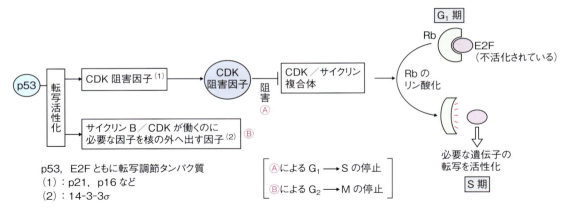

図 7-4　癌抑制遺伝子産物の p53 や Rb がかかわる細胞増殖の抑制

7-1-3　細胞周期の進行を監視する機構

細胞複製の正確な実行は細胞周期調節因子だけでは不充分であり，細胞周期の各段階で起こる出来事を監視するしくみが不可欠である．このしくみを**チェックポイント**といい，さまざまなものがある．チェックポイントが不備を見つけると細胞はその時点で細胞周期の進行を止め，修復などの対応措置をとり，その後細胞周期の進行を再開する．傷害の修復が不可能な場合には，**アポトーシス**のプログラム（7-4 参照）を動かして細胞を死滅させる．主なチェックポイント（CP）として，DNA 損傷 CP，紡錘体 CP（すべての染色体に紡錘体微小管が結合したかをチェックする），DNA 複製完了 CP，G_1 期細胞サイズ CP，テロメアサイズ CP などがある．

> **解説　重複複製の防止**
> 複製起点からの複製開始は 1 回のみ起こり，続けて起こることはない．これを **DNA 複製のライセンス化**という．G_1 期になると MCM などの因子が複製起点に結合するが，これが S 期開始時に CDK／サイクリンによりリン酸化されると一部の因子が複製起点から離れ，それにより複製因子が働けるようになる．

表 7・2　細胞周期を監視するチェックポイント

チェックポイントの種類	働く時期
DNA 傷害	おもに G_1，(S)，G_2
DNA 複製	S
紡錘体形成，染色体分配	M
テロメア長の短縮	G_1
細胞サイズ	G_1

7-2　体細胞分裂：有糸分裂

M 期は前期，中期，後期，終期に分けられる．G_2 期に染色体の凝集が始まり，それが M 期前期になるとさらに凝集して太くなり，細胞の中央部分（**赤道面**）に寄ってくる．また**中心体**は複製し，両極に分かれて**星状体**となる．中期になると星状体から伸びた**紡錘体微小管**が染色体の動原体に結合し，後期では微小管によって染色体を構成する一対の**染色分体**（⇒姉妹染色分体）のそれぞれが両極に引っ張られる．終期になると染色体は凝集が解け，しだいに見えなくなると同時に，細胞質がくびれて 2 個の娘細胞となる．以上の過程を**有糸分裂**という．植物細胞ではくびれはできず，板状の構造体が両娘細胞の間を仕切る．

7-3　配偶子をつくるための細胞分裂：減数分裂

7-3-1　減数分裂とは

有性生殖を行う二倍体生物では受精で染色体数が 2 倍になるため，配偶子（精子や卵）をつくる段階で染色体を半分にする必要があるが，このた

コラム：細胞とゲノムを守る p53

　p53（分子量 53,000）は**癌抑制因子**としてよく知られている**転写調節タンパク質**である．普段 p53 は細胞内において不活性な状態にあるが，DNA が傷害を受けるとその情報がタンパク質リン酸化という形で自身に伝わり，自身が活性化し安定化する．活性化した p53 は DNA 修復遺伝子や CDK 阻害因子遺伝子を活性化（転写）させてゲノムを元通りにする．さらにアポトーシスを起こす遺伝子を活性化することにより，修復不可能細胞や癌化の可能性のある細胞を死滅させ，個体としての健全性を確保する．これが p53 が癌抑制因子として作用するしくみである．

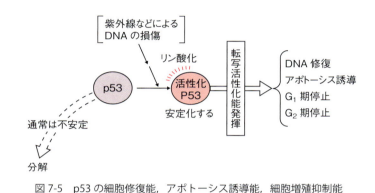

図 7-5　p53 の細胞修復能，アポトーシス誘導能，細胞増殖抑制能

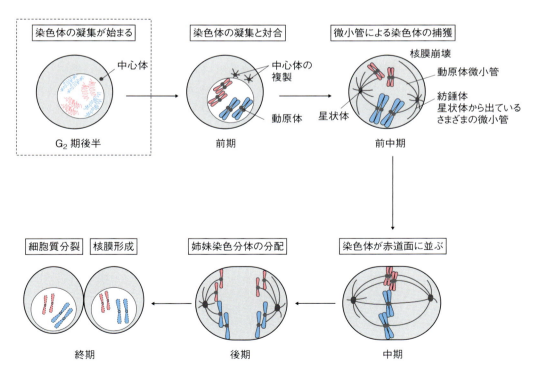

図 7-6　M 期における細胞分裂の詳細

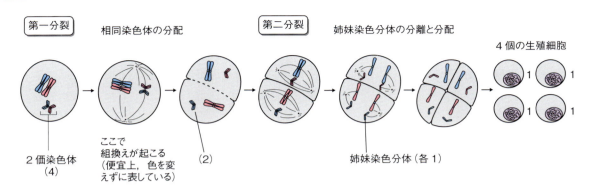

図7-7 減数分裂の進行過程
数字は短い染色（分）体で見た場合のDNAの相対量を示す．

めの分裂が**減数分裂**である．減数分裂は2回の細胞分裂からなるが，有糸分裂と異なり，**減数第一分裂**の後DNA複製が起こらず，すぐに**減数第二分裂**に入る．さらに相同染色体の各姉妹染色分体が娘細胞に分配される有糸分裂と異なり，減数第一分裂では各々の相同染色体が分配され，第二分裂では相同染色体を構成する各姉妹染色分体が分離する．以上のことからわかるように，1回の減数分裂で4個の一倍体配偶子が作られる．

7-3-2 減数第一分裂でみられる遺伝子の組換え

減数分裂の第一分裂中には，相同染色体間で組換えが起こる．DNA複製を終えてG_2期になると，相同染色体の両者が接近・会合し（**四分子**という

状態），その後2本の非姉妹染色分体同士の間の乗換えを表す構造ができる．この構造を**キアズマ**といい，相同組換えが起こっている状況を表している．その後染色体をつないでいた接着構造が消え，染色体が充分に凝集してから細胞の赤道面に移動し，紡錘体微小管により組換えの終わった各相同染色体が両極へ分配される．減数分裂では必然的に組換えが起こるため，配偶子の遺伝子構成は配偶子ごとに異なる．

7-3-3 卵の形成

精子形成は7-3-1に記した過程に沿って進むが，卵形成では特徴的な現象がみられる．動物の卵形成の場合，第一分裂期にある**卵母細胞**は分裂を止

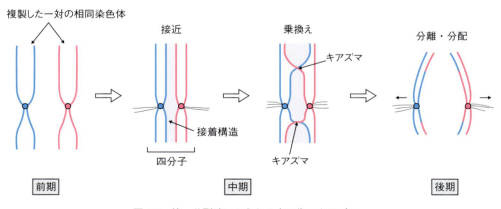

図7-8 第一分裂時にみられる交叉像：キアズマ

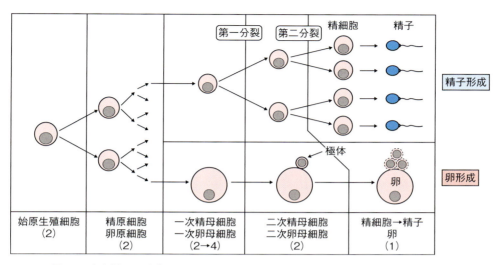

図7-9 卵と精子の形成
最初にできた極体（第一極体）が複製する場合としない場合とがある．
かっこ内の数字はDNAの相対量を示す．ヒトなどの卵は一般には卵子と呼ばれる．

め，その間に細胞質を大きくする（注：ヒトではこの期間が何十年にもおよぶ）．ホルモン刺激があるとこの細胞は分裂を再開するが，細胞質分裂は極端に不均等で，元と同じ大きさの細胞と非常に小さい細胞である**極体**ができる（注：極体はやがて吸収され，消滅する）．第一分裂後，すぐに第二分裂に入るが，このときも極体が放出され，結果的に卵細胞が1個だけ残る．極体の形成は，豊富な細胞質をもつ巨大な卵をつくるために必須な過程なのである．

7-3-4 卵と精子の受精

卵への精子の侵入を**受精**という．ヒトの場合，精子が受精する細胞は減数分裂の完全に終了した卵ではなく，まだ第二分裂期の中期の状態である．卵に精子が侵入すると細胞の性質が変化して多重受精は阻止され，同時に二次卵母細胞の細胞分裂が進行し，極体が放出される．これにより細胞には一倍体の**雌性前核**（融合する前の核）と，精子由来の**雄性前核**が残り，やがて核が融合する．このことからわかるように，卵の減数分裂は受精に

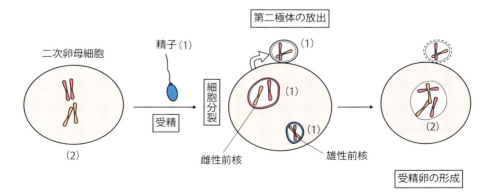

図7-10 卵と精子の受精
ただし哺乳類ではそれぞれの前核がまず複製し，その後M期に入り，2個の細胞（胚）となる．
かっこ内の数字はDNAの相対量を示す．

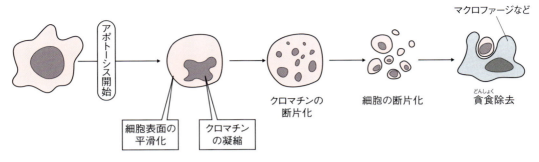

図7-11　アポトーシスの進行

より完了する．なお哺乳類ではまずそれぞれの前核が複製し，その後，核膜が壊れてM期に入るので，最初に2個の細胞をもつ胚ができる．

7-4　細胞の死
7-4-1　2種類の細胞死：壊死と自死

細胞の死に方は**ネクローシス（壊死）**と**アポトーシス（自死）**に分類される（注：寿命死が第三の細胞死という考え方もある）．ネクローシスは火傷，細胞溶解性ウイルス感染，過剰な薬物投与や放射線被曝などでみられる細胞の死で，細胞膜機能が破壊され，細胞の膨潤や溶解，内容物の漏出が起こる．これに対しアポトーシスはHIV感染や放射線照射のほか，ホルモンや増殖因子の欠乏，さまざまな生理的な状況下（次頁参照）で起こり，DNAや細胞の断片化がみられる．ネクローシスが外部からの影響で組織で一斉に起こるのに対し，アポトーシスは細胞の自発的で必然的な働きにより生理的に起こり，特異的な遺伝子発現がみられる．アポトーシスはオタマジャクシのしっぽの退縮や落葉する葉のように，遺伝子プログラムに従って起こる**予定細胞死**でもみられる．

表7・3　アポトーシスとネクローシス

アポトーシス（自死）		ネクローシス（壊死）
・生理的 ・増殖因子欠如 ・HIV感染	要因	・非生理的，火傷 ・溶解性ウイルス感染 ・過剰な毒物
・遺伝子に組み込まれたプログラムによる ・短時間に起こる ・能動的自壊	過程	・組織内で同時に進行 ・長時間かかる ・受動的自壊 ・輸送系の崩壊
・細胞の縮小，シトクロムcの漏出 ・クロマチンの断片化 ・細胞の断片化	特徴	・細胞の膨潤と溶解 ・内容物の流出

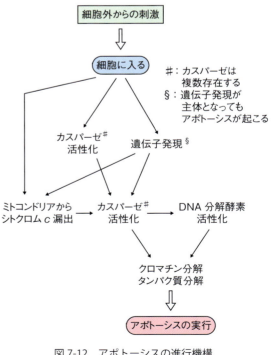

図7-12　アポトーシスの進行機構

7-4-2 アポトーシスの過程

アポトーシスは増殖因子の枯渇，熱や低酸素などの物理的ストレス，アポトーシス誘導因子（例：**腫瘍壊死因子**，**Fas リガンド**）が原因となる．これらの刺激によってタンパク質分解酵素である**カスパーゼ**が活性化し，この酵素の直接／間接の作用によりタンパク質やクロマチンが分解される．この過程の中には遺伝子発現が起こる経路，**ミトコンドリア**から**シトクロム c**（カスパーゼの活性化にかかわる）が漏出する経路もかかわる．アポトーシスが始まるとクロマチンが切断され，続いて細胞も断片化し，最終的には異物処理細胞であるマクロファージにより貪食除去される．

7-4-3 生理的なアポトーシス

生理的アポトーシスは至るところでみられる．胎児期の前期，指同士は接着しているが，余分な接着細胞はやがてアポトーシスで除かれる．生殖器形成で不要になった器官の退化，神経細胞ネットワークで不要になった神経細胞の死滅（神経細胞は生後まもなくやや減少する），免疫担当細胞のうち自己抗原に対する細胞の除去，成長に伴う胸腺の退縮もアポトーシスで起こる．修復不可能細胞や癌細胞もアポトーシスで除かれる．このように，アポトーシスは部分的な細胞の死を通した個体の維持・成長機構ととらえることができる．

解説　自殺遺伝子

センチュウ（線形動物の一種）は発生の途中で特定の 131 個の細胞が死滅するが，この細胞死が起こらない突然変異体から細胞死遺伝子「**自殺遺伝子**」が発見された．遺伝子の一つはカスパーゼであった．

疾患ノート　アポトーシスと疾患

アポトーシスの機能低下は**癌**，**膠原病**などの**自己免疫疾患**（自己免疫疾患は自己抗体をつくる細胞がアポトーシスで処理されないことと，体内で起こるアポトーシスが不充分なため，残存 DNA などが免疫系を刺激するという両面から，アポトーシスと関係している），ウイルス感染症などに関連し，亢進は**エイズ**，**神経変性疾患**（例：アルツハイマー病，パーキンソン病），**再生不良性貧血**，虚血性疾患（例：心筋梗塞）などに関連する．

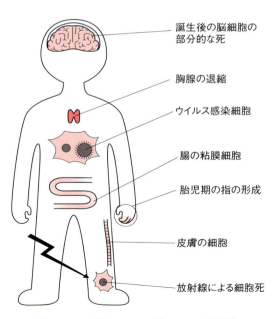

図 7-13　アポトーシスの起こっている場所

8章　生殖，発生，分化

8-1　生物の増殖様式
8-1-1　倍数性と生殖

　生物は一般に**一倍体**か**二倍体**のいずれかの**倍数性**を示す（注：一倍体はゲノム1セットと同義）．細菌類は常に一倍体として増殖する．真核生物は二倍体を基本とするが，中には生活環のある時期に一倍体個体として増殖し，**世代交代**（一倍体世代→二倍体世代→一倍体世代→……）を示すものもある．二倍体生物では通常状態の**核相**を**複相**（$2n$），配偶子にみられる半数の状態の核相を**単相**（n）あるいは**半数体**という．生物が次世代個体をつくる過程を**生殖**というが，これには無性生殖と有性生殖の二つがあり，どちらの生殖方法をとるかは，**倍数性**により異なる．一倍体生物が通常 無性生殖でしか増えないのに対し，二倍体生物は一倍体の配偶子がかかわる有性生殖を行うことができ，配偶子形成では染色体数が半分になる**減数分裂**が起こる．

> **解説　倍数体**
> 　一倍体，二倍体，三倍体……など**倍数性**にはいろいろあるが，同一ゲノムを3セット以上もつ倍数体を**同質倍数体**という．（同質）四倍体（例：ジャガイモ）は微小管の動きを阻害する**コルヒチン**を使い人工的にもつくれる．**三倍体**は二倍体と四倍体の交配で生じたものだが（例：バナナ，タネナシスイカ），減数分裂がうまくいかず有性生殖不能（=> **不稔**）である．三倍体以上の多倍体は一般に大型化し，植物や魚の育種に利用される．

8-1-2　無性生殖

　有性生殖以外の方式で個体がつくられる増殖方式を**無性生殖**といい，いろいろなタイプがある．**二分裂**（均等な細胞分裂．例：すべての原核生物，ゾウリムシなどの原生動物）や**出芽**（例：酵母／いわゆる酵母菌，ヒドラ）では無限に続く細胞分裂がみられる．ある種の菌類（変形菌類：タマホコリカビなどの細胞性粘菌）は細胞が胞子状になった**無性胞子／分生子**から個体が増える．多細胞生物の体の一部から個体ができる現象も無性生殖であり，植物では**栄養生殖**ともいう（例：球

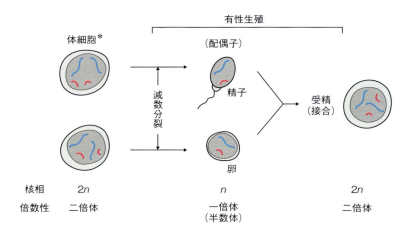

図8-1　二倍体生物の核相と倍数性
＊：2対の相同染色体（→複製前の状態を表示）をもつ細胞として表す．

表 8・1 有性生殖と無性生殖の種類と特徴

有性生殖	無性生殖
種類 ・減数分裂により単相（n）の生殖細胞（配偶子）を作る ・配偶子は形態により，運動性のない胞子，鞭毛をもつ同形配偶子（例：アオミドロ）や異形配偶子（例：アオサ），さらには精子と卵などに分けられる ・配偶子の合体／融合により複相（$2n$）の接合子や受精卵ができる ・細胞融合により染色体の交換を行うものもある	・二分裂による増殖 ・出芽による増殖 ・体の一部が離れて増える ・胞子で増える（1：無性胞子で増える．2：有性胞子で増える*） ・地下茎（例：ハス）や球根（例：ユリ），ほふく茎（例：イチゴ）で増える ・体細胞クローン技術（16 章）で増える

＊：カビやキノコの有性胞子（真正胞子）（n の子嚢胞子，担子胞子）から多数の個体が生まれるが，いずれ融合して $2n$ となるので，有性生殖の準備段階とみることができる．

根やイモでの増殖）．挿し木など，人為的な場合は **クローン増殖** という．有性胞子によって個体ができる過程も，無性生殖に含める（表 8・1，下記解説）．

> **解説　配偶体と胞子体**
> 有性生殖をする生物が減数分裂でつくった胞子（**有性胞子／真性胞子**）を元に個体をつくる現象を **胞子生殖** といい，無性生殖に分類される．胞子をつくる二倍体個体を **胞子体** という．胞子からできる一倍体個体は **配偶体** といい，分化した細胞である精子や卵などの **配偶子** がつくられる．

8-1-3　有性生殖

遺伝子の交換や組換えや再配列，あるいは細胞の融合を経て新しい個体をつくる過程を **有性生殖** といい，単為生殖（次頁）もこれに加える．有性生殖にあずかる核相 n の特別な細胞を **配偶子** といい，融合して $2n$ の胞子体を形成する．下等真核生物の配偶子の多くは運動のための鞭毛をもつが，明確な雌雄の組合せをもつ後生動物は，配偶子として運動性のない大きな卵と運動性のある小型の精子をつくる．菌類の菌糸融合のように，通常の細胞が細胞融合にかかわる場合もある．

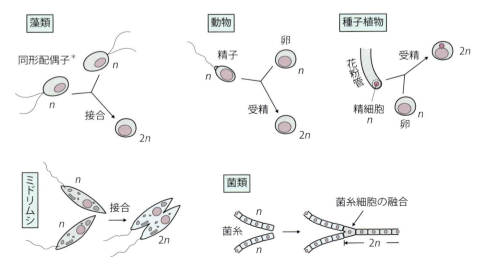

図 8-2　有性生殖にみられる細胞の融合
＊：大きさの異なる異形配偶子の例もある．

> **コラム：有性生殖がある理由**
> 　5章で述べたように，有性生殖はエネルギー的には不利であるが，遺伝子交換を行うことにより遺伝子の多様性を増し，変異や環境適応の幅を広げるのに役立っている．無性生殖で増える細菌も時として自分のDNAを相手に挿入し，相手の細胞を一時的に二倍体にして，DNA受容細胞内で組換えを起こすことがあるが（挿入DNAはその後元の細胞に戻る），この現象は有性生殖に相当すると考えられる．この現象を起こす遺伝子は染色体とは別の小さなDNA（=> **プラスミド**）中に存在する．大腸菌に性の性質を与えるこのプラスミドを **F因子**（Fプラスミド）という．有性生殖類似の現象は，F因子がゲノムに挿入されたHfr菌でみられる．
>
>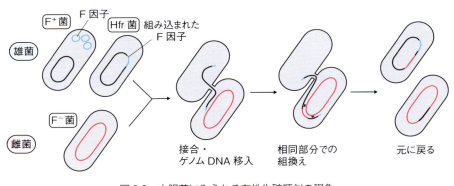
>
> 図8-3　大腸菌にみられる有性生殖類似の現象

> **メモ　接合と受精**
> 　一倍体細胞の融合を**接合**，その結果できる細胞を**接合子**という．これに対し，明確な雌雄の別がある配偶子の細胞融合を**受精**，その細胞を**受精卵**という．

> **メモ　単為生殖**
> 　卵が精子による受精なしで発生して個体となる現象．卵が何らかの理由で二倍体になり，それから発生することもある．ミツバチ，アブラムシ，タンポポなど，ほ乳類を除く動物と植物の一部にみられる．

8-1-4　真核生物の生殖形態

　原生動物は無性生殖で増えるが，時として有性生殖を行う．菌類のうち**担子菌**では胞子体であるキノコが2種類の有性胞子をつくる．胞子由来の細胞はやがて融合し，集合して**菌糸体・子実体**（キノコ）を形成する．藻類は**遊走子**をつくり，それが成長して雌雄の**葉状体**となるが，やがてそれぞれの個体からつくられた配偶子が接合して複相の葉状体となる（単相と複相の葉状体の類似性は種により異なる）．通常みられるコケ植物個体は単相の配偶体である．それぞれの個体から卵や精子ができるが，受精により胞子体となり，減数分裂で有性胞子がつくられる．シダ植物では通常みられる個体は複相で，そこから胞子がつくられる．胞子から**前葉体**という配偶体が成長するが，ここから卵と精子がつくられ，受精した後で胞子体として成長し，シダ個体となる．種子植物では複相個体から単相の花粉と卵ができるが，すぐに受精して複相の種子ができるため，配偶体は実質的に存在しない．動物個体も複相で，減数分裂でつくられた卵と精子がすぐに受精する．無脊椎動物（例：海綿動物，刺胞細胞）の中には出芽やポリプ放出のように，体の一部がちぎれて増える無性生殖を行うものもある．

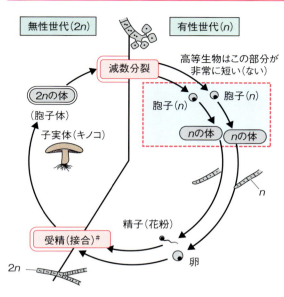

図8-4 有性生殖を行う生物の生活環の一般型
#：キノコ（担子菌）を例に示した．接合を行う場合は精子や卵はない．

図8-5 コケ（スギゴケ）の生活環

8-2 動物の発生

8-2-1 発生：受精卵から胚，個体へ

多細胞生物の受精卵が細胞分裂を繰り返して**胚**となり，誕生して成体になるまでの過程を**発生**という．胚の細胞ははじめは同じ形態を示すが，細胞分裂を経るに従って個性をもつようになる．この過程を**分化**といい，最終的に，組織や器官が形成されて個体となる．動物の発生は卵殻内あるいは母体内（哺乳動物では子宮内）で始まり，発生が進むと外界に出る．卵殻から出ることを**孵化**というが，鳥類と爬虫類以外では孵化したばかりの個体は親（**成体**：生殖能力をもつ個体）と異なる形態をもつことが多く，**幼生**といわれる．幼生が形態変化を伴って成体に成長することを**変態**という．

8-2-2 受精から初期胚形成まで

単相の卵と単相の精子が**受精**し，融合して複相の受精卵となる．受精が起こると他の精子の侵入は阻止され，すぐに細胞分裂が始まる．初期の細

> **メモ　初期胚の極**
> 卵ができるときに極体が放出された側を**動物極**，反対側を**植物極**という．

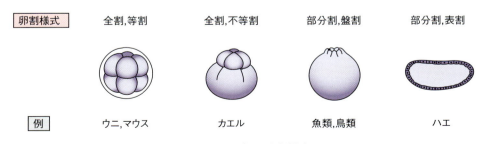

図8-6 さまざまな卵割様式

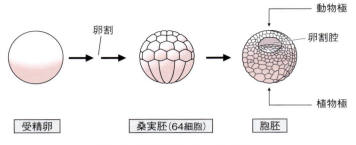

図 8-7 初期胚発生（カエルの例）

胞分裂（**卵割**）では胚全体の大きさは変化しないため，個々の細胞（**割球**）の大きさはどんどん小さくなる．卵割がどのようなパターンで起こるかは生物により異なる．ヒトは全体が均等に分裂するが，魚や鳥のように表面の一部分でのみ卵割が起こるものもある．何回かの卵割後，内部に空洞（**卵割腔**）をもつ胚：**胞胚**ができるが，ここまでの胚を**初期胚**といい，目立った分化はまだみられない．

8-2-3 胞胚以降の発生

カエルの場合，胞胚の**原口**部分から細胞層が内部に陥入して新しい細胞層ができるが，このとき新たにできる空洞を**原腸**，胚を**原腸胚**という．原口の上部（**原口背唇部**）は後の器官形成を支配する機能があり，**オーガナイザー**とよばれるが，この部分を切り取って別の胚に移植すると，移植された胚の中にもう一つの胚ができる．原腸胚では3種類の細胞層：**内胚葉**，**中胚葉**，**外胚葉**が形成される（図 8-9）．外胚葉と内胚葉はそれぞれ元々動物極側と植物極側にあった外部の細胞からなる層で，中胚葉は原腸として新しくできた細胞層である（=> **中胚葉誘導**により形成される）．原腸胚からさらに発生が進むと**神経胚**となり，背腹，前

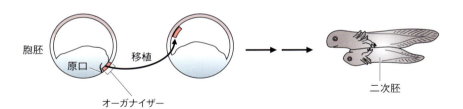

図 8-8 オーガナイザーの移植による二次胚形成

解説　胚葉と組織／器官

どの組織がどの胚葉から形成されるかは明確に決まっている．脊椎動物では消化器官は内胚葉から，皮膚，神経組織，目は外胚葉から，それ以外の組織（骨，筋肉，心臓，血液，泌尿器，生殖器）は中胚葉からつくられる．

表 8·2　各胚葉からつくられる組織や器官

内胚葉	中胚葉	外胚葉
肺，中耳，甲状腺，肝臓，膵臓，食道・胃・腸の上皮，膀胱	真皮，骨，骨格筋，生殖器，体腔，腎臓，腹膜，心臓，血球，内臓筋	表皮（毛，汗腺を含む），嗅覚器官，耳，内耳，脳下垂体，神経，脳，脊髄，副腎髄質

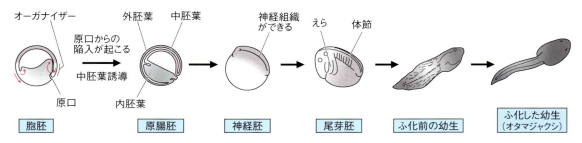

図 8-9　カエルの発生（中胚葉誘導以降）

後という体軸が明確になる．背側では外胚葉から神経系の元になる神経板などの組織ができる．その後，胚は**尾芽胚**へと発生を進め，筋肉組織や骨組織などができ，やがて幼生（オタマジャクシ）として孵化する．

8-2-4　ショウジョウバエが教える発生の調節

ショウジョウバエは遺伝学が進んでおり，発生パターンや形態に変異をもつ個体（例：胸を二つもつもの．触角が脚に変わったもの）の研究から原因遺伝子が発見され，発生には多くの遺伝子の協調的，連続的な働きが必要なことが明らかとなった．それらの遺伝子の多くは**転写調節タンパク質**をつくる．発生初期に起こる**体軸決定**は，受精卵に分布する**母性因子**（主に転写調節タンパク質）の偏りによって起こり，発生が進むと体節数を決める遺伝子，次に体節の個性を決める遺伝子（**ホメオティック遺伝子**）が働いて**形態形成**が進む．これらの遺伝子はヒトでも保存されている．

8-2-5　ヒトの発生

卵は**卵巣**の濾胞細胞中で女性ホルモンの働きで成熟し，減数第二分裂期に排卵され，輸卵管を**子宮**に向かって移動する．受精はこの間に起こる．受精によって第二分裂が終了するとともに受精卵は分裂を開始し，受精後約4〜5日目に胞胚となり，やがて**胚盤胞**という形態に変化して子宮壁に

> **メモ　ホメオボックス**
> ホメオティック遺伝子のあるものは，転写調節タンパク質をコードする．これらの遺伝子内の**ホメオボックス**という部分は，DNA結合にかかわるアミノ酸配列「ホメオドメイン」をコードしている．

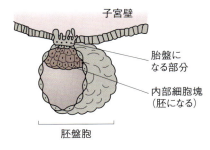

図 8-10　子宮壁に着床したヒトの胚盤胞

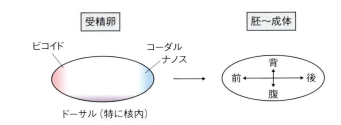

図 8-11　母性因子による体軸の決定
　　ショウジョウバエの例．対軸決定にかかわる因子の局在部位を示した．

> **解説　胎盤と胎児の連絡**
>
> **胎盤**は胚盤胞の着床によって子宮にできる，母体が胎児との連絡を行う組織／器官で，母体由来の基底脱落膜と胎児由来の絨毛膜からなるが，内部は空洞（絨毛間腔）となっており，間腔には母胎からの血液がジェット噴射のように送り込まれる．胎児から延びた**臍帯**（へその緒）は間腔内部に入り込み，内部で複雑に分岐して絨毛となるが，ここに毛細血管が通じている．つまり母体と胎児の血液は交じることはなく，胎児は腎臓透析に似た原理で母体の栄養や酸素を取り入れ，老廃物を除いている．

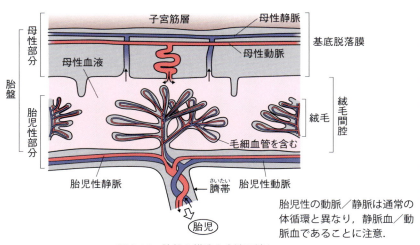

図 8-12　胎盤の構造と血液の流れ

着床して（6日目），胚として発生する．1～2週目にかけて原腸胚，3～4週目にかけて神経胚～尾芽胚となり（器官形成の始まり），中胚葉の一部が子宮に侵入して絨毛がつくられる．胎生2か月の後半から胚はヒトらしい形となり（**胎児**とよばれるようになる．胎生1か月は28日と計算する），8か月くらいで器官形成はほぼ終わる．残り2か月間はそのまま成長を続け，10か月目に出産となる．

8-3　分化・再生

8-3-1　細胞の分化

細胞が特定の性質をもつように変化することを**分化**という．分化は多細胞生物では発生過程において広汎かつダイナミックにみられるが，成体においても局所的な分化である**再生**がみられる．分化した細胞をつくる元の細胞を**幹細胞**という．幹細胞の**分化能**はさまざまで，**最終分化**した細胞（そ

れ以上分化せず，やがて細胞死に向かう細胞）に近づくに従ってそこから派生する細胞種は減少する．植物は基本的に**分化の全能性**があるが，プラナリアなどの下等動物も，細切りにした組織からでも個体ができるので，全能性に近い分化能があると判断される．幹細胞は自己複製と分化細胞生成という二つの性質を示すことで特徴づけられ，分化細胞が生まれるときには**非対称分裂**が起こり，元の幹細胞と分化細胞という2種類の娘細胞ができる．非対称分裂は細胞をとりまく環境（例：周囲の刺激物質，接触している細胞）や細胞内物質（例：細胞調節因子，紡錘体微小管などの細胞分裂装置）の偏りによって起こる．

8-3-2　再生

多細胞生物の成体個体の組織が死んだり除かれたりしたとき，その細胞を補充し，修復しようという現象が起こるが，それを**再生**という．ヒトの

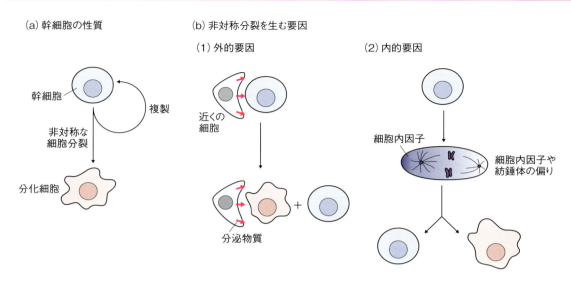

図 8-13 幹細胞から分化細胞が生まれるしくみ

場合も小腸上皮や骨髄の造血細胞，表皮などでは活発な再生が常に起こっている．肝臓や骨などは傷を受けたときなどに活発な再生がみられる（=> 修復が終われば再生も終わる）．筋肉や神経にも弱い再生能がみられる．イモリ，カニ，ヒトデなどは，手足を切られてもそこから新たな手足ができるという高い再生能がある．再生プロセスも分化と同等であり，そこにも分化細胞の元となる幹細胞が存在する．

8-3-3 幹細胞

上述したように，**幹細胞**は分化や再生の起こっ

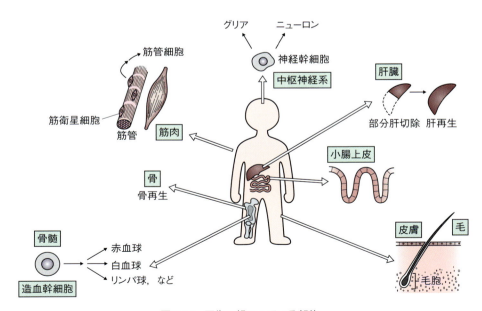

図 8-14 再生の起こっている部位

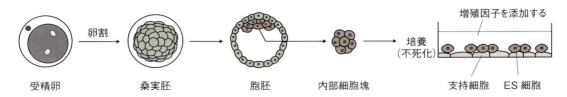

図 8-15　ES 細胞の取得と培養

ている部分に必然的に存在するが，存在状態や分化能によりいくつかに分類される．成体には**生殖幹細胞**と各組織に存在する**組織幹細胞**がある．大部分の組織幹細胞は一種類の組織にしか分化できない**単能性幹細胞**だが，**骨髄**にある幹細胞は血球細胞のほか，神経，筋肉など，比較的多くの組織に分化できる多分化能をもつ．胚にある**胚性幹細胞（ES 細胞）**や下記に述べる **iPS 細胞**は非常に多くの細胞に分化することができ，**多能性幹細胞**，あるいは**万能細胞**といわれる．個体をつくるすべての細胞に分化できるものは**全能性細胞**といい，受精卵がそれにあたる．

表 8·3　幹細胞の種類

分化能による分類	存在部位による分類
全能性細胞 （受精卵）	胚性幹細胞（ES）細胞
多能性幹細胞 （ES 細胞，iPS 細胞）	生殖幹細胞
単能性幹細胞 （表皮幹細胞）	組織（成体）幹細胞
	iPS 細胞＊

かっこ内は例を示す．＊：人工多能性幹細胞

> **疾患ノート　再生医療**
>
> 体外で分化・増殖させた細胞や組織を成体に戻し，失われた組織の補充を目的にした医療．これまでは **ES 細胞**の使用を想定していた．受精卵を取り出して発生させ，胞胚期の**内部細胞塊**の細胞を ES 細胞として培養する．これを適当な分化措置を施して目的組織をつくり，それを成体に戻して治療を行う．ただ多くの技術的問題や倫理的問題（16 章および下記コラム参照）があり，研究は止まっている．現在は ES 細胞に代わり **iPS 細胞**を材料とした研究が進んでいる．

> **コラム：iPS 細胞**
>
> Induced pluripotent stem cell（**人工多能性幹細胞**）．通常の体細胞に，未分化状態維持や増殖にかかわる 4 種類のタンパク質（**山中因子**）の遺伝子を導入して幹細胞状態にした細胞．適当な分化措置を施すことにより多方面に分化させることができる．本人の体細胞が使えるため，医療で用いる場合に想定される多くの困難を避けることができると期待される（169 頁参照）．
>
>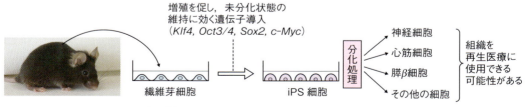
>
> 図 8-16　iPS 細胞の樹立と再生医療
> 　　　　iPS 細胞：人工多能性幹細胞．ヒトでもつくられている．（撮影：高野和儀博士）

発展学習　種子植物の生殖

A：生殖器官：花

花をつけ，種子をつくるという有性生殖を行う植物を**種子植物**といい，マツ，ソテツ，イチョウのような**裸子植物**と，アブラナ，バラ，イネなどの**被子植物**に分けられる．**花**は種子植物の生殖器官で，被子植物では**萼片**，**花弁**，**おしべ**，**めしべ**をもつ典型的な花が見られる．雄性配偶子はおしべの先端の花粉の中の精細胞としてつくられ，雌性配偶子はめしべの根元（=>子房）にある**胚嚢**の中の1個の卵細胞としてつくられる（注：胚嚢には数種類の細胞が含まれる）．胚嚢（将来の種の内部）とその周囲の珠皮（将来の種皮）をあわせて**胚珠**という．

B：受精

花粉がめしべの先端につくと花粉から花粉管が胚嚢に向かって伸びるが，その内部には複製した2個の**精細胞**（n）が含まれる．胚嚢に到達した精細胞は，核（雄原核）のみが胚嚢の内部に入る．雄原核の一つは卵細胞に入り（$2n$ になる），他は大きな中央細胞に入る（$3n$ になる）．このように，被子植物では**重複受精**が起こる．受精後，卵は**胚**に成長するが，中央細胞は**胚乳**になる（注：マメ類の種子など，胚乳がほとんど発達しないものもある）．

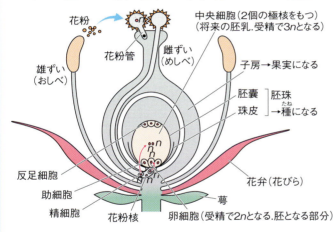

図 8-17　被子植物の花の構造と受精

解説　裸子植物とその生殖

裸子植物は被子植物のような典型的な花を付けず，**胚珠**はむき出しになっており，中にはシダ植物にみられる胞子を包む胞子葉をもつものもある．**イチョウ**では花粉から精子が放出され，その精子がわずかな水を伝わって受精する．この意味で，裸子植物はシダ植物と被子植物の中間に位置すると考えられる．

コラム：花の容姿を決める ABC モデル

動物の**ホメオボックス遺伝子**に関連する遺伝子として植物には複数の **MADS-box 遺伝子**があり，転写調節を介して**花形成**に重要な役割を果たしている．これら遺伝子は大きく三つのグループ（A，B，C）に分類されるが，花においてこれらの各遺伝子がどこに発現するかが決まっており，その結果その細胞が花のどの組織になるかが決まる（**ABC モデル**）（図 8-18）．たとえば A だけしか働かないと萼だけになってしまい，逆にこれらの遺伝子を全身に強制的に発現させると，ある条件によっては葉が花に類似した容姿に変化する．

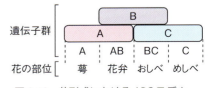

図 8-18　花形成における ABC モデル

9章　動物の組織

9-1　組織の形成と細胞
9-1-1　動物の組織

多細胞生物個体は特定の方向に分化した細胞集団「**組織**」をいくつももつ．一つの組織は比較的均一な細胞から構築され，共同して特定の目的にあたる．組織内の細胞は細胞接着タンパク質などの作用で安定な集合体となり，簡単にはばらばらにならない．本章では4種類の動物組織のうち上皮組織，結合組織（血液を含む），筋組織について説明し，神経組織については12章で扱う．

9-1-2　上皮組織

組織の最も表層側にあって1層〜複層の細胞層からなり，機能的に吸収上皮，保護上皮，腺上皮，感覚上皮に分けられる．細胞の形態は小腸上皮のようにヒダをもった円柱状のものや，血管内皮のように扁平なものまでさまざまである．**皮膚**の表面には数層の上皮細胞からなる**表皮**があり，その基底部には幹細胞があって常に上皮細胞を生み出している．上皮細胞は表面に移動すると硬く扁平な**角化細胞**となり，やがて死滅・脱落する．毛，鱗は表皮の変形したものである（=> 表皮の深部

組織	例／要素	働き
上皮組織	表皮，毛，腺，消化管内皮	表面の保護，分泌，吸収，刺激の受容
結合組織	真皮（皮下の），骨，脂肪組織	体や組織の支持，組織の結合
筋（肉）組織	骨格筋，内臓筋，立毛筋，血管平滑筋	体の運動，内臓などの動き
神経組織	中枢神経，グリア細胞，末梢神経	刺激・興奮の伝達
血液*	血球（赤血球など）	運搬，生体防御など

＊：血液は組織学的には結合組織に分類される．

表9・1　動物組織の種類

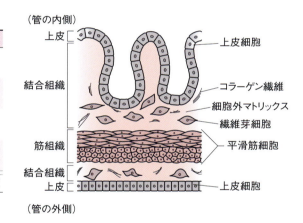

図9-1　小腸断面の構造

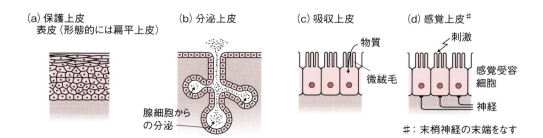

図9-2　種々の上皮組織

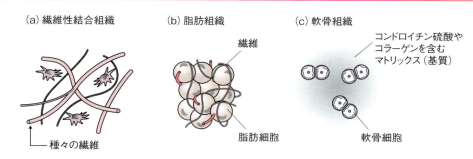

図 9-3　種々の結合組織

にある**真皮**は結合組織).　酵素,汗,ホルモンなどを分泌する管状組織を**腺**といい(例:汗腺,唾液腺),やはり上皮組織に由来する.

9-1-3　結合組織

上皮の下層にあるものを**結合組織**という.結合組織には**繊維芽細胞**がまばらに存在し,その隙間は**コラーゲン繊維**を含む**細胞外マトリックス**で埋められており,部位によっては血管からしみ出したリンパ球やマクロファージなどの血球系細胞も含まれる.結合組織の特異な形態として**軟骨**がある.軟骨は骨芽細胞と,コンドロイチン硫酸およびコラーゲンを豊富に含む基質からなり,弾力のある構造をつくる.この組織にリン酸カルシウムなどが沈着して固化したものが**骨**(いわゆる硬骨)

である.**脂肪組織**は脂肪細胞を豊富に含む結合組織である.

> **疾患ノート　骨は解体と形成を繰り返す**
> 骨は骨を形成する**骨芽細胞**と吸収する**破骨細胞**の2種類の細胞を含む.骨折部分がやがて接着するのもこのためである.通常両細胞はバランスをとって働いているが,破骨細胞の機能が亢進すると骨密度が低下して**骨粗鬆症**を招く(=>エストロゲン(女性ホルモン)はそれを抑える).

9-2　筋細胞と筋収縮
9-2-1　筋肉

筋肉は筋細胞からなる.**筋細胞**はATPのエネルギーを力に変える細胞で,**アクチン**と**ミオシン**というタンパク質を大量に含む.筋細胞は多核の繊維状細胞で**筋繊維**ともよばれ,長いもので

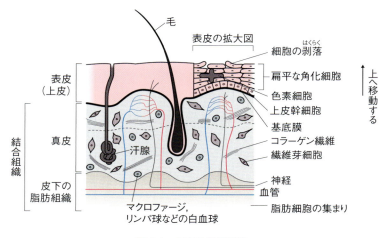

図 9-4　皮膚の組織構造

は10cm以上になる．筋細胞は**横紋筋**と**平滑筋**に分けられるが，腱を介して骨に付いている**骨格筋**と心臓の**心筋**は前者で，それ以外は平滑筋である（例：消化管，膀胱，血管，瞳孔）．筋肉の活動は神経で支配されている．骨格筋は意思によって動かすことのできる**随意筋**で，運動神経と連絡しているが，他は**不随意筋**で自律神経と連絡しており，意思で動かすことはできない．

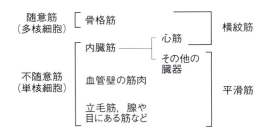

図9-5 筋肉の種類

9-2-2 筋細胞分化

筋肉は中胚葉を起源とする体節に由来し，筋細胞の分化や維持にはMyoDやマイオジェニンといった転写調節タンパク質が働く．骨格筋細胞の分化では，まず未分化な**筋芽細胞**が紡錘形の**筋管細胞**になり，次にその細胞が融合して巨大な筋細胞となる．このため骨格筋細胞は融合した多細胞である（注：心筋と平滑筋は単核）．分化の終わった筋細胞は通常それ以上増殖しない．しかし筋細胞には幹細胞として働く**サテライト細胞**が少数付随しており，筋肉が損傷を受けるとその細胞が増殖・分化して損傷部分の修復／再生にあたる．

疾患ノート　筋ジストロフィー
骨格筋の変性・壊死を特徴とし，筋力低下が進行する遺伝性の疾患．原因遺伝子による多数の型があるが，最も多いものはジストロフィン（筋組織の支持や安定化にかかわる）やその結合タンパク質の欠陥によるものである．

9-2-3 骨格筋の構造

骨格筋は筋細胞が多数集合したもので，細胞の内部には**筋原繊維**という繊維が多数詰まっている．筋原繊維には明るく見える**明帯**（I帯）と暗く見える**暗帯**（A帯）が交互に存在するため，横紋状に見える．明帯の中央には**Z膜**（Z線）という仕切り構造があり，この仕切りと仕切りの一単位を**筋節／サルコメア**といい，力を発生させる単位となる．サルコメア1個の発生する力は小さいが，それが筋原繊維，筋細胞，さらに筋肉という構造をとることにより，大きな力が生み出される．暗帯には力を生み出す元となるモータータンパク

解説　サルコメアに含まれるその他のタンパク質
サルコメアにはミオシンをZ線に結び付ける弾性タンパク質の**タイチン**（**コネクチン**），アクチン繊維に接してミオシンとの相互作用を阻止している**トロポミオシン**，トロポミオシンのアクチンとの相互作用を制御しているカルシウムイオン結合性の**トロポニン**（複合体）といったタンパク質がある．

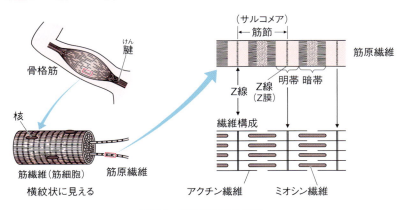

図9-6 骨格筋細胞の構造

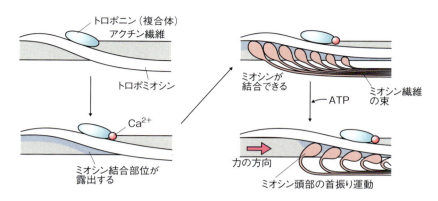

図9-7 筋収縮におけるアクチンとミオシンの相互作用

質の一種**ミオシン**と**アクチン**があり，明帯にはアクチンがあり，ミオシン繊維はアクチン繊維の間に挟まって存在する（=> 両方あわせて**アクトミオシン**という）．

9-2-4 筋収縮機構

運動神経の終末は筋肉と接しているが，神経伝導が終末に達するとそこから**アセチルコリン**が放出されて筋細胞に活動電位（12章参照）が生じ，小胞体（筋小胞体）からカルシウムイオン（Ca^{2+}）

が放出される．カルシウムイオンが**トロポニン**と結合して構造変化を誘導するとトロポミオシンの位置がずれ，アクチン繊維とミオシンが相互作用できるようになる．**ミオシン**はATPを加水分解する酵素活性をもつモータータンパク質であるが（2章），加水分解で生じるエネルギーでアクチン繊維を動かすことができるので，アクチン繊維はミオシン繊維の隙間に入り込み，力が発生する（これを**すべり仮説**という）．

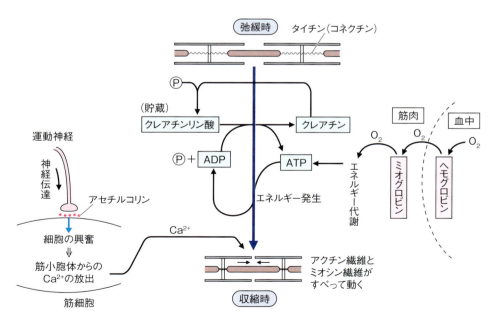

図9-8 筋収縮に至る過程と筋細胞でのエネルギー供給

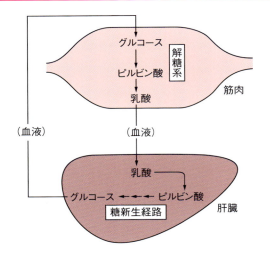

図 9-9　コリ回路

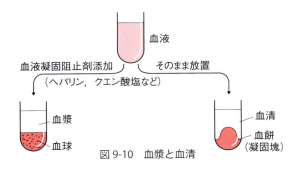

図 9-10　血漿と血清

9-2-5　筋肉におけるエネルギー代謝

筋肉は ATP を大量に消費するが，ATP は貯蔵しておけないため，代わりに**クレアチンリン酸**という別の高エネルギー物質を蓄えておき，それを分解したときに出るエネルギーで ADP とリン酸から ATP をつくって利用する．有酸素運動では筋肉は大量の酸素を必要とする．血液を介してヘモグロビンで運ばれた酸素は筋肉で**ミオグロビン**に移される．ミオグロビンはヘモグロビンに似たタンパク質で，筋肉の赤い色はミオグロビンに由来する．ミオグロビンはヘモグロビンよりも強く酸素と結合して血中の酸素を効率的に取り込むことができ，長時間潜水できる鯨類などはミオグロビンを豊富にもつ．一方筋肉を激しく動かすと酸欠状態になってクエン酸回路が働かず，解糖系の代謝産物である**乳酸**が老廃物として溜まる．乳酸は肝臓に運ばれ**糖新生経路**でグルコースに変換され（4章），血液によって筋肉を含む全身に供給される．この循環経路を**コリ回路**という．

> **メモ　速筋と遅筋**
> **速筋**（白筋）は瞬発力に優れ，**遅筋**（赤筋）は持続性に優れ，後者はミオグロビンが多い．長距離を移動するマグロやマラソン選手は遅筋が多い．

9-3　血　液

9-3-1　血液の組成

血液は組織学的には結合組織に分類され，体重の 8% を占め，液体成分[**血漿**]と細胞成分[**血球**]からなる．血液凝固を阻止した血液を放置すると血漿と血球に分かれるが，凝固させた血液は液体部分の**血清**と**フィブリン**（繊維素）と血球の塊：**血餅**に分かれる．血漿には**アルブミン**や**グロブリン**など，種々のタンパク質が大量に含まれるが，このほかにも栄養素，老廃物，無機塩類，ビタミンやホルモンなどを含む．

9-3-2　血液細胞

血球は**赤血球**，**白血球**（リンパ球を含む），**血小板**に分けられる．赤血球は酸素を運ぶ**ヘモグロビン**（**血色素**）を含む直径約 8μm の扁平な円盤状の細胞で，ヒトのものには核がない．赤血球は血液の体積の 40～45% を占める（**ヘマトクリット値**）．ヘモグロビンは 4 個のグロビンタンパク質（$\alpha_2\beta_2$）の各サブユニットにヘムが結合したもので，**ヘム**が鉄原子を含んで赤いため赤血球も赤い．ヘムが酸素と結合するので，赤血球は酸素運搬能をもつ．血小板（不定形の細胞断片で，核はない）は血液凝固にかかわり，細胞増殖因子 PDGF を産生する．上記二つ以外の細胞で核をもつ細胞を一般に白血球といい，多様な細胞を含む．**単球**は運動性があって食作用をもち，単一核をもつ．**顆粒球**（**好中球**，**好酸球**，**好塩基球**）は顆粒を含んで多形核をもち，**リンパ球**は小型で形

図 9-11　血球の形態

メモ　ヘモシアニン
昆虫や軟体動物の血液に含まれる銅を含む呼吸色素．酸素と結合すると青色を呈する．

が整っている．白血球は異物処理，細胞認識，生体防御にかかわる．

9-3-3　血液型

赤血球の表面分子の種類による型分類を**血液型**という．[ABO 式血液型] A や B をもつものをそれぞれ A 型，B 型といい，どちらもない（ある）ものを O 型（AB 型）という．A 型や B 型の血中にはそれぞれ抗 B や抗 A 抗体が存在するため，A 型→B 型などという方向の輸血は，抗体と血球が反応する血液型不適合を起こし，血管内に沈殿物を生じて危険である．[Rh 式血液型] Rh 抗原（アカゲザルにあるタンパク質）をもつヒトの血液（Rh^+）をもたないヒト（Rh^-．人口の約 0.5% と少ない）に輸血すると，輸血を受けた側に Rh に

疾患ノート　一酸化炭素中毒
炭素の不完全燃焼で生じる一酸化炭素は死亡につながる重篤な中毒を起こす．**一酸化炭素**は酸素の 200 倍も強くヘモグロビンと結合するため，血液が酸欠の状態になる．治療には酸素吸入を行う．

表 9·2　血液の成分と役割

成分		成分の内容		ヒトにおける平均値	役割
血液 液体成分（血漿）	血清	タンパク質	アルブミン，グロブリン（α, β, γ など），その他	7.3〜8.1%	水の運搬
		脂質	中性脂肪，コレステロール，リン脂質，脂肪酸		二酸化炭素の運搬
		糖質	グルコース	80〜100mg/dL	体液性免疫
		老廃物など	乳酸，尿素，尿酸，クレアチニン，ビリルビン		血液凝固
		その他	アミノ酸，無機塩類，気体（酸素，二酸化炭素）		血栓の溶解
					必要物質の運搬
	フィブリノーゲンと一部の凝固因子				血液凝固
血球			数と形	役割	寿命
	赤血球		男 5×10^6/mm³ 女 4.6×10^6/mm³　（8μm で偏平，無核）	酸素の運搬	4 か月
	血小板		$1 \sim 3 \times 10^5$/mm³　（1〜4μm．不定形で無核．巨核球の断片）	血液凝固	数日
	*白血球	好中球	55%　⎫ （多形性の核，顆粒をもつ．10〜15μm．）顆粒球	[生体防御／異物処理／細胞認識] 食作用，異物処理	数日
		好酸球	3%　⎬		
		好塩基球	1%　⎭		
		単球	5%　（大型で豆状の核をもつ．20μm．）	組織内に入り，食作用をもつマクロファージや抗原提示する樹状細胞となる	数時間〜数日
		リンパ球	36%　（小型で形がそろっている．10μm．）	細胞性免疫（T 細胞），体液性免疫（B 細胞／形質細胞），細胞傷害効果（NK 細胞）	数日〜数か月

＊：4000〜10000 個／mm³

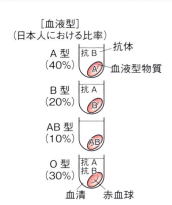

図 9-12 ABO 式血液型から見た輸血

対する抗体ができるので，次からは Rh⁺血液を輸血できない．Rh⁻の母親が Rh⁺の子を妊娠する場合も出産時に胎児の血液に触れるため，抗体ができ，類似の問題が起きる．

9-3-4 血液細胞の分化

胎児では血液は肝臓や脾臓でつくられるが，誕生後は**骨髄**（大きな骨の中心部の柔らかい部分）でつくられる（注：リンパ組織，脾臓，胸腺での造血は二次的なもの）．骨髄の多能性幹細胞から**骨髄性幹細胞**と**リンパ系幹細胞**が分化し，前者からは赤血球や血小板，そしてリンパ球以外の**白血球前駆細胞**ができる．後者からは B 細胞や T 細胞のリンパ球と NK 細胞が分化する．赤血球は**エリスロポエチン**の作用で前赤芽球→赤芽球→網状赤血球→赤血球と分化・成熟する（注：赤芽球ま

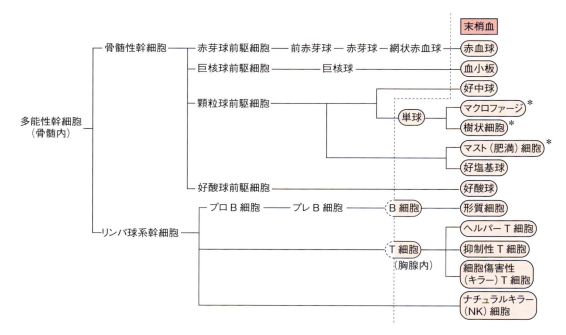

図 9-13 血液細胞の系譜
＊：組織（組織液）内に多く存在する．点線の右側の細胞が末梢血に出現する．

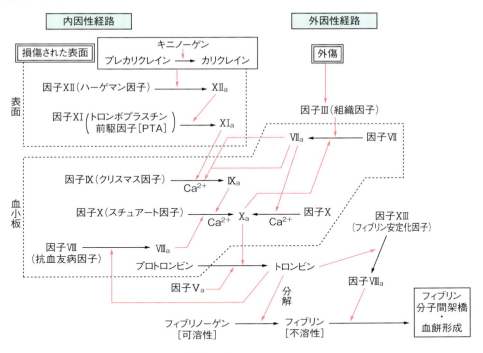

図9-14 血液凝固系
――→ は活性化を，――→ は物質の変化を表す．

では核があり，増殖する）．血小板は**巨核球**を経て分化する．B細胞は**脾臓**で二次的に成熟／増殖し，抗体を産生する**形質細胞**になり，T細胞は**胸腺**で分化する．通常，血液幹細胞や増殖能のある血液前駆細胞は末梢血に存在しないが，**白血病**になるとそのような細胞が現れる．

疾患ノート　ヘモグロビン A$_{1c}$

グルコースが結合したヘモグロビンの一つ．安定なので2か月前の血糖値の状態を判断できる．基準値は4〜6％で，6.5％以上だと**糖尿病**と判定される．

9-3-5　血液の凝固と繊維素溶解

血管が傷ついて出血したり，血管内にストレスがかかった表面環境ができると血液は凝固する．刺激により血中や血小板の**プロテアーゼ**（タンパク質分解酵素）が活性化し，別のプロテアーゼを限定分解して活性化するという反応が連鎖的に起こり，最終的に**フィブリノーゲン**が**トロンビン**で限定分解されて不溶性の**フィブリン**（繊維素）になるが，これら全体を**血液凝固系**という．フィブリンは血球を取り込み，血液塊（**血餅**）となって出血部位の血管の傷を塞いで**止血**を行う．採血時，**血液凝固阻止剤**として使われる**ヘパリン**は抗凝固因子（アンチトロンビン）を活性化し，クエン酸塩は凝固に必要なカルシウムイオンを無力化する．出血傾向の症状を呈する遺伝性疾患の**血友病**は，凝固因子 VIII 遺伝子に欠陥がある．

疾患ノート　繊溶系

血管内では小さな血液凝固塊が常にできているが，生体はそれを溶かす**繊溶系**（繊維素溶解系）をもっており，そこには**プラスミン**というプロテアーゼが関与する．凝固系と繊溶系はバランスをとっており，凝固系が優勢になると血液凝固塊が**血栓**となって脳梗塞や心筋梗塞，肺血栓症（例：**エコノミークラス症候群**）などの**虚血性疾患**の原因となり，繊溶系が優勢になると，凝固障害から出血傾向となる．

発展学習　植物の組織と器官

　シダ植物や種子植物のような**維管束**をもつ植物には**根**と**茎**という器官があり，さらに茎の変形した器官である**葉**をもつ（注：サボテンのように茎と葉の区別が明瞭でない植物も多い）．種子植物ではさらに生殖器官としての**花**がある（8章）．根は個体を支えて水分や養分を吸収して茎に送り，葉は光合成を行ってグルコースを合成する．茎は表層から順に表皮，皮層，髄という組織からなる．髄は茎の大部分を占めるが，比較的外側に**形成層**とよばれる薄い細胞からなる組織があり，ここの細胞が分裂することにより幹が太くなる．茎や葉の先端（**成長点**）の細胞にも分裂能がある．形成層に沿って**師管**と**道管**（導管）が存在するが，道管は根からの水分を葉に送り，葉からの糖分は師管を通って全身に運ばれる．葉では維管束が葉脈として張り巡らされている．茎の細胞壁にリグニンを含んで堅いものを**木本**（もくほん），そうでないものを**草本**（そうほん）という．葉の内部組織で表側の密な部分を**柵状組織**，裏側の粗な部分を**海綿状組織**といい，内部組織の細胞は光合成のための**葉緑体**を含む．裏側の表皮細胞には水分調節やガス交換のための**気孔**が開いている．

> **解説　気孔の開閉**
> 　**気孔**の周辺細胞（**孔辺細胞**）は葉緑体をもつので，光合成の盛んな昼は高い糖濃度によって浸透圧が高くなるので水が入り開くが（⇒ ガス交換に対応），夜になるとしぼむので閉じる．乾燥状態だと気孔は水分を逃がさないように閉じる．

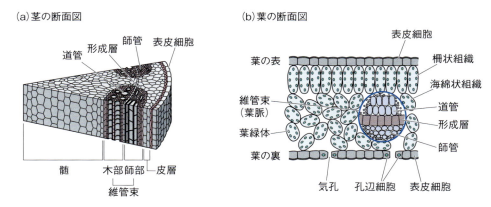

図 9-15　茎と葉の構造
　　表皮細胞に葉緑体はないが，孔辺細胞にはある．

10章　動物の器官

10-1　器官と器官系

多細胞生物の個体内で，周囲と明確に区別されて，特定の目的を果たす細胞集団を**器官**といい，脊椎動物では**臓器**という場合もある．器官は複数の組織からつくられ，個体は複数の器官からできている．共通・関連する目的に使われる複数の器官をまとめて**器官系**という．器官系を構成する個々の器官が物理的に連結している場合や（例：胃，腸，肝臓は消化系を構成する）独立している場合（例：目，耳は感覚系を構成する）があり，一つの器官が複数の器官系に属する場合もある（例：膵臓は消化器官だが内分泌器官でもある）．ヒトには消化系，循環系，排出系，内分泌系，神経系，感覚系，生殖系などの多くの器官系があるが，本章ではそのいくつかについて説明する（=> 神経系，内分泌系は後章に譲る）．医療現場では消化器系などと器を付ける場合もある．

10-2　消化系

食物に含まれる栄養素を消化・吸収する器官を**消化系**といい，口（口腔），食道，胃，十二指腸，小腸，大腸，肛門と連なる**消化管**と，唾液腺，膵臓，肝臓など，消化液を産生・分泌する**消化腺**からなる．消化管の内容物は**蠕動運動**（管をしごくような，波状的な臓器の収縮運動）によって後方に送られる．

10-2-1　消化

口は咀嚼により食物を粉砕すると同時に，**唾（液）腺**（耳下腺，顎下腺，舌下腺）から分泌される**アミラーゼ**でデンプンを部分的に消化する．内容物は食道を通って**噴門部**から**胃**に入る．胃では**塩酸**を含む**胃酸**が分泌されるので pH が 2.0 以下という強い酸性状態になり，殺菌作用が発揮される．胃では胃液に含まれる**ペプシン**によりタンパク質が大きめのペプチド（=> **ペプトン**という）に消化されるが，胃自身は粘膜に覆われているので消化されない．胃の**幽門部**から出た内容物は十二指腸，続いて小腸（空腸および回腸に区分さ

表 10・1　ヒトの器官系

器官系	器官系を構成する主な器官
神経系	脳・脊髄・運動神経・感覚神経
感覚系	目・耳・鼻・舌
筋肉系[1]	骨格筋・心筋・内臓筋・立毛筋
骨格系[1]	硬骨・軟骨・関節・腱
消化系	胃・小腸・大腸・肝臓・膵臓
呼吸系	気管・気管支・肺
循環系	心臓・血管・リンパ管
免疫系[2]	骨髄・リンパ節・胸腺・脾臓・白血球
排出系[3]	腎臓・輸尿管・膀胱
生殖系	卵巣・精巣・子宮
内分泌系	脳下垂体・甲状腺・副腎・膵臓
外皮系	皮膚・毛・爪

1：両者を合わせ運動系という．骨格筋以外は筋肉系に加えない分類法もある．
2：循環系の一部とする分類法もある．
3：肝臓での胆汁排出や排便，発汗を含める場合がある．

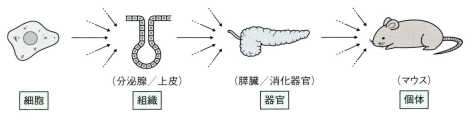

図 10-1　哺乳動物個体の構成要素の階層性

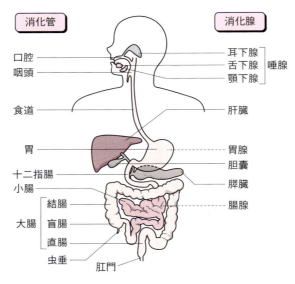

図 10-2 消化系の全体像

れる．広義には十二指腸も小腸の一部である）に入る．**十二指腸**は分泌される**膵液**や**胆汁**がpH8〜9と弱い塩基性のため，胃内容物のpHは中和される．十二指腸ではタンパク質がより小さなペプチドに消化され，中性脂肪は**胆汁**で**乳化**された後，膵液中の**リパーゼ**で脂肪酸とグリセロールに分解される（注：多くは部分分解で止まる）．デンプンは**マルトース**に分解される．**小腸**では腸液に含まれる消化液でペプチドはアミノ酸にまで分解され，マルトースはグルコースに，他の少糖類も単糖に分解される．**大腸**（=> 盲腸，結腸，直腸に区分される）にはヒダはなく，主要な機能は水分吸収と便の生成である．大腸には多くの細菌が生息して安定な**細菌叢**（細菌集団相）を形成し，それによりpHの調整や食物繊維の発酵，栄養分の産生という機能を果たしている．草食動物では**盲腸**やそれに付随する**虫垂**が発達しており，中に多くの細菌を保有してセルロースなどを分解している．各器官における消化酵素の働きの詳細は4章を参照されたい．

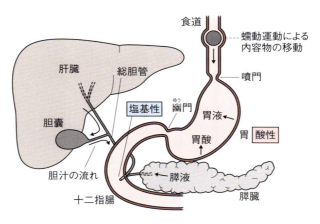

図 10-3 胃と十二指腸の断面図と周囲の消化器官

> **コラム：牛の食物は微生物？**
> 牛などの偶蹄目草食動物は複数の胃（第一胃～第四胃）をもち，胃の内容物を口に戻して噛み直しをする**反芻**（はんすう）という行動をとる．反芻動物では大きな第一胃中に大量の微生物を保有し，微生物は動物が食べた食物を栄養に発酵を行い，脂肪酸などをつくり出している．第一，第二胃で食物と微生物が混ぜられ，発酵の終わった比較的堅い内容物を口に戻して再咀嚼（そしゃく）し，それを第三，第四胃に送る．第四胃は通常の胃の機能をもつ．つまり反芻動物が実際に栄養としているものは，草を養分にして増えた微生物とその代謝（発酵）産物である．

メモ　細胞内消化
多細胞生物の消化は**細胞外消化**であるが，細胞が異物を取り込んだり，単細胞生物が食物を取り込んで消化する現象は**細胞内消化**といわれる．

疾患ノート　ピロリ菌
ピロリ菌（*Helicobacter pylori*）は胃に生息する細菌で，世界の人口の50％弱が感染している．分泌する酵素や毒素が粘膜傷害や細胞傷害効果を発揮し，胃炎や胃潰瘍，十二指腸潰瘍や**胃癌**を起こす．

10-2-2　栄養分の吸収

養分は**小腸**で吸収される．小腸内膜にはヒダがあるが，その表面は多数の**絨毛**（じゅう）をもつ．さらに絨毛自身も細かな**微絨毛**（**刷子縁**）（さっしえん）をもつ多数の細胞からできているため，小腸上皮の表面積はテニスコート2面分にもおよぶ広さがあり，吸収効率はきわめて高い．消化された水溶性の糖やアミノ酸，無機塩類は上皮微絨毛細胞から吸収され，毛細血管に入る．脂肪酸とグリセロールは微絨毛細胞に取り込まれて中性脂肪に組み立てられ，**毛細リンパ管**（この部分をとくに**乳び管**という）に入る．**中性脂肪**や**コレステロール**などの脂質は水には溶けないので，脂質とタンパク質が結合した**リポタンパク質**となって輸送される．

疾患ノート　腸の乱れ
乳酸菌を含む大腸内の細菌は，腸内のpHを調整するなどして細菌叢のバランスを保っている．**抗生物質**で腸内細菌叢が壊れると腸環境が変化して腸の状態が悪くなる（**菌交代症**）．整腸薬の成分は乳酸菌粉末である．

10-2-3　肝臓と膵臓

a．肝臓：肝臓は腹部右上にあるヒト最大の臓器で，赤褐色の肝細胞が多数集まった**肝小葉**を単位としてできている．肝臓に入る血管には通常の動脈以外に小腸などの消化管から入る**門脈**があり，栄養分が運び込まれる．消化器官としての肝臓の主な役割は胆汁の生成である．**胆汁**はアルカ

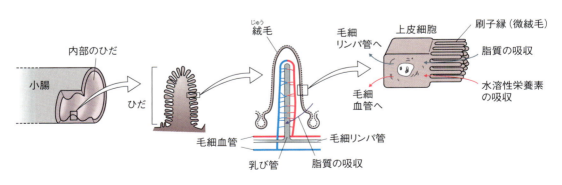

図10-4　小腸の内壁と栄養素の吸収

表 10・2 肝臓の機能

- 胆汁を作り胆管・胆嚢に送る
- 糖質の代謝，グリコーゲン合成，グルコースの合成
- 脂質代謝，コレステロール合成，コレステロール分解（→胆汁酸合成）
- アンモニアを尿素にする（尿素回路）
- タンパク質やアミノ酸の代謝，アルブミンの合成
- 造血（出生前，非常時），赤血球の破壊（→胆汁色素合成），血液量調節
- 解毒（化学処理，抱合，水溶化）→胆汁として排出
- 体温の維持

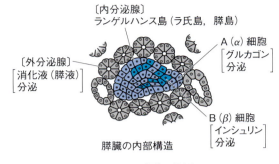

図 10-5　膵臓の役割

リ性を示し，主成分である**胆汁酸**はコレステロールから，黄緑色の**胆汁色素（ビリルビン）**はヘモグロビンからつくられる．胆汁は**胆嚢**で貯蔵，濃縮されたあと十二指腸へ送られる．肝臓は多数の酵素をもってさまざまな生化学反応を行っており，消化以外にも必要物質の合成，アンモニアからの尿素の合成，**解毒**を行う．アルブミン合成，血液量調節，体温保持も肝臓の重要な働きである．

b．膵臓：膵臓は細長い黄色がかった臓器で，十二指腸の凹部に入り込み，膵管を通して**膵液**を十二指腸に送る．膵液には糖質，脂質，タンパク質／ペプチド，核酸を分解する多種多様な消化酵素が含まれる．膵臓は消化酵素を分泌する**外分泌器官**であるが，ホルモンを産生する**内分泌器官**でもあり，グルカゴンやインシュリンなどのホルモンが膵臓内部に分散している**ランゲルハンス島（膵島）**という微小な組織でつくられる．

10-3　循環系

心臓，血管，リンパ管からなる体液循環システムを**循環系**という．

10-3-1　心臓

心臓は血液を循環させるためのポンプである．ヒトの心臓は筋肉でできた握りこぶし大の器官で，胸のほぼ中央にある（注：左側が鼓動を感じ

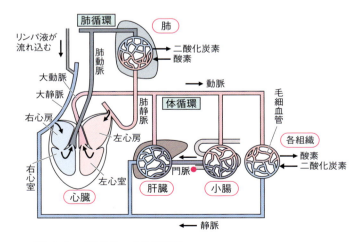

図 10-6　哺乳動物の血液循環系
　　　両生類と爬虫類は 2 心房 1 心室，魚類は 1 心房 1 心室
　　●：他の消化管からも肝臓に門脈（肝門脈）が通っている．

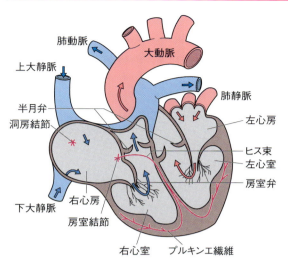

図 10-7 ヒトの心臓の構造と刺激伝達系
　酸素の少ない静脈血を青，多い動脈血を赤で示した．

疾患ノート　冠動脈
　心臓自身に酸素と栄養を送っている動脈．血管の狭窄や閉塞が起こると**狭心症**や**心筋梗塞**の原因となる．

解説　拍動リズムの発生
　心臓は生涯を通じて動き続け，停止は法律上の死となる．心拍数は自律神経により調整されるが，拍動自身は心臓が独立した刺激伝導系をもつため，神経支配なしに自律的に起こる．刺激は右心房の**洞房結節**から出て心房 - **房室結節** - **ヒス束** - **プルキンエ繊維** - 心室と伝わる．洞房結節は**拍動リズム**をつくり出すので，**ペースメーカー**とよばれる．

疾患ノート　心室細動
　心臓への物理的ショック，心臓病，血液成分異常などによって心臓が調律的拍動をできなくなり，痙攣・硬直状態に陥る状態．非常に危険な状態であるが，**AED**（自動体外式除細動器）で治療することができる．

やすいので左にあると誤解されがち）．心臓は四つの部屋に分かれ，血液を送り出す方を**心室**，血液が入ってくる方を**心房**という．哺乳類と鳥類は**2心房2心室**で（他の脊椎動物はより簡単な構造をもつ），血液は**大静脈**から**右心房**に入り，**右心室**に移動してから肺に通じる**肺動脈**に出る．肺からの血液は**肺静脈**から**左心房**に入り，**左心室**に移動したのち**大動脈**から全身に向かう．肺との往復を**肺循環**，他の組織との往復を**体循環**という．

10-3-2　血管系とリンパ系

a. 血管系：血液の通る脈管を血管といい，心臓から出るものを**動脈**，戻るものを**静脈**という．動脈は血圧がかかるために血管壁が厚く，体の深部を通っている（注：表面にある部分では脈が感じられる）．静脈には逆流を防ぐ弁がある．組織内では**毛細血管**となって動脈と静脈を連絡しているが，このようなタイプを**閉鎖型血管系**という（注：昆虫や貝類は**開放型血管系**をもつ）．体循環の機能は酸素や栄養素を動脈で組織に運び，老廃物を静脈で組織から運び出すことであるが，血液はこのほかにも体液・水分の運搬，体温の保持という機能がある．毛細血管はすべての細胞とは接していないが，細胞間は組織液に満たされているため，酸素や栄養分は毛細血管の細胞を通過し，組織液に溶けて近隣の細胞に届く．二つの毛細血管網にはさまれた血管は**門脈**という．

b. リンパ系：組織液は末端の閉じている**毛細リンパ管**に入るため，内部液であるリンパ液の成分は**組織液**と似る．リンパ管は合流して太くなり，リンパ節を経由し，左右の**鎖骨下静脈**に合流するが，この全体をリンパ系という．リンパ系には心

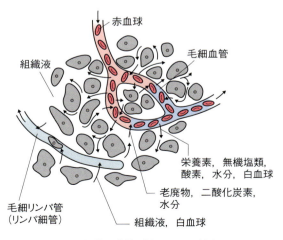

図 10-8　組織の末梢脈管系とその働き

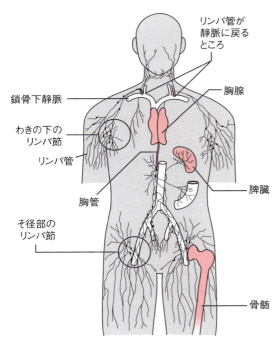

図 10-9 リンパ系
下方からのリンパ管は集合して胸管となる．リンパ管とリンパ節のほか，赤く図示した部分を含む全体がリンパ系器官．このほかにも扁桃，虫垂，アデノイド，小腸のパイエル板がリンパ系に含まれる．

解説　脾臓
　左上腹部にある赤紫色の臓器で，リンパ球や形質細胞の成熟にかかわるため免疫系にも入るが，**赤血球の破壊**や**血液の貯蔵**にかかわり，循環系にも含められる．激しい運動で酸素が必要になると脾臓が収縮して血液を供給するので，「横腹が痛い」という症状になる．

臓のようなポンプはなく，筋肉の動きで自然に流れができる（内部には弁がある）．リンパ系は組織液回収のほか，**脂質運搬**の機能があり，さらにリンパ球をはじめとする白血球を含んで**生体防御**にもかかわる．**リンパ節**（リンパ腺）は体のさまざまな部位（例：脚の付け根，わきの下，首，腹腔）にある粒状の組織で，内部に多数のリンパ球を含む免疫器官でもある．

10-4　呼吸器とガス交換

　呼吸器は鼻腔，咽頭，気管，肺と続く器官で，ガス交換に使われる．**肺**は横隔膜と肋骨の筋肉の動きにより膨張・収縮し，それに伴って空気を出し入れする．気管から分かれた**気管支**の先端は**肺胞**となり，そこに毛細血管が巻き付いている．赤血球中の**ヘモグロビン**と**酸素**の結合力は酸素の多い（少ない）肺（組織）で高い（低い）．また酸素とヘモグロビンとの結合は，組織内のように二酸化炭素濃度が高く，pHがわずかに低いところでは弱まる．このような理由のため，赤血球は肺から酸素を取り込んで組織で放出するという挙動

疾患ノート　皮膚呼吸と火傷との関連？
　両生類や爬虫類では全呼吸の相当部分を皮膚呼吸に依存しているが，ヒトはきわめて少ない．全身やけどは生命の危機を招くが，その原因は皮膚呼吸の低下ではなく，ショックや熱中症などである．

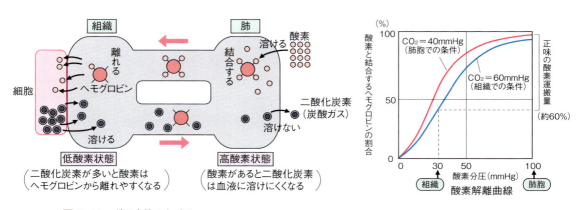

図 10-10　ガス交換のしくみ
　組織ではpHがわずかに低く，このことも酸素がヘモグロビンから離れやすい理由になっている．

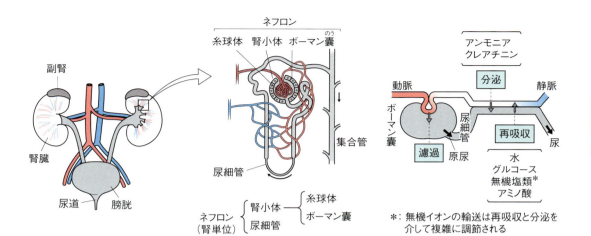

図 10-11 排出系の構成と腎臓の機能

をとることができる．**二酸化炭素**は組織で血漿に溶け，肺で放出される．肺や組織で行われる酸素と二酸化炭素の取り込みや放出を，**ガス交換**，あるいは**外呼吸**という．

10-5 排出系

老廃物を体外に出すことを**排出**という．狭義の**排出系**は尿素などの血中老廃物を水とともに尿として排出する腎臓，輸尿管，膀胱からなる**泌尿器系**をさす．

10-5-1 腎臓とその働き

体内の不要窒素はアンモニアとして分子から除かれた後，肝臓にある**尿素回路**で毒性の低い尿素に変換され，腎臓で濾過・排出される．**腎臓**はソラマメ状の器官で腹部の背側に左右一対あり，内部には尿をつくる単位である**ネフロン（腎単位）**が多数ある．ネフロンは腎小体と尿細管からなり，**腎小体**は袋である**ボーマン嚢**と内部毛細血管である**糸球体**からなる．腎小体を出た血管は再び毛細血管となって尿細管に巻き付き腎静脈に戻る．腎小体ではタンパク質以外の血漿成分が血液から濾し出され，**原尿**となって**尿細管**に入る．原尿の量は 150L／日以上にもなる．尿細管では水，グルコース，アミノ酸，無機塩類などが**再吸収**され，残りが**尿**となり，**輸尿管**を経て**膀胱**に溜まる．**生殖器**は泌尿器と同じ発生的起源をもっており，魚類などでは輸精管と輸尿管は一体化している．

疾患ノート　腎機能不全
　腎機能が低下すると通常尿としてすみやかに排出される**クレアチニン**（筋肉中のクレアチンリン酸の代謝産物）が血中に残る．腎機能の指標となる．

10-5-2 他の動物の排出系

含窒素老廃物は，大部分の昆虫類，爬虫類，鳥類では尿酸で，魚類や両生類はアンモニアである．哺乳類（ハリモグラなどの単孔類は除く）は尿と精子の排出は共通の排出孔で行われるが，それ以

表 10・3　尿の成分比率と排出物の濃縮効率

成分	血漿（％）A	原尿（％）	尿（％）B	濃縮率 B/A
タンパク質	7〜9	0.02	0	0
グルコース	0.10	0.10	0	0
尿素	0.03	0.03	2.00	67
尿酸	0.004	0.004	0.05	13
クレアチニン	0.001	0.001	0.08	80
アンモニア	0.001	0.001	0.04	40
Na^+	0.30	0.30	0.35	1.2
K^+	0.02	0.02	0.15	7.5
リン酸塩	0.009	0.009	0.15	17

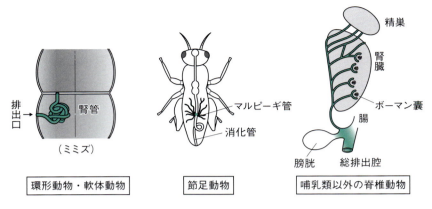

図 10-12　動物の排出系

外の脊椎動物ではそれがさらに肛門に合流した**総排出（泄）腔**で行われる．無脊椎動物には腎臓はないが，昆虫類やクモ類には腸管に付随した**マルピーギ管**という排出器官がある．

10-6　感覚系

感覚情報を受け取る受容器を**感覚器**という．情報受容細胞は感覚神経の末端と連絡し，感覚情報として中枢神経系に送られる．感覚器をまとめて**感覚系**という．

10-6-1　目

目の外側は角膜で覆われ，奥に**水晶体**がある．水晶体は**チン小帯**を介した毛様体筋の動きによって厚さが変化する（=> 遠くを見るときは薄く，近くを見るときには厚くなって焦点を変化させる）．眼に入った光は内部の硝子体を通過して視細胞の集まっている**網膜**に達し，像を結ぶ．光の量が少ない／多いときは**虹彩**が縮んで／伸びて**瞳孔**（ひとみ）が開く／閉じる．このような構造の目を**カメラ眼**というが，下等動物の目はもっと単純である．昆虫は**単眼**と**複眼**という 2 種類の目をもち，小さな水晶体の直下に視細胞がある．扁形動物や環形動物の目には水晶体がなく，単独あるいは複数の視細胞が直接光を感じる．**視細胞**には**桿体細胞**と**錐体細胞**の 2 種類があり，**双極細胞**を介して**視神経**と連絡している．桿体細胞は弱い光を感ずるが，単一の**視物質**（次頁解説参照）しかないので色はあまり識別できない．錐体細胞は強い光に応答するが，複数種の視物質をもち，色を感じることができる．このため暗いところでは色を判別しにくい．

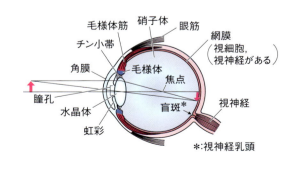
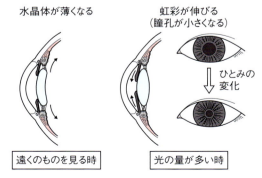

図 10-13　目の構造と調節

解説　光受容機構

視細胞は**視物質**としてオプシンというタンパク質を含む．**オプシン**は**ビタミンA**類似物質の**レチナール**と結合しており，光を受けるとレチナールが構造変化して解離し，複雑なシグナル伝達の結果，神経細胞に興奮が伝わる（注：光のないところで，レチナールとオプシンは再結合する）．錐体細胞は視物質として青，緑，赤の光に感受性のある3種類のオプシンのいずれかをもち，それぞれの情報が脳で統合されて色が認識される．ヒトは波長380nm（紫）〜750nm（赤）の光を認識するが，生物の中には紫外線や赤外線を見ることができるものもある．

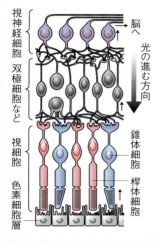
(a) 網膜にある細胞

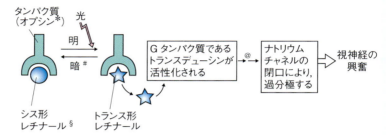
(b) 桿体細胞における光受容機構

図 10-14　視細胞と光受容機構
　＊：オプシンとレチナールの複合体はロドプシンといわれる．
　§：ビタミンA（レチノール）の誘導体．
　#：この反応には時間がかかる（数分間）．
　@：ホスホジエステラーゼの活性化
　　→ナトリウムチャネルに結合するcGMPの分解．

10-6-2　耳

耳は**外耳**，**中耳**，**内耳**からなり，外耳と中耳は**鼓膜**で区切られている．耳の働きの一つは**聴覚**の認識である．音で鼓膜が振動するとそれが**耳小骨**を介して内耳に伝わる．内耳には前庭，**うずまき管**（蝸牛管ともいう），半規官からなる器官があり，内部はリンパ液で満たされている．音の振動はうずまき管内の液を振動させ，それが**感覚毛**をもつ**聴細胞**を刺激し，神経を通じて脳で音として認識される．内耳は聴覚以外に**平衡感覚**，**回転感覚**の感覚器官も併せもつ．**半規管**には感覚毛をもつ細胞があり，回転により生まれるリンパ液の流れで刺激される．内耳の**前庭**には感覚毛をもつ細胞があり，その上には**平衡石**があり，体が傾くと平衡石が動いて感覚毛を刺激し，平衡感覚が脳に伝わる．

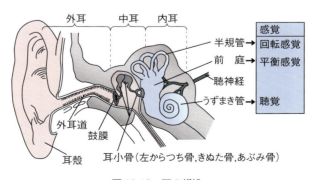

図 10-15　耳の構造

(a) うずまき管の内部   (b) 半規管の内部   (c) 前庭の内部

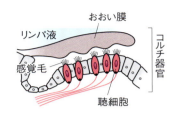
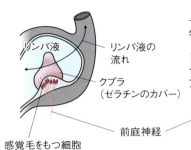
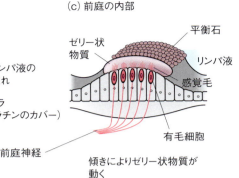

図 10-16　内耳にある感覚器

10-6-3　その他の感覚器

舌には**味細胞**があり，受容体に化学物質が結合することにより興奮が起こり，神経を通じて味を感ずる．舌は場所により受容できる物質の種類が異なる（=> 味により感ずる部位が異なる）．鼻腔上部には，におい物質受容体をもつ**嗅細胞**がある．皮膚には触覚，痛覚，圧，温度（冷たさ，熱さ）を感ずる神経細胞終末が多数存在している．骨格筋にも感覚神経が入っており，筋の緊張状態や重さを感知する．

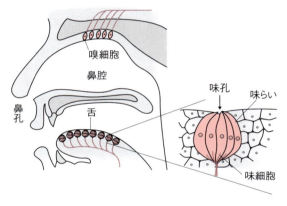

図 10-17　化学物質に対する感覚

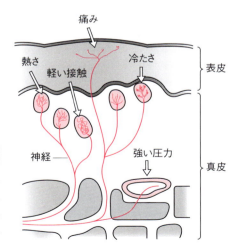

感覚点の分布密度（ヒトの皮膚／cm²）

	額	鼻	腕	指腹
冷点	8	13	6	3
温点	0.6	1	0.4	16
触圧点	50	100	15	100
痛点	180	40	200	80

図 10-18　皮膚にある感覚器

11章　ホルモンと生体調節

11-1　生体の調節とホルモン

　生物は内外の刺激や生命プログラムに応じて，成長／死，分化，代謝調節といった応答を示すが，この過程には細胞から細胞への情報の発信と受容（=> **情報伝達／シグナル伝達**）がかかわる．**細胞間情報伝達**には細胞同士の接触による場合と液性因子の分泌による場合がある．多細胞動物の情報伝達による調節には**神経調節**（12章）と液性因子の分泌による**液性調節**の2種類がある．液性調節は，分泌物質の標的が離れている**内分泌**，近傍にある**傍分泌**と**自己分泌**の3種類の情報伝達手段があり，内分泌物質は**ホルモン**といわれる．ホルモンは特定の器官から分泌される生理活性物質で，血液で全身に運ばれ，特定の標的器官に対して微量で効果を発揮する（注：体外や体腔に分泌される場合は**外分泌**という）．ホルモン産生器官を**内分泌器官**，その全体を**内分泌系**という．

11-2　各内分泌器官から分泌されるホルモンとその作用

　ホルモンはペプチド，タンパク質，糖タンパク質，アミン，そしてステロイドに大別され，恒常性の維持，細胞の増殖や分化，あるいは代謝調節などにかかわる．

11-2-1　視床下部

　視床下部は脳の一部であるが，ホルモン産生器官でもある（12章）．視床下部には下垂体がぶら下がっているが，両者は**神経分泌細胞**と血管（**下垂体門脈**）により，それぞれ下垂体の後葉と前葉に連絡している（図11-4）．視床下部からは**下垂体前葉**からのホルモン分泌を促すホルモン（例：

図11-1　多細胞生物における生体調節システム

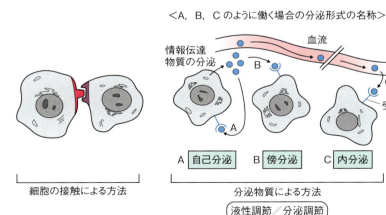
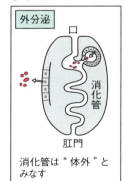

図11-2　細胞から細胞への情報伝達

表 11·1 視床下部でつくられるホルモン

器官	ホルモン名 [略語]① (別名)	作用, 特徴
視床下部	成長ホルモン放出ホルモン [GHRH]	それぞれのホルモンの分泌を促進, あるいは抑制する
	性腺刺激ホルモン放出ホルモン [GnRH]② (ゴナドトロピン放出ホルモン)	
	甲状腺刺激ホルモン放出ホルモン [TRH]	
	副腎皮質刺激ホルモン放出ホルモン [CRH]	
	プロラクチン放出ホルモン [PRH]	
	プロラクチン放出抑制因子 [PIH] (プロラクトスタチン)	
	成長ホルモン抑制ホルモン (ソマトスタチン)	成長ホルモンのほか, 甲状腺刺激ホルモンを抑える
	ドーパミン	プロラクチン分泌を抑える
	オキシトシン	合成後, 下垂体後葉へ送られる
	バソプレッシン	

①: ドーパミン以外はポリペプチド
②: 黄体形成ホルモン放出ホルモンと濾胞刺激ホルモン放出ホルモンと同等

性腺刺激ホルモン放出ホルモン, 甲状腺刺激ホルモン放出ホルモン) や抑制するホルモン (例: 成長ホルモン抑制ホルモン [**ソマトスタチン**], 黄体刺激ホルモン抑制ホルモン) が分泌される. 視床下部の神経分泌細胞でつくられた**オキシトシン, バソプレッシン**は**下垂体後葉**から分泌される (注: ホルモンは視床下部の神経分泌細胞でつくられ, 神経終末顆粒に蓄えられた後に分泌されるので, 下垂体後葉が見かけ上の分泌器官となる).

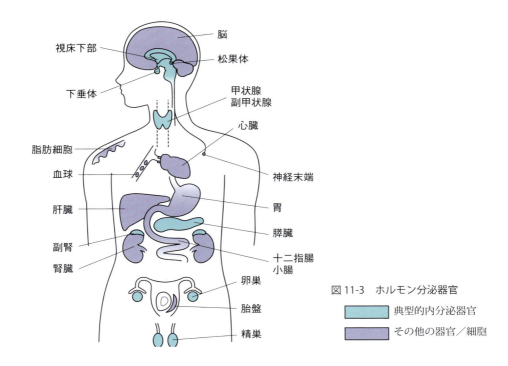

図 11-3 ホルモン分泌器官
　典型的内分泌器官
　その他の器官／細胞

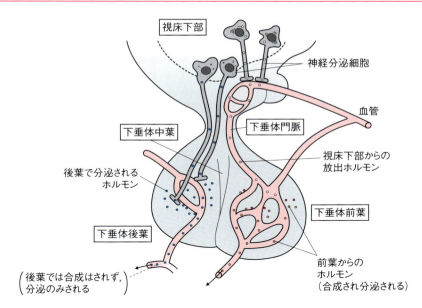

図11-4 視床下部と下垂体の連絡

11-2-2 下垂体

下垂体（脳下垂体）は前葉，中葉，後葉からなり，前葉からは**成長ホルモン**，**プロラクチン**，**副腎皮質刺激ホルモン（ACTH）**，**甲状腺刺激ホルモン（TSH）**，2種類の**性腺刺激ホルモン（ゴナドトロピン）**，すなわち**黄体形成ホルモン（LH）**と**卵胞刺激ホルモン（FSH）**が分泌される．女性ではLHは排卵や黄体からの黄体ホルモンの分泌，FSHは卵胞の発育と卵胞ホルモンの分泌を促進し，男性ではLHはテストステロン産生を促し，

表11·2 下垂体から分泌されるホルモン

器官		ホルモン名［略語］（別名）	化学的組成	作用，特徴
下垂体	前葉	成長ホルモン［GH］（ソマトトロピン）	PP	成長促進（とくに骨や筋肉），代謝促進，血糖増加，腎での再吸収促進，タンパク質合成促進
		副腎皮質刺激ホルモン［ACTH］	PE	それぞれのホルモンの分泌促進
		甲状腺刺激ホルモン［TSH］	GP	
		プロラクチン［PRL］（黄体刺激ホルモン，催乳ホルモン）	PP	乳腺発達，乳汁分泌，黄体ホルモンの分泌促進，妊娠の継続
		＜生殖腺刺激ホルモン＞［GTH］（ゴナドトロピン）		
		卵胞刺激ホルモン［FSH］（濾胞刺激ホルモン）	GP	女性［卵胞（濾胞）の成熟，エストロゲン分泌 男性［精子成熟を促進
		黄体形成ホルモン［LH］	GP	女性［卵巣の刺激，排卵促進，黄体形成と黄体ホルモンの生産促進 男性［精巣の刺激，テストステロンの産生促進
	後葉	バソプレッシン	PE	腎臓における水の再吸収促進（尿量減少），毛細血管の収縮促進，ACTHの分泌促進，血液浸透圧上昇や組織減少で増加
		オキシトシン	PE	子宮および乳腺細胞の収縮促進

PP：ポリペプチド（タンパク質）．PE：ペプチド．GP：糖タンパク質．

FSH は精子成熟にかかわる．成長ホルモンには成長促進のほか，タンパク質合成や糖新生の促進などの多彩な効果がある．ACTH は副腎皮質からのステロイドホルモンの分泌を促進し，TSH は甲状腺に作用してヨードの吸収と甲状腺ホルモンの分泌を促進する．**バソプレッシン**は**抗利尿ホルモン**で，腎臓での水の再吸収を高めるとともに，血管平滑筋収縮に伴う血圧上昇や ACTH 分泌促進作用をもち，その分泌は血液浸透圧上昇 [濃縮，塩濃度上昇] や組織液減少で増える．**オキシトシン**には子宮収縮や乳腺収縮作用がある．

> **メモ　松果体**
> 脳にあり，**メラトニン**といわれるホルモン（=> 催眠作用，生物リズムの調節）を分泌する．

11-2-3　甲状腺と副甲状腺

甲状腺は甲状軟骨下の気管に付随する器官である．**甲状腺ホルモン**には異化と活動を促進する多彩な働きがある（例：酸素消費，糖新生，脂肪分解）．甲状腺ホルモンは**ヨード**を含むが，ヨードを4個もつ**チロキシン**は3個もつ**トリヨードチロニン**（T_3）に変換されてホルモンとして充分な機能を発揮する．このほか，甲状腺からは**カルシト**

> **疾患ノート　バセドウ病**
> 自己免疫によって甲状腺が刺激され，甲状腺の腫大を伴う**甲状腺機能亢進症**となる．眼球突出，頸部腫大，頻脈，発汗，下痢などを主徴とする．女性に多い．

ニンが分泌される．**副甲状腺**は甲状腺の裏に付随する4個の小粒で，**副甲状腺ホルモン（パラトルモン）**を分泌する．パラトルモンとカルシトニンは**カルシウム代謝**にかかわる（11-4-5参照）．

11-2-4　膵臓

膵臓は内分泌器官でもあり，ホルモンは**ランゲルハンス島**（膵島）から分泌される．ランゲルハンス島には **A（α）細胞，B（β）細胞，D（δ）細胞**などの細胞があり，それぞれ**グルカゴン，インシュリン（インスリン），ソマトスタチン**を分泌する．グルカゴンはグリコーゲン分解や糖新生を盛んにし，血中にグルコースを供給するように働き，血中グルコースが高いと分泌が抑制される．インシュリンは，血中グルコースの上昇によって分泌が高まり，グルカゴンと反対の働きをする．インシュリンは細胞のグルコース取り込みを促進する作用をもち，グルコース濃度を下げる．

11-2-5　消化管

消化管上皮細胞から血液に入るものや，近隣の細胞に直接作用する多数のものがある．多くは脳からも放出されているため，**脳・消化管ホルモン／脳腸ペプチド**ともいわれる．**ガストリン**は胃や十二指腸で分泌され，胃酸分泌や胃細胞の増殖を促進する．**コレシストキニン**と**セクレチン**は十二指腸や小腸から分泌され，前者は胆汁や膵液の分

表11・3　甲状腺，副甲状腺のホルモン

器官	ホルモン名（別名）[略語]	化学物質名 [略語]	化学的組成	作用，特徴
甲状腺	甲状腺ホルモン	チロキシン [T_4] トリヨードチロニン [T_3]	アミン	実際に作用を現すのは T_3．代謝の亢進（酸素消費と熱産生の増大）．心機能亢進．カテコールアミン感受性増大．糖新生と脂肪分解の促進．カエルでは変態の促進．
	カルシトニン		ペプチド	血中カルシウム濃度やリン酸濃度の低下．
副甲状腺	副甲状腺ホルモン（上皮小体ホルモン）（パラトルモン [PTH]）		ペプチド	血中カルシウム濃度の上昇．カルシウム濃度の上昇で分泌が下がり，下降で上がる．骨の骨吸収促進（カルシウムとリン酸を血中へ動員する）．腎臓でのカルシウムの再吸収促進．

表11・4　膵臓のホルモン*

細胞	ホルモン名 [略語]	作用，特徴
膵臓ランゲルハンス島	A（α）細胞	グルカゴン	血糖量の上昇．グリコーゲン分解，糖新生を促進する．血中グルコースの上昇により分泌抑制．
	B（β）細胞	インシュリン	血糖量の低下．細胞のグルコース取り込みを促進．グリコーゲン合成．糖新生や脂肪分解の抑制．アミノ酸の取り込みとタンパク質合成促進．グルカゴン分泌抑制．血中グルコース上昇により分泌が高まる．
	D（δ）細胞	ソマトスタチン	→表11・1参照
	F細胞 （PP細胞）	膵ポリペプチド [PP／PPY]	食欲の低下や摂食行動の制御にかかわると考えられている．

＊：いずれもタンパク質性／ペプチド性のホルモンである．

泌を促進し，後者は十二指腸が酸性になると膵臓からの水分と重炭酸塩（HCO_3^-）の分泌を促進し，pH上昇にかかわる．

11-2-6 副腎

副腎は腎臓の上にある半月状器官で，外側の皮質と内側の髄質からなる（注：皮質は中胚葉由来，髄質は外胚葉由来）．

a. 副腎皮質ホルモン：皮質からは複数のステロイドホルモンが分泌され，**ミネラル（鉱質）コルチコイド，グルコ（糖質）コルチコイド，副腎性アンドロゲン**に分けられる．ミネラルコルチコイド（例：**アルドステロン**）は腎臓におけるナトリウムイオンの再吸収促進，およびカリウムイオンと水素イオンの排出促進などを通して血液のイオンバランスを調節するとともに，水の再吸収を促進し，血液量増加を介して**血圧上昇効果**を発揮する．分泌は主に**レニン - アンジオテンシン系**（下記参照）で調節される．グルココルチコイド（例：**コルチゾール**）は肝臓での脂肪分解や糖新生を促進し，末梢組織ではグルコースの取り込みを抑制するので**血糖量**が上昇する．**免疫抑制作用**があるため，**ステロイド系抗炎症剤**として使われる．副腎性アンドロゲン（例：**アンドロステンジオン**）は組織において男性ホルモン活性の強い**テストステロン**に変換される．

疾患ノート　レニン - アンジオテンシン系

レニンは腎臓でつくられる酵素で，血中アンジオテンシノーゲンを**アンジオテンシンⅠ**に変え，アンジオテンシンⅠはアンジオテンシン変換酵素（**ACE**）で活性型の**アンジオテンシンⅡ**になり，副腎皮質に作用してアルドステロンの分泌を促進する．アンジオテンシンⅡには血管収縮作用もあり，総合的に血圧上昇に働く．ACE阻害剤やアンジオテンシンⅡ受容体の拮抗剤は，血圧を下げる**降圧薬**となる．

表11・5　さまざまな脳・消化管ホルモン
胃や十二指腸，小腸で分泌されるが，多くは脳でも分泌が見られる．

ガストリン[①]	コレシストキニン（CCK）[③]
セクレチン[②]	胃抑制ポリペプチド
血管腸管ポリペプチド（VIP）[④]	サブスタンスP
ガストリン放出ペプチド（GRP）	ニューロペプチドY（NPY）
ニューロペプチド（NPP）	エンケファリン
ソマトスタチン　エンドセリン	
ニューロテンシン	

①：胃酸分泌促進　　②：膵臓からの重炭酸塩と水の分泌の促進
③：胆嚢の収縮と膵液分泌の促進　　④：平滑筋の収縮，腸液分泌の促進

表11・6 副腎のホルモン

分泌部	ホルモン名	化合物名	化学的組成	作用，特徴
副腎皮質	グルコ（糖質）コルチコイド	コルチゾール コルチゾン コルチコステロン デキサメタゾン* プレドニゾロン*	ステロイド	糖代謝調節．主に肝臓における糖新生，グリコーゲン合成の促進．末梢でのグルコース取り込み抑制と血糖値上昇．タンパク質分解促進．免疫反応の抑制と抗炎症作用．
	ミネラル（鉱質）コルチコイド	アルドステロンなど	ステロイド	腎臓におけるナトリウムの再吸収と，カリウムおよび水素イオンの排出促進，および水の再吸収促進（→血液量および血圧の上昇）．レニン-アンジオテンシン系で刺激される．
	副腎性アンドロゲン	アンドロステンジオンなど	ステロイド	精巣において男性ホルモン活性の強いテストステロンに変換される．
副腎髄質	カテコールアミン	アドレナリン ノルアドレナリン ドーパミン	アミン	αおよびβ受容体をもつ体内全域の細胞に作用．グリコーゲンを分解してグルコースをつくる．血糖，血圧，呼吸，代謝促進効果．血管収縮，心拍数増加．脳でも（ノルアドレナリンは交感神経でも）分泌される．

＊：合成ステロイド

b. 副腎髄質ホルモン：副腎髄質からは**カテコールアミン**，すなわち**アドレナリン／エピネフリン**，**ノルアドレナリン／ノルエピネフリン**，そして**ドーパミン**が分泌される．アドレナリンやノルアドレナリンは**α受容体**や**β受容体**をもつ全身の細胞に作用するが，「闘争と逃走」に関連しており，心機能亢進，グリコーゲンからグルコースの生成による血糖上昇，血管収縮，血圧上昇を起こす．これらのホルモンは神経伝達物質でもあるため（⇒ノルアドレナリンは主要な**交感神経伝達物質**），神経に直接作用することもできる．ホルモン分泌自身も交感神経で支配され，運動や精神的緊張，血圧低下や体温低下で上昇する．

11-2-7 生殖腺のホルモンと性周期の調節

分泌されるのはいずれもステロイドホルモンで，下垂体からの**FSH**と**LH**の支配を受ける．女性において，FSHは二次性徴発現にかかわる**卵胞ホルモン／エストロゲン**（**濾胞ホルモン**ともいう．例：**エストラジオール**）の分泌を促進する．一方LHは排卵を誘発し，**黄体**を形成して**黄体ホルモン**（**プロゲステロン**）の放出に効く．

表11・7 生殖腺のホルモン

分泌部	ホルモン名（別名）	化学物質名	化学的組成	作用，特徴
精巣	アンドロゲン* （男性ホルモン）	テストステロン アンドロステンジオン など	ステロイド	タンパク質合成作用促進． 雄の性徴，生殖器官の発達． 精子形成，骨格筋の発達．
卵巣	エストロゲン （卵胞［濾胞］ホルモン 女性ホルモン 発情ホルモン）	エストラジオール エストロン エストリオール など	ステロイド	発情作用．雌の二次性徴．子宮など付属性腺の発達．卵胞の発達．LHサージの誘導（排卵の促進）．乳腺の発達．骨形成促進．FSHにより分泌促進．
	黄体ホルモン	プロゲステロンなど	ステロイド	排卵後に形成される黄体から分泌．視床下部・下垂体に働いて排卵の抑制．妊娠の維持．子宮の伸長性増大．LHにより分泌が促進．

＊：LH，FSHにより分泌が促進される．

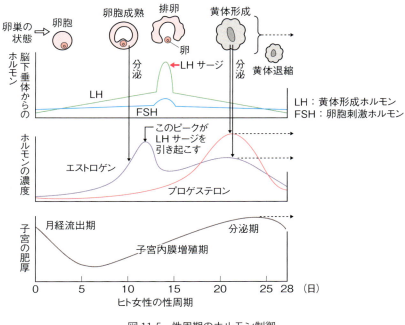

図 11-5　性周期のホルモン制御
点線矢印は受精した場合．

生理的状況下ではまず**性腺刺激ホルモン放出ホルモン（GnRH）**が**性腺刺激ホルモン（GTH，ゴナドトロピン）**である FSH と LH 放出を刺激する．FSH で濾胞が発達すると卵胞ホルモンが上昇し，続いて LH が一過的に上昇して（**LH サージ**）排卵が起こる．LH で成長した黄体から黄体ホルモンが分泌され，**妊娠の継続**と**排卵の抑制**に働く．受精すると黄体が維持され，黄体ホルモンで妊娠

表 11・8　その他の器官，組織から分泌されるホルモンおよび生理活性物質，酵素

肝臓	胎盤
インスリン様増殖因子（IGF-1，ソマトメジン C） エリスロポエチン［EPO］① アンジオテンシノーゲン	ヒト絨毛性ゴナドトロピン③ プロゲステロン エストロゲン
腎臓	**血管内皮**
レニン エリスロポエチン［EPO］①	エンドセリン④ 一酸化窒素⑤
心臓	
心房性ナトリウム利尿ホルモン［ANP］②	

①：赤血球の分化，増殖にかかわる
②：利尿，ナトリウム利尿作用．血管拡張，血圧降下作用．BNP，CNP と共に，脳にも存在する
③：絨毛から分泌される性腺刺激ホルモン
④：血管収縮作用
⑤：動脈の拡張

発展学習　典型的ホルモン以外の生理活性物質

典型的な内分泌器官からではなく，一般の組織や器官で生理活性物質がつくられ，それが血中に放出される例が多数知られている．

A：オータコイド

ホルモンや神経伝達物質以外の生理活性物質の総称で，全身の細胞や血中で産生される．脂肪酸から合成される**エイコサノイド**には多くの種類があり，代表的なものに**プロスタノイド**（**プロスタグランジン類，プロスタサイクリン類，トロンボキサン類**があり，平滑筋収縮，炎症促進など，多様な作用をもつ）がある．アミノ酸由来物質としては**セロトニンとヒスタミン**がある．セロトニンは神経伝達物質にもなっているが，腸管，血小板などでもつくられ，平滑筋収縮や止血作用にかかわる．ヒスタミンは肥満細胞や白血球から分泌され，炎症，アレルギーなどに関与する．**アンジオテンシン**は血中や脂肪細胞でつくられ，血圧上昇などに関与する（109頁疾患ノート参照）．**ブラジキニン**や**一酸化窒素**もこのグループに含まれる．

B：サイトカイン

細胞から分泌されて他の細胞の増殖／死，分化，運動にかかわるもので，**増殖因子**（例：インシュリン様増殖因子，血小板由来増殖因子，神経栄養因子），腫瘍壊死因子，**インターフェロン**，白血球の遊走にかかわる**ケモカイン**，造血因子（例：**エリスロポエチン**），リンパ球のつくる**リンフォカイン**，白血球のつくる**インターロイキン**など，多くのものが知られている．

C：アディポカイン

脂肪細胞から分泌されるサイトカインの総称で，**レプチン**（食欲抑制作用と代謝亢進作用がある），**アディポネクチン**（インシュリン感受性亢進など），**TNF-α**，PAI-1，LDL，アンジオテンシノーゲンなど，多くのものがある．この中のあるものは**メタボリック症候群**や脳血管障害を抑えるが，逆に促進するものも少なくない．

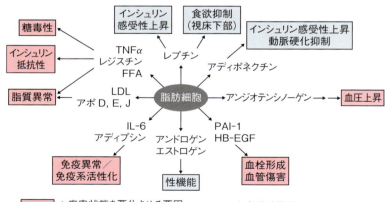

図 11-6　脂肪細胞から分泌される生理活性物質

疾患ノート　悪玉脂肪細胞

脂肪細胞にはメタボリック症候群を加速する因子を多く分泌する細胞もあり，悪玉とよばれる．そのような細胞は内臓脂肪に多く含まれる．

を継続する．なお**胎盤**からも**絨毛性性腺刺激ホルモン**，黄体ホルモン，エストロゲン，**プロラクチン**（妊娠継続能，乳腺発達能をもつ）が産生され，妊娠の継続に働く．受精しないと黄体ホルモンが低下し，子宮粘膜が崩れて排出される（**月経**）．黄体ホルモンは出産が近づくと低下し，下垂体後葉から**子宮収縮ホルモン（オキシトシン）**が分泌されて出産となる．

男性の場合は，LH によって精巣からの男性ホルモンである**テストステロン**の分泌が促進され，FSH により**精子成熟**が起こる．

> **疾患ノート　経口避妊薬**
> エストロゲンとプロゲステロンをともに服用することにより排卵が阻止されるため，**経口避妊薬（ピル）**として利用される．

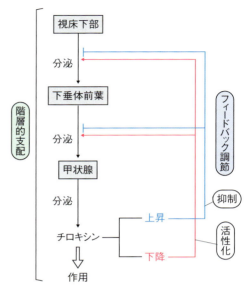

図 11-7　ホルモン分泌の相互作用（チロキシンの例）

11-3　ホルモン分泌の調節

視床下部から分泌される刺激ホルモン放出ホルモンや抑制ホルモンの作用が下垂体におよび，下垂体はそれを受けて刺激ホルモンを分泌し，刺激ホルモンが標的器官に作用して個々のホルモンを分泌するという，**ホルモン作用の階層性**がみられる．ホルモンには相互作用もみられる．**チロキシン**は下垂体や視床下部に働きかけ，自身の濃度が高い／低いときは抑制／促進するように働く．この現象を**ホルモンのフィードバック作用**といい，同様の現象は濾胞ホルモンや黄体ホルモンでもみられる．これとは別に，ある生理現象が別々のホルモンで正と負に調節されるという**ホルモンの拮抗作用**も多くのホルモンでみられる．また，ホルモン分泌は感覚神経でモニターされた後で実行されるなど，**ホルモンの神経支配**も一般的な現象である．視床下部から下垂体へのホルモン伝達には神経細胞がかかわり（上述），またカテコールアミン，セロトニン，ニューロテンシン，ソマトスタチンは**神経伝達物質**でもある．

11-4　ホルモンによる恒常性の維持

生物体内の生理環境は内外の環境に変化があっても一定に保たれている．このような性質を**恒常性（ホメオスタシス）**といい，その維持機能は生命の維持にとって必須である．ホメオスタシスの維持には内分泌系と神経系がかかわる．

11-4-1　塩分と水分の調節

体内水分量や塩分量は血液に反映される．**血液量**は心臓で感知され，減ると喉が乾いて飲水行動が誘起され，**バソプレッシン**が分泌されて腎臓での水の再吸収が増えて（＝尿量が減少して）血液量が増える．腎臓からは**レニン**が分泌され，これにより増加した**アンジオテンシンⅡ**により飲水行動とバソプレッシン分泌が誘起される．さらに血液量減少により心臓から分泌される**心房性ナトリウム利尿ホルモン**（尿量を増やし，バソプレッシンや飲水行動を抑える）が減るため，血液量が増加する．脱水症状の対処にはスポーツドリンクがよく，真水だと血液が薄まり，尿としてすぐに排出されてしまう．またアンジオテンシンⅡは**ア**

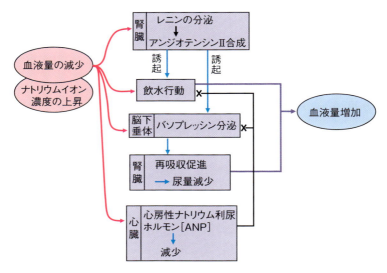

図 11-8　血中水分と塩分の調節

ルドステロンを分泌させるため，腎臓でのナトリウムイオン再吸収が上昇し，血液浸透圧が上がって水分が保持される．塩濃度が高い場合も同様の機構が働くため，塩辛いものを摂取すると喉が渇くといった現象がみられる．

11-4-2　血圧調節

血圧は血液量の増加や末梢動脈の収縮などによって上昇するが，血管の収縮・弛緩は自律神経により素早く調節される（例：緊張して交感神経が興奮すると血圧は上がり，睡眠時は副交感神経

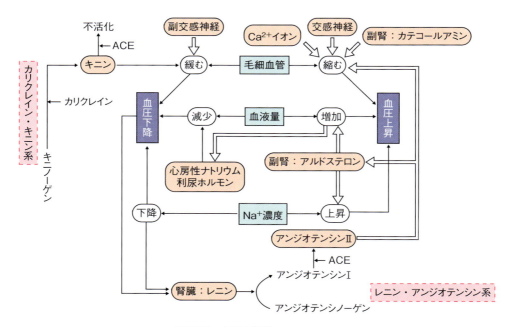

図 11-9　血圧の調節
ACE: アンジオテンシン変換酵素

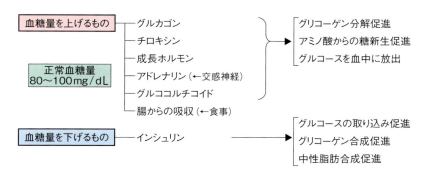

図 11-10　血糖量のホルモン調節とその作用

により下がる).血圧はホルモンと腎臓によっても調節される.副腎髄質から分泌されるカテコールアミンは血圧上昇効果をもつ.腎臓は血圧の低下やナトリウムイオンの低下を感知するとレニンを放出し,**レニン - アンジオテンシン系**を働かせる.**アンジオテンシンⅡ**は血管を収縮させ,アルドステロン分泌を増やす.アルドステロンは血中水分量を増やし,またナトリウムイオンも増やすが,ナトリウムイオン上昇で浸透圧が上がると生体はナトリウムイオンを腎臓から排出しようとして血圧を上げる.毛細血管収縮に必要なカルシウムイオンも血圧上昇に働く.生体には血圧を下げる**カリクレイン - キニン系**(カリクレインがキニノーゲンを限定分解して血管拡張能をもつ**キニン**をつくる)も存在するが,**アンジオテンシンⅡ変換酵素(ACE)**はキニンを不活化する.心房性ナトリウム利尿ホルモン(前述)も血圧を低下させる.

11-4-3　血糖量の調節

血中の**グルコース濃度**(**血糖量**.0.08 〜 0.1％)も一定に維持されており,低血糖になると危険である.視床下部がグルコース低下を感知すると下垂体や下位の内分泌器官に情報が伝わって**グルココルチコイド**,**チロキシン**,**成長ホルモン**が上昇し,神経系を介して**アドレナリン**や**グルカゴン**が分泌される.グルカゴンとアドレナリンは**グリコーゲン分解**を促進してグルコースを増やし,グルココルチコイドはタンパク質分解で生じたアミノ酸からの**糖新生**を促進する.これら血糖量増加に効くホルモンは,主に肝臓に働き,肝臓から糖が血中に放出される.血糖を下げるホルモンは,血糖上昇を感知して膵臓Ｂ細胞から分泌される**インシュリン**のみである.インシュリンは細胞表面のグルコース受容体の働きを高めて細胞へグルコースを取り込ませるため,血中グルコース量が定常状態に戻る.インシュリンは糖新生を抑えてタンパク質合成を促進するが,その作用は筋肉や脂肪細胞で高く,それぞれグリコーゲン合成と中性脂肪合成の促進にかかわる.インシュリンにはグルカゴンの分泌を抑える作用もある.

11-4-4　体温調節

哺乳類などの恒温動物では熱は主に筋肉と肝臓でつくられるが,体温調節は視床下部からの司令を受け,自律神経や内分泌系を動員して行われる.体温低下や外気温低下があると毛細血管を収

解説　褐色脂肪細胞

脂肪細胞には脂肪を蓄える**白色脂肪細胞**と燃焼させる**褐色脂肪細胞**がある.褐色脂肪細胞は首筋や肩甲骨付近に少量あり,年齢とともに減少する.この細胞では酸化的リン酸化の過程でATPを産生しないで電子がエネルギーを放出する**脱共役**の頻度が高く,その結果,大量のエネルギーが熱に変換される.

（体温を下げる反応）

・血管の弛緩 ⟶ 血流を増やす
・汗腺の活発化 ⟶ 発汗を促す
・骨格筋の弛緩

（体温を上げる反応）

・血管の収縮 ⟶ 血流を減らす
・骨格筋の収縮 ⟶ 熱の生産
・立毛筋を立てる（実効性は低い）
・ホルモンを動員してグルコースを供給 ⟶ 代謝の促進

図 11-11　生体が示す体温調節反応

縮して体表付近の血液量を減らし，汗腺を閉じ熱の発散を防ぐ．また体温を上げるために**アドレナリン**を分泌してグリコーゲンからグルコースをつくって全身に供給し，細胞はそれを代謝して熱を得る．成長ホルモンや甲状腺ホルモンも発熱にかかわる．

11-4-5　カルシウムイオンの調節

カルシウムは**骨形成**，酵素活性化，細胞や代謝の調節，筋収縮など，多くの生理機能に必須の成分である．カルシウムの 90％はリン酸カルシウムとして骨にあるが，残りは細胞と血液中にある．血中カルシウム量は**パラトルモン**とそれによって誘導される**ビタミン D**，甲状腺から分泌される**カルシトニン**により調節される．パラトルモンは骨から血中へのカルシウムイオンの移動（＝**骨吸収**）や，腎臓でのカルシウムイオンの再吸収を促進し，ビタミン D の上昇にかかわる（注：リン酸イオンもカルシウムイオンと同様に調節される）．ビタミン D は副甲状腺ホルモンと同等の作用があり，また腸管からのカルシウムイオン吸収を促進する．これらが総合的に血中カルシウムイオンを増加させ，結果，骨の形成も進む（=> 骨でのカルシウム交替の促進）．ビタミン D が減少する

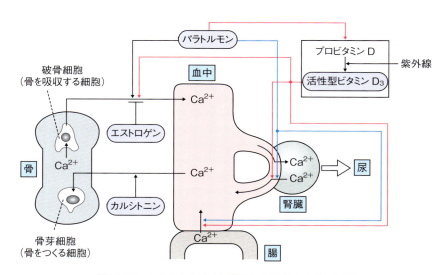

図 11-12　カルシウムイオン動態におけるホルモン制御

と骨形成不全により**くる病**となる．**エストロゲン**も骨吸収抑制能をもつため，女性は閉経後に**骨粗鬆症**になりやすい．血中カルシウムイオン濃度の増加はカルシトニンを上昇させ，パラトルモンと逆の作用が出て血中カルシウムイオン量が減るが，濃度が下がるとパラトルモンの分泌が促進される．

> **解説　ビタミンDの機能発現**
> ビタミンDの作用は直接ではなく，それによって起こる遺伝子発現の結果できるタンパク質による．ビタミンDは転写調節タンパク質である受容体と結合してそれを活性化し，作用が現れる（6章-2参照）．活性型ビタミンDは前駆体の**プロビタミンD**が紫外線の作用を受けてできる．

11-5　細胞調節因子の作用機序

11-5-1　受容体と細胞内情報伝達

ホルモンが細胞特異的に効くのは，その細胞にホルモンが結合する受容体タンパク質が存在するためである．**受容体**に結合する物質を一般に**リガンド**という．リガンドが受容体に結合すると，受容体の構造が変化して活性化する．活性化した受容体は酵素活性や結合性を獲得して別の分子を活性化し，その活性化分子がさらにまた別の分子を活性化するといった反応が次々に起こる．このような現象を**細胞内情報伝達**というが，それにかかわる因子には以下のようなものがある．**タンパク質リン酸化酵素[プロテインキナーゼ]**はタンパク質にリン酸基を付ける酵素で，標的タンパク質の違いにより多数の種類がある．標的がリン酸化酵素の場合は，リン酸化の連続による情報伝達の連鎖反応（**カスケード**）がみられる．**Gタンパク質**はヌクレオチドであるGTPが結合すると活性型に，GDPが結合すると不活性型になり，グアニンヌクレオチドは**分子スイッチ**として働く．脂質の中では**イノシトールリン脂質**やそれが加水分解された**ジアシルグリセロール**が重要である．このほか，**環状AMP[cAMP]**や**カルシウムイオン**なども重要な働きを示す．細胞内情報伝達の最終標的の大部分は**転写調節タンパク質**であり，遺伝子発現の変化を通じて細胞の状態を変化させる（注：細胞骨格タンパク質に作用して細胞形態や運動性を変化させる場合もある）．

> **メモ　アゴニストとアンタゴニスト**
> 受容体と結合して情報を細胞内に発信するリガンドを**アゴニスト**，結合するが発信できないもの（リガンドの拮抗阻害剤）を**アンタゴニスト**という．

11-5-2　ホルモン情報の細胞内伝達

アミン類，ペプチド系ホルモン，プロスタグランジンなどは直接細胞に入らず，細胞表面の**受容体**に結合する．活性化した受容体により細胞内の**Gタンパク質**が活性化し，酵素（**アデニル酸シクラーゼ**）が活性化されて**cAMP**がつくられる．cAMPは**プロテインキナーゼA**を活性化し，

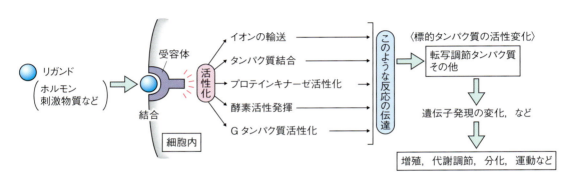

図11-13　細胞内情報伝達の概要

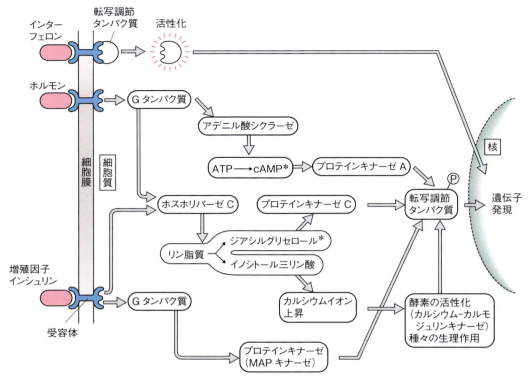

図 11-14 ホルモンの細胞機能調節機構
＊：このような物質を二次伝達物質という．

これが標的のタンパク質をリン酸化／活性化する（注：一酸化窒素の作用には **cGMP** がかかわる）．これとは別に G タンパク質は**ホスホリパーゼ C** を活性化して**イノシトール三リン酸**と**ジアシルグリセロール**をつくることもあり，前者は細胞質内カルシウムイオン上昇にかかわり，後者は**プロテインキナーゼ C** の活性化にかかわる．細胞増殖因子やインシュリンでは，ホスホリパーゼ C 経路のほか，G タンパク質が別のプロテインキナーゼ（**MAP キナーゼ**）を活性化して効果を現す経路も使われる．**インターフェロン**は受容体に付随する転写調節タンパク質をリン酸化し，核に移動させて転写を活性化させる．

ステロイドホルモンは細胞膜を素通りして直接細胞質や核に届く．細胞に入ったホルモンは受容体と結合するが，受容体それ自身が転写活性化タンパク質であるため，ホルモン－受容体複合体は DNA に直接結合して標的遺伝子の転写を上昇させる（6 章-2 参照）．このようなタイプの受容体を**核内受容体**という．核内受容体がかかわるホルモンのリガンドにはこのほか**甲状腺ホルモン**があるが，ビタミン D やレチノイン酸も核内受容体に結合する．

解説　環境ホルモン

ホルモン様活性をもつ化学物質．**内分泌攪乱物質**ともいい，**PCB**，**ダイオキシン**，ビスフェノール，フタル酸エステルなどがある．エストロゲン受容体などの核内受容体と結合して性ホルモン様活性（アゴニストとして），あるいはそれを抑えるような活性（アンタゴニストとして）を発揮する．

12章　神経系

12-1　神経系の構成
12-1-1　神経系の構成要素

多細胞動物個体は内分泌系に加え，**神経系**によっても調節されている．神経系は外胚葉由来の組織／器官で，電気信号を用いて神経伝導を行う**ニューロン（神経細胞）**と，それを取り巻く**グリア（神経膠細胞）**からなるが，全身に張り巡らされた膨大な数のニューロンがさまざまに連絡をとり合い，複雑な神経回路網を形成している．神経系での伝達はニューロン内でみられる**興奮伝導**とニューロン間でみられる**神経伝達**からなる．グリアにはニューロン軸索の電気的絶縁体である**ミエリン（髄鞘）**をつくる**オリゴデンドログリア**（中枢神経の場合）と**シュワン細胞**（末梢神経の場合），ニューロンの代謝や生育を支える**アストログリア**，単球由来で傷害修復や脳内での生体防御にかかわる**ミクログリア**がある．脊椎動物の神経系はニューロンが密集する**中枢神経系**と，そこから発散するニューロンで構成される**末梢神経系**からなる．脊椎動物，とりわけ哺乳類は高度に発達した**脳**と**脊髄**からなる中枢神経系をもつ．

> **解説　無脊椎動物の神経系**
> 原索動物は脊椎動物と同様の管状神経系をもつ．軟体動物の頭足類や節足動物（**はしご状神経系**をもつ）や扁形動物のプラナリア（**かご状神経系**をもつ）は頭部に太い神経節（注：脳といわれるが，脊索動物の脳とは発生学的に異なる）がある．クラゲは**散在神経**をもつ．

> **疾患ノート　脳変性疾患**
> 脳のニューロンの変性死が進行すると脳萎縮が起こって死に至る．さまざまな病気があるが，いずれもニューロンに不溶性タンパク質の沈着がみられる．このうち**ポリグルタミン病**ではグルタミンの連続配列が不溶性にかかわる（例：**ハンチントン病**のハンチンチン，**脊髄小脳失調症**のアタキシンなど）．**パーキンソン病**ではシヌクレインの沈着，**プリオン病（クロイツフェルト - ヤコブ病 [CJD]，感染性 CJD など）**ではプリオンタンパク質の沈着がみられる．

12-1-2　脳の構成と役割

脊椎動物の脳は最上（前）部に**大脳**，その深部に**視床**と**視床下部**からなる**間脳**がある．間脳に直結して下方に**中脳**，**橋**，そして**延髄**の順に伸び，脊髄につながる．大脳はヒトにおいては最も大きいが，動物によっては必ずしも大きくなく，**終脳**とも表現される．大脳の皮質は**灰白質**といわれるニューロンの細胞体が豊富に存在する部分で，その下部／髄質に神経繊維が集まる**白質**がある．**大脳皮質**は随意運動，体性感覚，感情，記憶のほか，意思，思考，言語，理解といった高度な精神活動

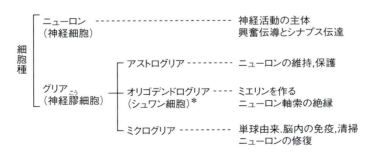

図 12-1　神経系を構成する細胞
＊：末梢に存在する．

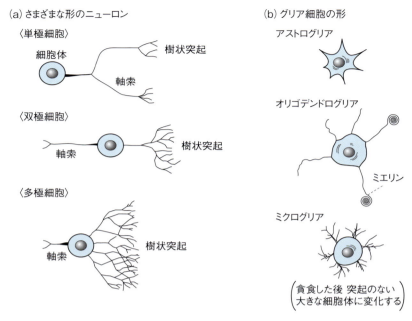

図12-2　ニューロンとグリアの形態

を司るが,各機能は皮質の特異的部位で担われている.大脳外側の**新皮質**に対し,深部皮質は進化的に古い**旧皮質**といわれ,進化度の低い動物ではこの領域が大脳の主な部分を占める.旧皮質にある**大脳辺縁系**(⇒**海馬**,**扁桃体**,**帯状回**を含む)は短期記憶の形成,欲求・感情,本能,自律神経機能など,動物の基本的機能にかかわる.大脳の深部で皮質を視床や脳幹と結びつけている部分を**大脳基底核**という.間脳から延髄までの領域は生命維持に必須で,**脳幹**といわれる.橋の背側には小脳が連絡している.**間脳**は背側の視床と腹側の視床下部からなり,体温や血糖量の調節といった恒常性の維持にかかわり,内臓の自律神経と連絡して感情と連動する体の変化にもかかわる.**中脳**は姿勢制御や眼球運動などにかかわり,**橋**と**延髄**は呼吸と循環の支配や頭部の反射(唾液分泌,くしゃみ,嚥下,嘔吐,涙分泌など)にかかわる.**小脳**は脳幹を通じて大脳や延髄と連絡し,筋肉運

表12・1　中枢神経系の機能

部位		役割
大脳	皮質(新皮質)	随意運動,体性感覚,感情,記憶,意思,思考,言語,理解,判断
	旧皮質	短期記憶,欲求,感情,本能,自律神経
小脳		筋肉運動の調和,姿勢制御,運動記憶
脳幹	間脳 視床	感覚の大脳への中継
	視床下部	自律神経の中枢(内臓,体温,血糖量,恒常性),睡眠
	中脳	姿勢制御,眼球運動,瞳孔の開閉
	橋および延髄	呼吸と循環,頭部の反射(唾液分泌,くしゃみ,嚥下,涙分泌)
脊髄		脳と末梢神経の連絡,脊髄反射

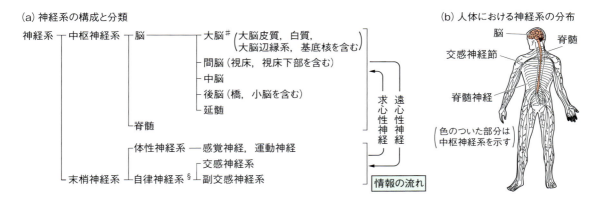

図 12-3　ヒトの神経系
♯：動物では終脳ともいわれる．§：内臓運動神経，血管の運動神経などが含まれる．

解説　神経系の発生

中枢神経は外胚葉の神経板から発生する．前方から**前脳，中脳，後脳**（菱脳）が形成され，前脳からは大脳（動物では**終脳**ともいう）と間脳が，後脳からは橋，小脳，そして延髄が発生する．

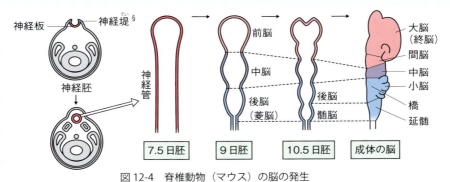

図 12-4　脊椎動物（マウス）の脳の発生
§：末梢神経は神経堤の一部が内部に移動し，分化して生じる．

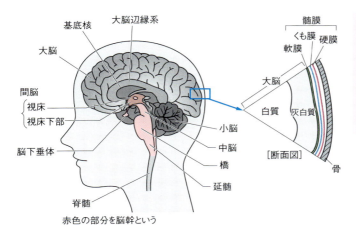

疾患ノート　くも膜

脳と脊髄の表層は3層（外側から**硬膜，くも膜，軟膜**）からなる**髄膜**で覆われている．脳脊髄液で満たされているくも膜下腔で出血が起こると（**くも膜下出血**），脳脊髄液に血液が混入する．

図 12-5　ヒトの脳の構造

> **コラム：血液脳関門**
> 　血液から脳組織への物質の移行は制限されており，簡単には移行しない．脳の毛細血管内皮細胞間にある密着結合が気体以外の物質の移動を制限し，輸送担体の存在するアミノ酸やグルコースなどのみが輸送される．脳を毒物や病原体などから守る機構と考えられる．

動における姿勢制御や調和のとれた四肢運動，運動記憶にかかわる（例：目をつぶっても左右の指を突き合わせられる．いったん覚えた運動技能を生涯忘れない）．

12-2　末梢神経系と神経伝達の経路
12-2-1　末梢神経系
末梢神経はさまざまに分類される．感覚器などからの情報が中枢に向かうものを**求心性神経**，中枢から筋細胞や腺細胞などの効果器に向かうものを**遠心性神経**という．運動や分泌にかかわる脳幹や脊髄から発する遠心性神経を**運動神経**というが，大きく**体性運動神経**と自律神経に属する**内臓運動神経**に分けられる．骨格筋に連絡する体性運動神経は意思で動かせる**随意神経**である（注：ただし小脳で無意識に運動の統合が行われる）．自律神経は**不随意神経**で，脳幹や脊髄から出て，内臓，血管，体表，腺など，全身にくまなく張り巡らされている．

12-2-2　自律神経系
自律神経系は**交感神経**と**副交感神経**に分けられ

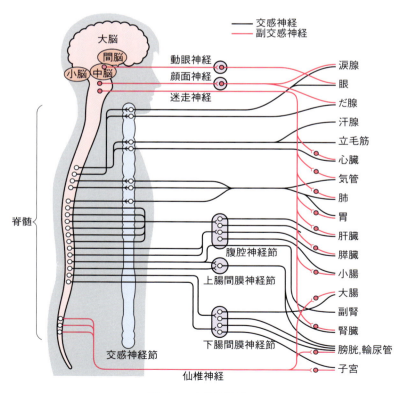

図 12-6　自律神経系

る．自律神経の支配をうける標的臓器／細胞は目や涙腺，汗腺，気管，立毛筋，各種内臓と多いが，大部分の標的には両方の自律神経が入っている（注：副腎は交感神経のみ連絡する）．**交感神経**は活動時や興奮時に働く神経で，瞳孔拡大，拍動促進，血管収縮／血圧上昇といった作用を示す．これに対し**副交感神経**は瞳孔縮小，拍動抑制，血管弛緩／血圧下降といった逆の働きをもち，安静時や睡眠時に働く．交感神経は不随意神経だが，脳の他の部分との連絡があるため，緊張すると脈拍や血圧が上がるといった現象がみられる．交感神経末端からは神経伝達物質として**ノルアドレナリン**が，副交感神経末端からは**アセチルコリン**が分泌される．

12-2-3 脊髄での神経連絡

脊髄は脊椎内部の棒状器官で，背側と腹側に溝があり，H型の断面をもつ．脳とは逆に外側に白質，内側に灰白質がある．腹側には**運動ニューロン**，背側には**感覚ニューロン**が集まり，それぞ

> **メモ　介在ニューロン**
> 中枢にあるニューロンのうち，求心性神経と遠心性神経をつないだり脳神経同士をさまざまに結ぶニューロン．神経回路網構築に関与する．

れから**脊髄神経**が計31対出ている．末梢の感覚器で受容された情報は感覚神経を通じて脊髄に入り，白質から大脳に向かう．他方，大脳からの情報は脊髄の白質を通って灰白質に行き，そこから運動神経を通じて筋肉などの効果器に達する．このように脊髄は神経伝達の中継基地になっている．さらに脊髄には**介在ニューロン**があり，これを通じて感覚神経に対して運動神経が直接応答する**反射**が起こる．

> **解説　反射**
> 刺激に対し，大脳を介さず無意識に起こる即時的・定型的応答をいう．体性運動神経による**体性（脊髄）反射**（例：膝蓋腱反射 [膝頭をたたくと脚が上がる]）と，自律神経による**自律神経反射**（延髄や中脳がかかわる．例：光入射に対する瞳孔の縮小）がある．これに対し，大脳／経験がかかわる反射を**条件反射**という（例：梅干しを見るだけで唾液が出る）．

12-3　ニューロンにおける神経興奮の伝導

12-3-1 ニューロンの構造

ニューロンの細胞体からは多数の突起（**樹状突起**）が出ており，複雑に分岐している．さらにニューロンには1本の長い繊維（**軸索．神経繊維**）があり，その先端は分岐し，末端（=> **神経終末**）は他のニューロンの樹状突起や細胞体に接してい

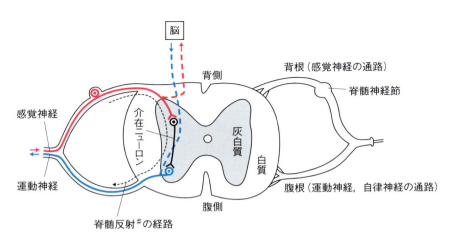

図 12-7　脊髄の断面と神経連絡
♯：例：熱いものにさわって思わず手を引っこめる．

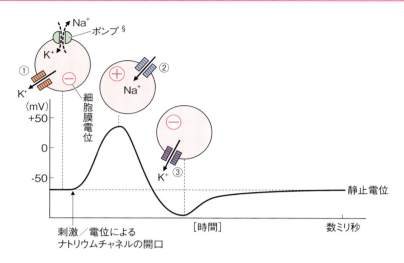

図12-8 活動電位の発生機構
§：ポンプ：能動輸送を行うナトリウムカリウムATPase（常に働く）．
①K$^+$を通すチャネル（常に働く）．②電位依存性Naチャネル　③電位依存性Kチャネル．

る．ニューロンの形態には種類によりさまざまなものがある．ニューロンが他のニューロンと連絡する場合，出力は軸索で行い，樹状突起や細胞体から入力する．ニューロン内部で，情報は電気的興奮の伝導（=> **興奮伝導**）として伝わる．中枢にある**オリゴデンドログリア**や末梢にある**シュワン細胞**の細胞膜は，軸索に巻き付いて**ミエリン**を形成し，軸索を外部と電気的に絶縁している．ミエリン間の隙間を**ランビエ絞輪**という（図12-10）．

> **疾患ノート　脱髄症**
> ミエリンの傷害が原因で起こる疾患で，神経伝導に障害が出る．中枢の**多発性硬化症**（MS）や末梢の**ギラン・バレー症候群**などが知られている．

12-3-2 ニューロンにおける活動電位の発生と伝導

ニューロンでの**電気的興奮**は，細胞内外のイオンの濃度差で生じる電位差（＝電圧）によって起こる．細胞はポンプによる能動輸送により，細胞内のナトリウムイオン（Na$^+$）濃度を低く，カリウムイオン（K$^+$）を高くしている．しかし一部のK$^+$を通す穴（チャネル）は開いているため，K$^+$が細胞外へもれ出る．陽電荷をもつK$^+$が流出するので，細胞内は相対的に負になる．この状態を**分極**しているといい，そのときの細胞外に対する内部の電位を**静止電位**という（約−50〜−90mV）．この状態で−40mVより高い電位で細胞膜が刺激されると，**電位依存性Naチャネル**が開き，Na$^+$が細胞内に流入して（=> 内向き電流）いったん＋30〜＋60mVになる．これを**脱分極**という．いったん開いたNaチャネルはすぐ閉じてしばらくは開かない（＝**不応期**）．次に電位依存性の**Kチャネル**が開き，K$^+$が細胞外に流出し（=> 外向き電流），Na$^+$はポンプで排出されるので，細胞内は一気にマイナスになり，やがて静止電位に戻る．この一連の膜電位変化を**活動電位**といい，その過程を**神経興奮**という．軸索の根本（**軸索小丘**）で発生した活動電位が周囲のNaチャネルを開け，引き続いて近傍で活動電位が発生する．このような活動電位の連鎖が軸索の終末に向けて進む現象が**興奮伝導**である．活動電位は刺激の程度にかかわらず一定であり（**全か無の法則**という），得られる興奮の大小は活動電位の発生頻度と関与するニューロンの数に依存する．

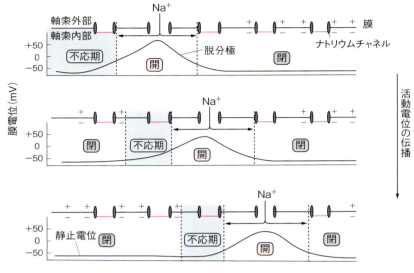

図 12-9　活動電位伝播の様子

解説　興奮伝導のスピード化：跳躍電動

ミエリンをもつ**有髄神経**は，活動電位がランビエ絞輪の部分で飛び飛びに起こるため，**跳躍伝導**という速い伝達が起こる（注：交感神経や無脊椎動物のニューロンは**無髄神経**）．

12-4　神経間伝達と神経伝達物質
12-4-1　シナプス

神経終末に存在するニューロン間の連絡部分を**シナプス（神経間接合部）**といい，興奮伝導はそこを介して他の細胞に伝達される．シナプスにおける軸索側の先端を**シナプス前部**，情報を受け取

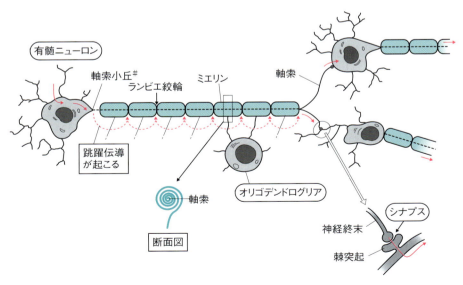

図 12-10　有髄ニューロンにおける活動電位の伝導と伝達
　　　　＃：新たに活動電位が発生する場所

解説　2種類のイオンチャネル

イオンを通す小孔（**イオンチャネル**）には電位を感じて開く**電位依存性チャネル**（例：Caチャネル，Naチャネル，Kチャネル）と，神経伝達物質（例：アセチルコリン，セロトニン）の結合によって開く**神経伝達物質受容体チャネル**の2種類がある．

表12·2　イオンチャネルの種類

電位依存性チャネルとその機能
Naチャネル──活動電位発生（脱分極）
Caチャネル──Ca^{2+}依存性生体反応を起こす
Kチャネル──脱分極状態をもとに戻す（再分極）
神経伝達物質受容体チャネルの種類と通過するイオン
ニコチン性アセチルコリン受容体チャネル──────Na^+，K^+，Ca^{2+}
セロトニン受容体チャネル──────Na^+，K^+，Ca^{2+}
γ-アミノ酪酸（GABA）受容体チャネル──Cl^-
グリシン受容体チャネル──────Cl^-
グルタミン酸チャネル[#]──────Na^+，K^+，Ca^{2+}

\#：多くの型があり（例：AMPA型，NMDA型），イオン選択性が多少異なる．

る側を**シナプス後部**という．ニューロンによっては樹状突起上に小さなとげ状の隆起（**棘突起：スパイン**）が多数あり，シナプス後部形成部位となっている．シナプスでの情報伝達方式には**電気シナプス**と**化学シナプス**の2種類があり，シナプス間隙は前者で2nm，後者で20nmである．電気シナプス部分の細胞膜はイオンが通過できる小孔で連絡された**ギャップ結合**という構造で連結しているため，シナプス前部で生じた活動電流がギャップ結合を通ってシナプス後部に達し，後部の細胞膜が脱分極する．電気シナプスは心筋，平滑筋，中枢の特定のニューロンでみられる．化学シナプスはシナプスの大部分を占めており，前部から後部に向かって神経伝達物質が放出される．

12-4-2　化学シナプスでの伝達機構

化学シナプスでは，シナプス前部に届いた活動電位により**電位依存性カルシウムチャネル**が開

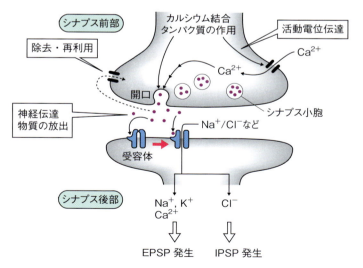

図12-11　化学シナプスの構造と働き
EPSP：興奮性シナプス後電位（→脱分極が起こる）
IPSP：抑制性シナプス後電位（→過分極が起こる）

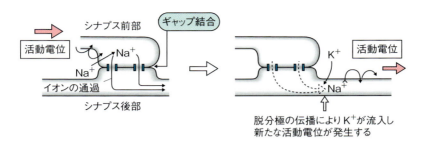

図 12-12　電気シナプス

く．これによりカルシウムイオン（Ca^{2+}）が流入すると，シナプス小胞に蓄えられていた**神経伝達物質**が放出され，それがシナプス後部の神経伝達物質受容体型イオンチャネルにリガンドとして結合する．すると内部にイオンが流れ，後部細胞で新たな活動電位が生じる．流入するイオンにはNa^+，K^+，Ca^{2+}の陽イオンと，Cl^-のような陰イオンがある．陽イオンが流入すると後部で活動電位が生じるが（=> このようなシナプスを**興奮性シナプス**という），陰イオンが流入するとシナプス後部でさらに分極が進み（=> **過分極**という），後シナプスニューロンの興奮が抑えられる（=> **抑制性シナプス**という）．放出された化学物質はシナプス前部から回収される（注：アセチルコリンは**コリンエステラーゼ**で分解される）．

解説　感覚受容器とニューロン
感覚受容器には筋肉に入り込んで筋の伸張を感知する受容器などのように，感覚器自身がニューロンである場合と，聴覚細胞などのように刺激により神経伝達物質をシナプス後部に向かって放出するタイプの2種類がある．

12-4-3　神経伝達物質
主な神経伝達物質には，**アセチルコリン**（中枢，運動ニューロン，副交感神経から分泌される），**ノルアドレナリン**（中枢，交感神経から分泌される），**セロトニン，ドーパミン，グルタミン酸，ガンマ（γ）-アミノ酪酸（GABA）**，グリシンなどがあり，後者の2つは塩素イオンを通す抑制性シナプスで使われる．

解説　グルタミン酸受容体
シナプス可塑性（下記参照）にもかかわるシナプス後部のグルタミン酸受容体には，**イオンチャネル型グルタミン酸受容体**と**代謝型グルタミン酸受容体**の2種類がある．後者ではグルタミン酸の結合情報が細胞内シグナル伝達系を経由してイオンチャネルに伝わり，その結果チャネルが開く．

疾患ノート　神経伝達物質にかかわる疾患
精神安定や活動に関する**ノルアドレナリン**や**セロトニン**などの分泌低下は**鬱病**の原因になる（セロトニンは太い血管を拡張させるので偏頭痛の原因にもなる）．**アルツハイマー病**では脳内のアセチルコリン分泌細胞の低下が，**パーキンソン病**ではドーパミン放出ニューロンの死がみられる．

コラム：記憶と学習
記憶や**学習**には持続的なシナプス伝達効率の変化（=> これを**シナプス可塑性**という）が関与する．可塑性成立にはシナプス伝達効率の継続的上昇による長期増強や長期抑制，ニューロン数やシナプス数／面積の増加，そして遺伝子発現が変化するといった機構がある．ある種の転写調節タンパク質（例：CREB）を欠いた動物では学習能力の低下がみられる．

13章 免疫

13-1 免疫とは

はしかに一度罹ると二度と罹らないか，罹っても軽く済む．この「疫（病気）を免れる」現象を**免疫**という．免疫は異物や病原体から体を守る最も重要な生体防御システムで，多くの細胞とそれらが産生するタンパク質がかかわる．

13-1-1 免疫系

免疫系は免疫担当細胞の生産（分化・成熟）にかかわる**一次リンパ器官**（=> 骨髄と胸腺）と，そこで生成したリンパ球を貯蔵し，循環系で運ばれる体外侵入物や異物の処理を行う脾臓やリンパ節などの**二次リンパ器官**からなる．免疫担当細胞は**骨髄系前駆細胞**と**リンパ系前駆細胞**に由来する一群の白血球細胞で，前者には血液中に存在する**単球**，複数の**顆粒球**と，組織に存在する単球あるいは単球前駆細胞に由来する**樹状細胞，マクロファージ，肥満細胞（マスト細胞）**がある．後者の**リンパ球**には胸腺（Thymus）で成熟する**T細胞（Tリンパ球）**と骨髄（Bone marrow）で成熟する**B細胞（Bリンパ球）**，そして**NK細胞（ナチュラルキラー細胞）**があり，血液中にみられる．白血球からは多くの**サイトカイン**（インターフェロン，インターロイキン，その他）が分泌され，免疫細胞の分化や増殖，免疫応答の調節，他の生理作用との連絡にかかわる．

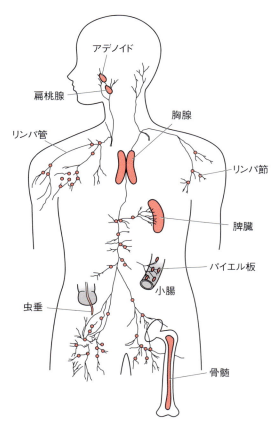

図13-1　ヒトの免疫系
赤く示した各器官／組織，およびリンパ管が免疫系（リンパ系）を構成する．

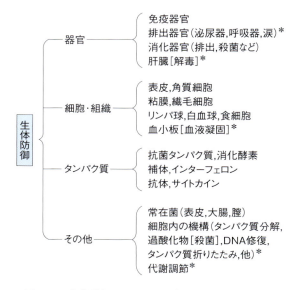

図13-2　生体防御にかかわる要素
＊：これらのいくつかは，通常は免疫という視点ではとらえられないことが多い．広い意味では恒常性の維持機構も生体防御の一つといえる．

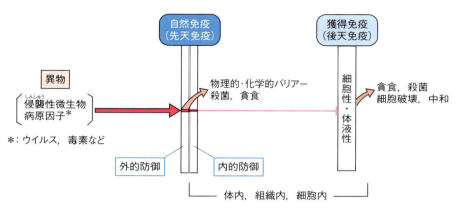

図 13-3　免疫システムの全体像：自然免疫と獲得免疫

13-1-2　2種類の免疫

免疫は**自然免疫（先天免疫）**と**獲得免疫（適応免疫，後天免疫）**に分けられる．自然免疫はすべての動物（植物にもある）に生まれながら備わっており，異物の侵入に対し，侵入物がもつ分子の共通の構造パターンを認識してすみやか，かつ最初に働く非特異的生体防御機構である．獲得免疫は脊椎動物に特異的なもので，異物（=> 抗原）に触れて得られる．成立に時間がかかるが，反応は特異的で強い．自然免疫は病原体の侵入が繰り返しあっても同じ反応が繰り返されるだけだが，獲得免疫では抗原との接触が繰り返されるたびに免疫応答は強くなる．生体は異物侵入に対しまず自然免疫で対応し，次に獲得免疫を働かせる．

13-2　自然免疫

13-2-1　自然免疫の初段階：外的防御

病原体が宿主に感染しようとすると，生体はまず主に物理的障壁（バリアー）でこれを阻止する．角質化している表皮は機械的に病原体の侵入を防ぐことができる．粘膜表面には分泌液／粘液があり，唾液，涙，尿や，気管の繊毛運動による異物排出がみられるが，分泌物に**抗菌性物質**が含まれる場合もある．抗菌性物質の中でとくに重要なものは**リゾチーム**で，体のさまざまなところに存在する．消化管では胃酸や各種消化液が抗菌作用を発揮し，大腸や膣では**常在細菌**によってつくられる環境が，病原体の感染を阻止している．

表 13·1　自然免疫と獲得免疫の特徴

	自然免疫*	獲得免疫
概要	生まれながらにして，多くの動・植物がもつ自然抵抗力	脊椎動物が生後に獲得する抵抗力
働く時期	初期	後期
役割	外敵除去，細胞破壊，獲得免疫誘導	外敵除去，異物消化，無毒化，細胞破壊
反応特異性	分子構造をグループ分けして対応．病原体をパターン認識受容体（TLR）で認識	抗原に対し1対1で対応
働く細胞	樹状細胞，マクロファージ，顆粒球，NK細胞	樹状細胞，リンパ球，マクロファージ
特徴	応答は早いが弱い．補体活性化，抗菌ペプチド産生．受容体再構成はない	応答に時間がかかるが特異的で強い．免疫記憶がある．受容体の再構成がある

＊：主に内的防御に関してあげた．

表13·2 自然免疫の具体例

自然免疫	
1. 外的防御	2. 内的防御
・皮膚や粘膜における機械的バリアー	・食細胞による貪食処理
・粘液による機械的，生物学的（抗菌性物質［リゾチームなど］による）異物排除	・抗菌性タンパク質（リゾチーム，補体，インターフェロン，急性期タンパク質［CRP］など）による体内での処理
・繊毛運動，せき，くしゃみにより除去	・炎症反応による防御
・排出系により排出	・NK細胞による処理
・常在菌による有害菌の殺菌	
・その他	

1, 2の順に働く．

13-2-2 自然免疫の第二段階：内的防御

病原体が外的防御を突破して感染が成立すると以下のような**内的防御**が働く．

a. 炎症：異物が組織に入ると肥満細胞から血管拡張と血管透過性亢進作用をもつ**ヒスタミン**が放出され，これにより抗体や補体，単球やマクロファージなどの食細胞，リンパ球が侵入部位に集まり，互いに作用し合って炎症が起こる．**炎症**とは赤み（発赤），発熱，腫れ（腫脹），痛み（疼痛）を特徴とする組織防御反応で，細胞活動や組織修復が活発に起こっている状態である．

b. 食細胞：**貪食能**（**食作用**ともいう）を発揮する中心的細胞は**好中球**と**マクロファージ**で，炎症部位で毛細血管からしみ出て病原体を**貪食**し，リソソーム酵素で消化したり，活性酸素や一酸化窒素で殺菌したりする．血液によって異物が運ばれてくる部位（例：脾臓）や異物が侵入しやすい部位（例：皮下，粘膜，肺胞）には**マクロファージ**が常在しており，その処理にあたる．このほか**好酸球**や**樹状細胞**も貪食にかかわる．樹状細胞やマクロファージには**抗原提示能**があり，獲得免疫の誘導にも重要である．

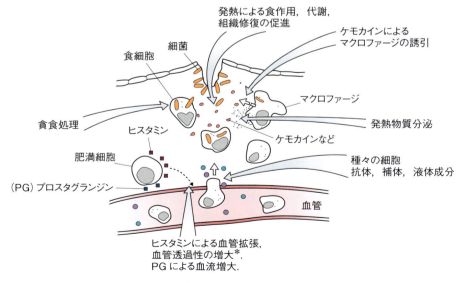

図13-4 炎症の発生
＊：出血などがあると血液凝固も起こり，傷口をふさぐ．

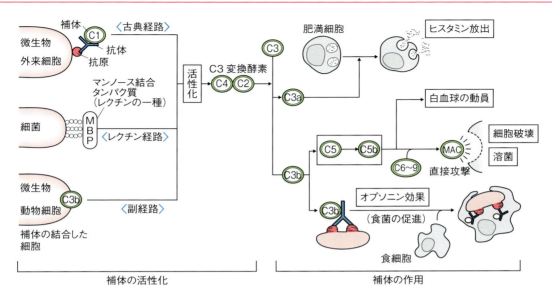

図13-5 補体の活性化と作用
MAC：膜侵襲複合体（membrane attack complex）

c. 補体：血清のβグロブリン分画にある一群のタンパク質である．不活性な状態で存在し，異物との接触により（細菌壁／膜の成分に反応して）限定分解されて活性化するが，活性化した補体が別の補体を活性化するという連鎖反応がみられる．獲得免疫では，抗体があると補体が抗原抗体複合体と結合して（**補体結合反応**）細胞を攻撃する．主体となる補体はC3とその標的のC5で，これが肥満細胞からのヒスタミン分泌やマクロファージからの**遊走促進物質（ケモカイン）**の分泌を促し，**オプソニン効果**（抗体と共同して病原体に結合し，貪食されやすくする）を発揮し，さらには異物細胞に直接作用して他の補体と共同して細胞膜を破壊し，**細胞溶解反応**を起こす．

d. インターフェロン（IFN）：補体と並ぶ重要な生体防御タンパク質で，ウイルス侵入によりつくられ，**抗ウイルス活性**をもつ．I型IFN（白血球がつくるIFNαと繊維芽細胞がつくるIFNβ）とII型IFN（主にT細胞から分泌されるIFNγ）があるが，抗ウイルス作用はI型IFNがもつ．IFNγは白血球を活性化し，異常細胞／腫瘍細胞の除去にかかわる．

e. NK細胞：生体内を循環するリンパ球である．**免疫監視**において重要な役割をもち，ウイルス感

表13・3 生体防御に働くサイトカインの例

(1) インターロイキン（IL）：IL1, 2, 6, 10, 12など多数
　→発熱，T／B細胞増殖（抑制），Th2細胞や好酸球の分化，
　　樹状細胞の抑制など多岐にわたる
(2) インターフェロン（IFN）：IFNα, β, γ
　→ウイルス増殖阻止（IFNα, β）
　→Th1細胞分化，マクロファージ活性化，腫瘍細胞死滅
(3) 腫瘍壊死因子（TNFα）
　→炎症促進
(4) コロニー刺激因子（CSF）：GM-CSF, G-CSF, M-CSF
　→顆粒球，単球，樹状細胞などの増殖

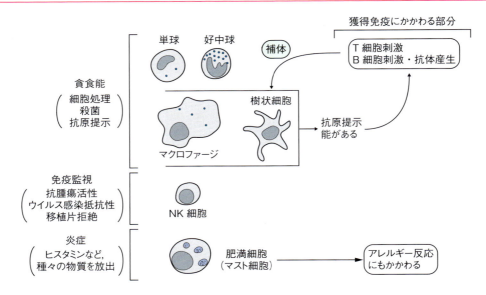

図 13-6 自然免疫を担当する細胞と獲得免疫とのかかわり

染細胞や腫瘍細胞の処理にあたる．

解説　自然免疫と獲得免疫の協調作用

異物に抗体や補体が結合していると貪食作用が増強され（=> オプソニン効果），また獲得免疫成立後は，リンパ球の出すサイトカインによってマクロファージが活性化する．樹状細胞やマクロファージは貪食した異物の分解物を細胞表面に出し，獲得免疫開始のための抗原提示細胞として働く．

13-2-3　免疫担当細胞の異物認識とその後の応答

内的防御では，異物表面にある**分子構造パターン**を免疫担当細胞の表面にある**パターン認識受容体**（=>TLR など）が認識することにより応答が始まるが，この過程には病原体の侵入部位に存在する**樹状細胞**や**マクロファージ**がとくに重要である（他の細胞の関与もある）．TLR に微生物が結合

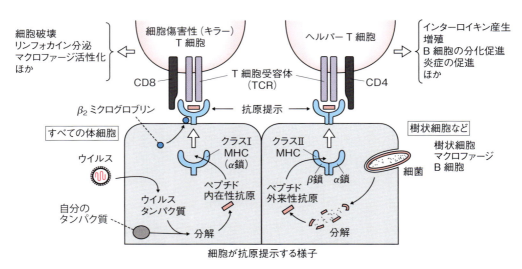

図 13-7　抗原提示のしくみ
MHC：主要組織適合抗原（分子）

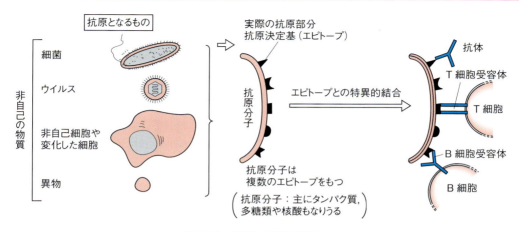

図 13-8 抗原との特異的結合

するとサイトカインが産生される．貪食細胞は表面の多糖類結合タンパク質を介して細菌と結合し（補体も関与），取り込んで分解する．分解された細菌成分は細胞表面に**抗原提示**され，これがその後の獲得免疫の開始，すなわち T 細胞活性化の引き金となる．

解説　プロフェッショナル抗原提示細胞
異物を貪食消化して分解物を **MHC クラス II 分子**（次頁）とともに細胞表面に外来性抗原として発現させ（**抗原提示**），T 細胞の標的をつくる細胞．**樹状細胞**が中心的役割を担うが，**マクロファージ**と **B 細胞**もかかわる．

13-3　獲得免疫

大部分の病原体は自然免疫で除かれるが，それをすり抜けた病原体はその後に誘導される**獲得免疫**で特異的に排除される．

13-3-1　獲得免疫の特徴

免疫応答を起こす物質を**抗原**という．抗原となるものは非自己の分子（主にタンパク質や多糖類などの高分子）であるが，実際の応答にかかわる部分は非自己分子中のある特定の部位であり，そこを**抗原決定基：エピトープ**という．免疫応答は

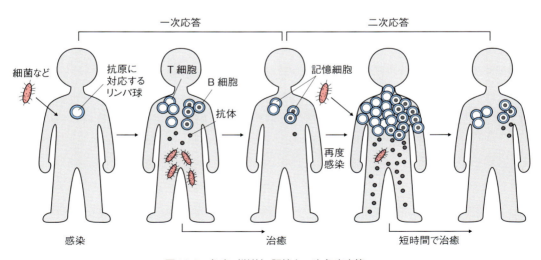

図 13-9　免疫（学的）記憶と二次免疫応答

微生物や異物，後生的に出現した癌細胞などを非自己と認識して起こる．ある抗原によって成立した免疫は，他の抗原に対しては反応せず，免疫応答には鍵と鍵穴のような厳密な特異性がある．特異性の種類は無限ともいえるほど多い．

> **疾患ノート　新生児免疫**
> 胎児は胎盤から抗体やリンパ球を受け取るため，新生児は生まれながら母親と同等の免疫をもつ（=> 約半年間続く）．新生児／乳児は母乳からも抗体を受け取る．

13-3-2　免疫の成立様式と種類

抗原に対して自身が免疫をつくる場合を**能動免疫**，自分以外の免疫を移入する場合を**受動免疫**という．前者には感染（=> **自然免疫**や**感染免疫**）や予防接種「**ワクチン**」（=> **人工獲得免疫**）がある．後者は抗血清の注射や感作されたリンパ球の移植，そして母体から得る免疫があるが，免疫力は比較的短期間で消失する．免疫を司る主体が細胞の場合を**細胞性免疫**，血清成分（=> 血清中の抗体）の場合を**体液性免疫**という．体液性免疫の成立には細胞性免疫の関与が必須である．

> **解説　免疫記憶**
> 抗原刺激で増殖したリンパ球は比較的早期に死滅するが，一部は記憶細胞として長期間生存し続けるため，次に抗原が侵入した場合は初回（**一次免疫応答**）よりも強くて迅速な免疫応答（**二次免疫応答**）が起こる．この現象を**免疫（学的）記憶**という．複数回のワクチン接種がより高い免疫効果を示すのはこの理由による．はしかなどでみられる生涯続く**終生免疫**も，記憶細胞の存在による．

13-3-3　免疫応答のしくみ

獲得免疫に直接関与する細胞は2種類のリンパ球：T細胞とB細胞である．**リンパ球の表面には特定の抗原に対応する抗原認識受容体**があるが，一つのリンパ球は一つの抗原エピトープにしか対応しない一種類の細胞：**クローン**である．体内には元々膨大な種類のクローンが用意されているが，ある抗原が入ると，相当するリンパ球クローンが下記のような機構で刺激され（=> **感作**という），T細胞は胸腺で，B細胞は骨髄で増える．このような概念を**クローン選択**という．

a. T細胞の応答：異物が細胞に取り込まれ，**抗原提示**がなされる（図13-7）．抗原提示は**主要組織適合抗原（MHC）**という細胞のタンパク質が抗原と結合した形で起こるが，細菌などの**外来性抗原**の場合は**クラスⅡ MHC**がかかわり，**ヘルパーT細胞**で認識される．一方，細胞内で発生した**内在性抗原**（例：ウイルス抗原，内在性タンパク質）の場合は**クラスⅠ MHC**がかかわり，**細胞傷害性**

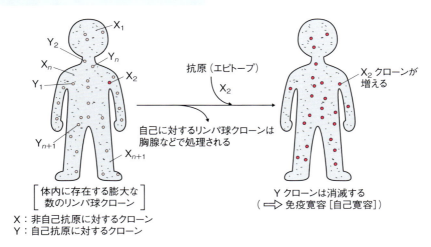

図13-10　獲得免疫におけるクローン選択

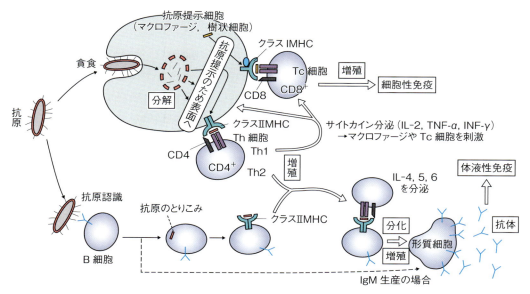

図 13-11　リンパ球にみられる免疫応答
Tc：キラー T 細胞，Th：ヘルパー T 細胞

T細胞（Tc細胞，キラーT細胞）で認識される．提示された抗原に**T細胞受容体**を介して結合したT細胞は刺激され，増殖する．ヘルパーT細胞の一つ**Th1細胞**は，インターフェロンやインターロイキンなどのサイトカインを分泌してマクロファージや細胞傷害性T細胞を活性化し，細胞性免疫を誘導する．一方，別のヘルパーT細胞である**Th2細胞**は別種のサイトカインを出してB細胞を活性化し，体液性免疫を誘導する．

b．B細胞の応答：B細胞が，担当する抗原をもつ細菌などと出会うと，抗原をわずかに取り込んで**クラス II MHC** とともに**抗原提示**する．このB細胞をTh2細胞が認識して活性化すると，B細胞は抗体産生型の**形質細胞（プラズマ細胞）**に分化して増殖し，一部は記憶細胞として長期間生存する．形質細胞は**抗原受容体（B細胞受容体）**と同じ分子（ただし細胞膜貫通部分は除かれる）を**抗体**として分泌する．ある種のB細胞はT細胞を介さず直接抗体分子（IgM）を産生する．

13-3-4　体液性免疫と抗体

体液性免疫では**抗体**が働く．抗体は血清中のγ

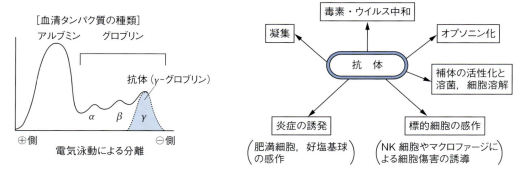

図 13-12　抗体とその作用

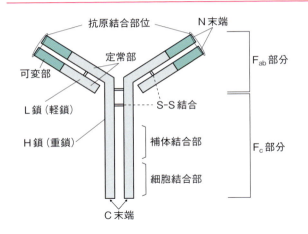

図 13-13　抗体の構造（IgG の場合）

グロブリン分画にあり，**免疫グロブリン**ともいわれる．抗体は抗原と特異的に結合して**抗原抗体複合体**を形成し，これにより毒素を中和したり，細菌を凝集させることができる（抗体は2か所の抗原結合部位をもち，沈殿しやすい網目状複合体をつくる）．抗体にはこれ以外にも抗原と補体を伴ってのオプソニン効果の誘導，NK細胞の活性化，肥満細胞の刺激による炎症の誘発などを起こし，自然免疫にも重要な役割を果たす．

13-3-5　抗体の構造とクラス

抗体分子はそれぞれ2本の**H鎖（重鎖）**と**L鎖（軽鎖）**から構成され，抗原との結合に関与するF_{ab}部分と，抗体分子の性質にかかわるF_c部分に分けられる．抗原結合部位はF_{ab}先端の可変部にあり，その一次構造は対応する抗原ごとに異なる．抗体タンパク質はH鎖により5つのクラスに分けられる．**IgM**は五量体構造をとり，胎盤は通過しない．**IgG**は主要なクラスで，抗体としての標準的な機能を発揮する．**IgA**は分泌型抗体で局所の感染防御に働く．**IgE**は肥満細胞などに結合し，寄生虫感染予防に役立つほか，アレルギーにもかかわる．特定の抗原に対する抗体でも，形質細胞への分化の程度により，抗体のクラスが遺伝子再配列によってIgM → IgGやIgM → IgA／Eなどと変化するが，これを**クラススイッチ**という．

13-3-6　細胞性免疫

関与する細胞の一つはマクロファージを活性化するヘルパーT細胞：**Th1細胞**で，抗原提示された細胞をみつけるとサイトカインを出してマク

表 13・4　抗体のクラス

クラス	IgM	IgG	IgA	IgD	IgE
構造	五量体	単量体	単量体（血清型）二量体（分泌型）	単量体	単量体
比率	5%	80%	14%	1%	1%以下
特徴	最初に産生される．胎盤非通過	主要な抗体 感染防御の主体	分泌型抗体 母乳に含まれる 呼吸器，消化器，泌尿生殖器で働く		肥満細胞や好塩基球の表面に結合 I型アレルギーの原因

コラム：免疫の多様性を生む機構

T細胞受容体や抗体には膨大な種類があり，その数は遺伝子数 22,500 個をはるかに超える．抗体H鎖の場合，可変部は遺伝子のV，D，J領域からつくられるが，これら領域がそれぞれ複数あり，**遺伝子再編**によってそれぞれから一つずつ選ばれるため（**VDJ組換え**），多様な選択パターンが可能となる．さらに種々のパターンでスプライシングが起こり，また，可変部のDNAが点突然変異を起こしやすいので，多様性はさらに高まる．さらに受容体／抗体分子は複数のタンパク質からなるため，最終的には10^{12}を超える多様性が可能となる．

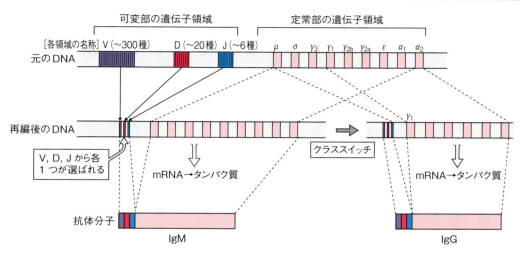

図13-14 抗体遺伝子の再編成とクラススイッチ（H鎖の場合）
V, D, J の再編成とクラススイッチのときに組換えが起こる．

ロファージを活性化して殺菌作用を高め，細胞内寄生体も攻撃する．あと一つのT細胞は **Tc細胞** である．Tc細胞はウイルスや細胞内寄生体の感染した細胞，腫瘍細胞など，性質の変化した異常細胞を攻撃する．このような細胞の表面には非自己抗原がクラスI MHCとともに提示されているため，Tc細胞はTh1細胞によって活性化されて細胞を破壊する．**細胞性免疫** は細胞内寄生菌やウイルス感染細胞の死滅，真菌や寄生虫の感染防御，移植細胞や異常化した細胞の排除（例：**拒絶反応**）や **遅延性過敏症** などにかかわる．

疾患ノート　腫瘍免疫と免疫監視機構

生体は **免疫監視機構** により癌細胞を **NK細胞**，マクロファージ，Tc細胞によって監視し，発見すると細胞性免疫で排除する．癌細胞表面の正常細胞にない分子が **腫瘍（癌）特異抗原** として認識される．生体では頻繁に癌細胞が発生しているが，この機構により簡単には病理的な癌組織に発展しないと考えられる．

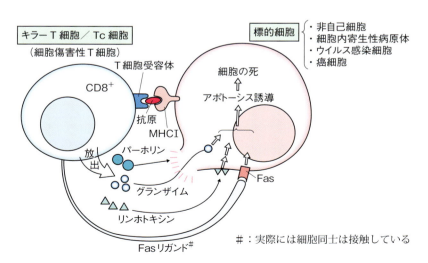

図13-15 キラーT細胞による細胞傷害効果

解説　HLA

HLA は**ヒト白血球抗原**のことで，ヒトの MHC そのものである．遺伝子は第 6 染色体に，MHC クラス I，II 共に 3 個と計 6 個あり，それぞれに複数の対立遺伝子が知られている．クラス I はほとんどの細胞に，クラス II は抗原提示細胞に発現する．組合せは約 200 万通りあり，型が他人と一致する確率は非常に低い．

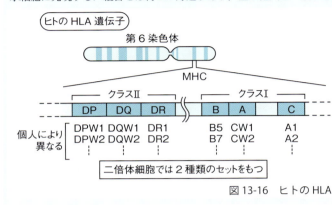

図 13-16　ヒトの HLA

13-4　医学領域における免疫

13-4-1　移植

移植には組織・器官のドナー（提供者）とレシピエント（受け入れ者）が同一な**自家移植**（一卵性双生児間の移植もこれに相当する）と異なる**他家移植**があるが，他家移植の場合，ドナー組織が細胞性免疫で排除される**拒絶反応**が問題となる．拒絶反応は個々のヒトの細胞表面タンパク質（抗原）の不一致で起こるが，とくに重要な抗原は **HLA** である．HLA の不一致度が**移植免疫**の強さの判断規準となり，血縁が近いほど HLA も似ている．**輸血**においても，同一の赤血球表面抗原（**血液型物質**．例：ABO 式血液型，Rh 式血液型）をもつヒトの間で行う必要がある（9 章参照）．

13-4-2　ワクチンと血清療法

感染症予防のために接種する人為的で能動的な免疫原を**ワクチン**という．ワクチンに使われるものには殺した病原体（あるいはその成分）である**不活化ワクチン**と，生きた弱毒病原体の**生ワクチン**がある．一方，毒素に対する治療には**抗血清**や精製 γ- グロブリンを使った**血清療法／γ- グロブリン療法**がある．これは弱毒化／無毒化した毒素（例：ジフテリア毒素，ヘビ毒）をウマなどに注

疾患ノート　血清病

III 型アレルギーの一種．抗血清を注射された患者には，血清をつくるときに使ったウマの血清タンパク質に対する抗体ができるため，再度抗血清を注射すると，体内で激しい抗原 - 抗体反応が起こってしまい，病的症状が出る．

表 13・5　抗血清とワクチン

抗血清 あるいは精製 γ-グロブリン	ワクチン*	
	生ワクチン	不活化ワクチン
以下のものを動物（主にウマ）に注射し，その血清か γ- グロブリンを使用する ・不活化病原体 ・病原体の成分あるいは生成物 ・動物（ヘビ，クモ）の毒や細菌の外毒素，あるいはそのトキソイド [§]	・弱毒化した細菌，ウイルス	・不活化（殺した）細菌，ウイルス ・病原体の成分のみ ・病原体のつくる毒素のトキソイド [§]

*：詳細については 14 章を参照のこと．　§：無毒化した毒素

表 13・6 アレルギーの種類

	Ⅰ型	Ⅱ型	Ⅲ型	Ⅳ型
関与因子	IgE	IgG (IgM)	IgG	T 細胞
抗原	可溶性抗原, 食品, 花粉, ダニ	細胞表面抗原	可溶性抗原	可溶性抗原
かかわる細胞および機序	活性化肥満細胞, ヒスタミンなどの放出	Fc 受容体発現細胞, 補体	Fc 受容体発現細胞, 補体	マクロファージ
代表的疾患	アレルギー性鼻炎, ぜんそく, アナフィラキシー, アトピー性疾患	薬物アレルギーによる白血球減少	血清病, ループス腎炎	接触性皮膚炎, ツベルクリン反応

射し, 抗体を含む動物血清や精製 γ-グロブリンをヒトに接種する受動免疫の一種である.

13-4-3 アレルギー

免疫が過剰に働き, 生体に有害に働くことを**アレルギー(過敏症反応)**という. アレルギーを起こす抗原(**アレルゲン**)の侵入によって成立した免疫が繰り返し暴露することにより増強されて発症する. 発症機構によりⅠ～Ⅳ型に分類される. Ⅰ型は最も多く, 食物, 花粉などにより起き, **IgE** が関与する. 鼻炎や**気管支喘息**, じんま疹などの局所症状, あるいは種々の全身症状が短期間に出る(=> **アナフィラキシー反応**という). Ⅱ型は**細胞傷害型アレルギー**で, 赤血球, 白血球などが標的となって細胞傷害反応が起こる. **不適合輸血**などでも起こる. Ⅲ型では免疫複合体が組織に沈着することで種々の病気(例: **血清病, ループス腎炎**)が起こる. Ⅳ型はアレルゲン侵入から1～2日後に起きる**遅延性アレルギー**で, 感作T細胞が関与する細胞性免疫反応である.

疾患ノート　アナフィラキシーショック

全身性アナフィラキシー反応がハチ毒, 薬剤, 食物などによって強く起こり, 血圧低下などのショック症状が出ること.

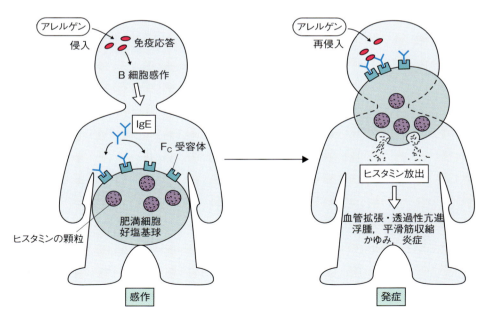

図 13-17　Ⅰ型アレルギーの発症

疾患ノート　結核菌感染の検査と予防

結核菌の感染の検査で行われる**ツベルクリン反応**はIV型アレルギーを利用している（菌体成分を皮下注射し，免疫があれば局所に発赤が生じる）．この検査で発赤がないと免疫がないと判断され，**BCG**（=> 順化した [培養細胞で増えるように馴らす〔通常弱毒化する〕] ウシ結核菌）をワクチンとして接種する．

13-4-4　自己免疫病と免疫不全症

免疫寛容（右記メモ）が働かずに正常な自己組織に対する自己抗体をもってしまうと**自己免疫病**を起こす．抗原の種類や分布により臓器特異性，あるいは全身性のさまざまな疾患が起こる．代表的な臓器特異的自己免疫疾患として，**重症筋無力症**，**自己免疫性肝炎**，**バセドウ病**，**I型糖尿病**が，全身性自己免疫疾患として**全身性エリテマトーデス（SLE）**，**関節リウマチ**などがある．

これとは反対に，免疫機能不全が原因となって起こる病気があり，これを**免疫不全症**という．**先天性（原発性）免疫不全症**は先天異常によるもので，**無ガンマグロブリン血症**，**重症複合免疫不全症（SCID）**などがある．**後天性（続発性）免疫不全症**はウイルス感染，癌，薬剤，栄養障害などが原因となって起こる．**後天性免疫不全症候群（AIDS：エイズ）**はヒト免疫不全ウイルス[HIV]がヘルパーT細胞に感染することにより発症し，末期にはカポジ肉腫や精神疾患を併発する．免疫不全症は栄養失調になった老人や基礎疾患をもつ長期入院患者でもしばしばみられる．

表13·7　主な自己免疫病

疾患名	標的器官
慢性甲状腺炎（橋本病）	甲状腺
バセドウ病	甲状腺
若年性糖尿病（インシュリン依存性糖尿病）	膵臓
重症筋無力症	筋肉
自己免疫性溶血性貧血	赤血球
悪性貧血	胃壁細胞
潰瘍性大腸炎	大腸
多発性硬化症（MS）	脳
リウマチ熱	心筋，腎基底膜
シェーグレン症候群	外分泌腺
多発性筋炎・皮膚筋炎	筋肉，皮膚
慢性関節リウマチ（RA）	全身（IgG）
全身性エリテマトーデス（SLE）	全身（核，DNAなど）

メモ　免疫寛容

特定の抗原に対して免疫反応が起こらない現象．生体には自己の成分に対するリンパ球ができないしくみ（**自己寛容**）があり，そのようなリンパ球があっても胸腺で処理される．

疾患ノート　膠原病

主に全身性自己免疫病にみられる組織型．抗原抗体結合物が組織に沈着してコラーゲンが繊維化し，それが関節，内臓，血管などを攻撃する．

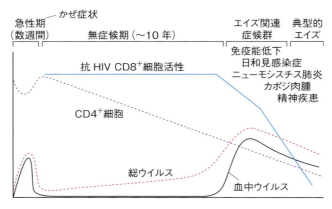

図13-18　エイズ発症のプロセス

14章 微生物と感染症

14-1 微生物の種類と増殖

14-1-1 微生物, 感染, 健康

微生物とは肉眼で見えない生物の一般的名称で, その中にヒトに**感染**(=> 単に付着するだけではなく, 体内で増えたり, 生物的かかわりをもつこと)して病気：**感染症**(**伝染病**という場合もある)を起こすものが多数存在する(注：寄生虫でも感染ということばが使われることがある). 感染体には微生物のほか, ウイルスやウイロイドも含まれるが, 感染によって宿主に病気を起こすものを**病原体**という. **感染力**は病原体の**感染効率**(=> 感染成立に必要な病原体数が少ないほど高い)と増殖速度, 侵入経路や病原体の数, そして宿主の免疫の強さで決まる. 感染により特異的な病状が現れる場合を**顕性感染**(そうでない場合は**不顕性感染**)というが, 感染から症状が出るまでの期間を**潜伏期**といい, 病原体により1日～数十年の幅がある. 通常 病原体は免疫によって排除されるが, 時として体内に長期間潜み(=> **潜伏感染**), その後宿主の免疫力低下などが原因で発病することもある.

> **メモ　流行の規模**
> 散発性流行, 地域的流行(**エンデミック**), 数か国での流行(**エピデミック**), 世界的流行(**パンデミック**)に分けられる.

> **解説　寄生と宿主**
> 2種の生物が密接なかかわりをもって共存する**共生**のうち, もっぱら一方(**寄生体**)が利益を得, 他方(**宿主**)が不利益を被る形態を**寄生**という.

表14·1　殺菌法と滅菌法

殺菌[§]	火(熱)による	煮沸, (低温殺菌, 瞬間殺菌)[#]
	化学物質による	殺菌剤, 消毒薬
	紫外線による	殺菌灯
滅菌	火(熱)による	高圧蒸気滅菌(オートクレーブ)(121℃ - 20分)
		火炎／燃焼, オーブン(180℃ - 30分)
	化学物質による	エチレンオキサイドガス
	放射線による	γ線滅菌

\#：60℃程度で30分, あるいは120～150℃で数秒間行う. 主に食品の殺菌で用いられるが, 必ずしも完全ではない.
§：弱い殺菌操作, 増殖を阻止する程度の操作は静菌といわれる.

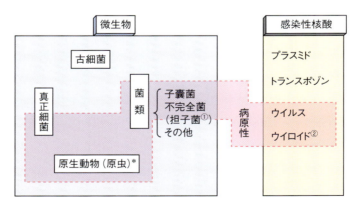

図14-1　病原性微生物
①：キノコの仲間　②：植物病原体として知られる短いRNA
＊：原生生物のうち動物的要素の強いもの

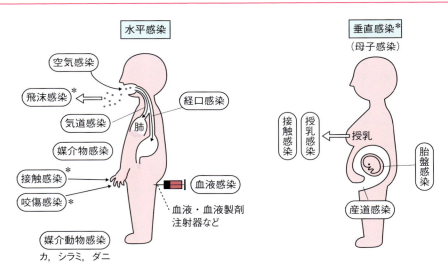

図 14-2 感染の種類と経路
＊：直接感染，ほかは間接感染

14-1-2 殺菌，滅菌，消毒

微生物などを死滅させることを**殺菌**といい，殺菌剤，紫外線，加熱（煮沸）などの方法がある．これに対し，細菌の胞子（芽胞）やウイルスを含むすべての生命体を死滅させることを**滅菌**という．**消毒**は病原性のある感染体の死滅，あるいは感染力を失わせる操作を意味し，通常は消毒薬を用いる．**殺菌剤**や**消毒薬**は非特異的に微生物やウイルスのタンパク質を攻撃し，それらを殺したり感染力を失わせる．食酢に含まれる酸や，砂糖や食塩のような浸透圧を高めるものにも弱い殺菌作用（**静菌作用**）がある．

表 14・2 消毒薬

アルデヒド類		グルタルアルデヒド（2〜4％），フタラール ホルムアルデヒド（ホルマリン）（3〜5％）＊
ハロゲン	塩素	塩素ガス／次亜塩素酸（→水道水，プール） 次亜塩素酸ナトリウム（0.01〜1.0％）
	ヨード	ポピドンヨード（5〜10％） ヨードチンキ（3％）
水銀		マーキュロクロム（2％）→日本では製造されていない
アルコール類		エタノール（70〜100％） イソプロパノール（70％）
フェノール類		クロルヘキシジン（0.1〜1％） フェノール＊ クレゾール＊
界面活性剤		逆性石けん，塩化ベンザルコニウム（0.01〜0.1％） 塩酸アルキルジアミノエチレングリシン（両性石けんの一種） →通常の石けんには殺菌力はほとんどない
酸		ホウ酸（2％以下）（→眼病の治療）
酸化剤		過酸化水素水（オキシドール）（2〜5％）→食品でも使用

＊：現在ではほとんど使われない．

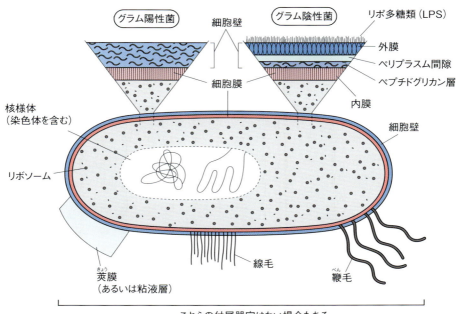

図 14-3　細菌の細胞

14-2　細菌

14-2-1　細菌の細胞と増殖

細菌は 0.5 〜 10 μm の大きさをもち，形態により**球菌**，棒状の**桿菌**，**らせん菌**に分けられ，中には不利な環境になると**芽胞**を形成して休眠状態に入るものもある．細胞膜の外側にはペプチドグリカンを含む多糖類からなる丈夫な**細胞壁**があるが，グラム陰性菌はその外側にリポ多糖類（**LPS**）からなる**外膜**をもつ（この場合細胞膜を**内膜**，ペプチドグリカン層と外膜との隙間を**ペリプラズム**という）．細菌によってはこの基本構造に加え，付属器官をもつものがある．付属器官には運動のための**鞭毛**，付着や情報伝達のための**線毛**，細胞保護のための**莢膜**あるいは粘液層がある．細菌は栄養素を加えた培養基「**培地**」で人工的に増やすことができる．細菌を培地中で増殖させると，少

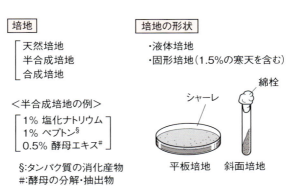

図 14-4　細菌の培地

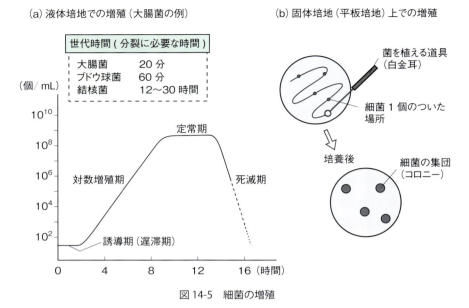

図 14-5 細菌の増殖

し時間をおいた後に 20 分～1 時間に 1 回の割合で指数的に増殖する（注：結核菌は約 1 日に 1 回分裂する）．その後，死滅する菌が増えて生菌数は頭打ちになり，やがて栄養の枯渇，代謝物による抑制，空間的制約によって大部分が死滅する．固体の培地上で細菌や菌類を培養すると，1 個の細胞に由来する菌の集団：**コロニー**が形成される．細菌にはそれぞれに適した生育温度があり，人体で増殖する細菌の生育最適温度は 37℃である．細菌の増殖には必ずしも酸素は必須でない．酸素を要求する細菌を**好気性菌**（例：結核菌），少しくらいはあってもよいものを**通性嫌気性菌**（例：

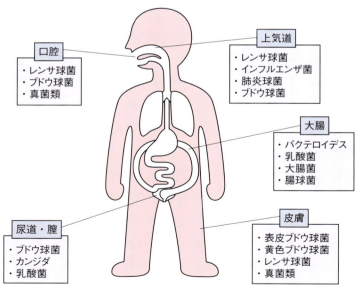

図 14-6 ヒトの常在菌

大腸菌），まったく不要か酸素がむしろ害になるものを**偏性嫌気性菌**（例：破傷風菌）という．

14-2-2　細菌とヒトとの関係

環境中にある細菌を含め，細菌すべてがヒトに病気を起こすわけではない．ヒトの体表や内部（口腔，大腸，膣など）にはさまざまな細菌が常在しているが（**常在菌**），多くは病気を起こさず，一定の細菌集団相（**細菌叢**）を形成している．これに対し外部から侵襲する細菌は感染症を引き起こすことがある．感染症では細菌の増殖や毒素によって細胞が傷害を受けたり死滅したりし，宿主の恒常性も乱される．顕性感染が進行しても免疫が働かないと，やがて血液中に細菌が現れて（=>**菌血症**，重症になると**敗血症**）恒常性が損なわれ，生命維持に重大な影響を与える．

14-2-3　細菌の種類

＜Ⅰ＞球菌：グラム陽性菌としては**ブドウ球菌，レンサ球菌**（肺炎球菌を含む），グラム陰性にはナイセリア属の**淋菌，髄膜炎菌**などがある．

＜Ⅱ＞グラム陰性通性嫌気性桿菌：腸内細菌科には**大腸菌属，赤痢菌属，サルモネラ属**（例：サルモネラ菌，チフス菌），エルシニア属（例：**ペスト菌**），クレブシエラ属の細菌が，ビブリオ科には**コレラ菌**や**腸炎ビブリオ菌**が，パスツレラ科細菌には**インフルエンザ菌**が含まれる．

＜Ⅲ＞グラム陰性好気性桿菌：シュードモナス科（例：**緑膿菌**），レジオネラ科（疾患例：**レジオネラ肺炎**），コクシエラ科（疾患例：**Q熱**），ブルセラ科，フランシセラ科，ボルデテラ属（例：**百日咳菌**）の細菌が含まれる．

＜Ⅳ＞グラム陽性桿菌：芽胞をつくる好気性菌にはバシラス属の**炭疽菌**や**セレウス菌**（食中毒を起こす）がある．芽胞をつくらない好気性菌に

> **メモ　グラム染色**
> 細胞壁の構造の違いより，細菌を染色剤で染め分ける技術（Gramは人名）．

> **疾患ノート　院内感染**
> 医療機関内で広がる感染．院外からの病原体侵入，**日和見感染菌**と高齢者などの易感染者の存在，**薬剤耐性菌**が主な発生要因である．

> **疾患ノート　菌交代症**
> 常在菌と薬剤耐性菌（緑膿菌など）が共存する状況において，服薬によって常在菌が死滅し，普段は無害な耐性菌が増えてしまうことに起因する病状．

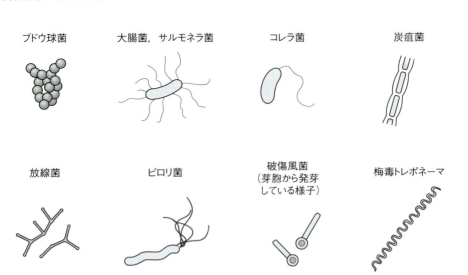

図14-7　細菌の形態

表14・3 細菌の分類

分類	属（科）	主な細菌（疾患，病形）
グラム陽性通性嫌気性球菌	ブドウ球菌	黄色ブドウ球菌（化膿性疾患，食中毒，とびひ），表皮ブドウ球菌
	レンサ球菌	化膿レンサ球菌*（化膿性疾患，咽頭炎，猩紅熱，糸球体腎炎，虫歯，心内膜炎），肺炎（レンサ）球菌（肺炎，中耳炎）
	腸球菌	腸球菌（日和見感染）
グラム陰性好気性球菌	ナイセリア	淋菌，髄膜炎菌
グラム陰性通性嫌気性桿菌	腸内細菌科	大腸菌／病原性大腸菌（尿路感染症，出血性大腸炎，食中毒），赤痢菌，サルモネラ菌（食中毒），チフス菌，パラチフス菌，ペスト菌，肺炎桿菌
	ビブリオ	コレラ菌，腸炎ビブリオ
	パスツレラ科	インフルエンザ菌（肺炎，髄膜炎），パラインフルエンザ菌，軟性下疳菌
グラム陰性好気性桿菌	シュードモナス科	緑膿菌（日和見感染），鼻疽菌
	レジオネラ	レジオネラニューモフィラ（肺炎，在郷軍人病，ポンティアック熱）
	コクシエラ	Q熱コクシエラ
	ブルセラ	種々のブルセラ菌（波状熱，ブルセラ症），野兎病菌
	ボルデテラ	百日咳菌
グラム陽性有芽胞好気性／通性嫌気性桿菌	バシラス	炭疽菌，セレウス菌（食中毒）
グラム陽性無芽胞桿菌	リステリア	リステリア菌
	コリネバクテリア	ジフテリア菌
	乳酸菌類	デーテルライン桿菌（膣常在菌），ビフィズス菌（乳児の腸内常在菌）
抗酸菌	マイコバクテリア	結核菌，らい菌（ハンセン病）
放線菌・ノカルジア		種々の放線菌（放線菌症），ノカルジア菌
グラム陰性微好気性らせん菌	カンピロバクター	種々のカンピロバクター（日和見感染，腸炎，食中毒）
	ヘリコバクター	ピロリ菌（胃炎，胃・十二指腸潰瘍，胃癌）
偏性嫌気性菌	＜無芽胞＞	バクテロイデス，フゾバクテリウム
	＜有芽胞＞クロストリジウム	破傷風菌，ボツリヌス菌（食中毒），ウェルシュ菌（ガス壊疽，食中毒）
スピロヘータ		梅毒トレポネーマ，回帰熱ボレリア，黄疸出血性レプトスピラ
マイコプラズマ		肺炎マイコプラズマ
リケッチア（R）		発疹チフスR，発疹熱R，日本紅斑熱R，ツツガムシ病R，腺熱R
クラミジア（C）		トラコーマC，オウム病C，肺炎C

＊：溶血性のものが多く，溶血性レンサ球菌（溶連菌）ともいわれる．

はリステリア属，コリネバクテリウム属（例：ジフテリア菌），マイコバクテリウム属（例：結核菌，らい菌），アクチノマイセス（放線菌）属［真菌に似た性質があり，抗生物質産生菌が多い］，ノカルジア属の細菌が含まれる．結核は世界中で毎年200〜300万人が死亡する最重要感染症である．

乳酸発酵するいわゆる乳酸菌類（ヒトの常在菌を含む）もこの中に含まれる．

＜V＞グラム陰性好気性らせん菌：カンピロバクター属，ヘリコバクター属（例：ピロリ菌．胃腸炎や潰瘍，胃癌の原因菌）を含む．

＜VI＞偏性嫌気性菌：無酸素状態で増殖する

メモ　ボツリヌス毒素
　ボツリヌス菌の外毒素．最強の毒として知られており，青酸カリウムの10万倍以上の毒性がある．

疾患ノート　破傷風の発病
　釘を踏むなどして深い傷を負うと土中細菌である破傷風菌に感染する恐れがある．傷口をすぐ塞いでしまうと好気性の雑菌が増えて酸素を使い切り，無酸素状態になる．すると破傷風菌が発育し，毒素により発病してしまう．

表14・4　食中毒を起こす細菌

感染型食中毒を起こす細菌	毒素型食中毒を起こす細菌
サルモネラ属菌	黄色ブドウ球菌
病原性大腸菌	ボツリヌス菌
ウェルシュ菌	セレウス菌
セレウス菌	
腸炎ビブリオ	

一群の細菌で，毒性の強い外毒素を分泌するものが多い．芽胞をもつクロストリジウム属がとくに重要で，**破傷風菌**，**ボツリヌス菌**，（=> 食中毒の原因菌），**ウェルシュ菌**（=> 食中毒やガス壊疽を起こす）がよく知られている．

<Ⅶ>**スピロヘータ**：10〜20μmの長さをもつらせん状細菌で，トレポネーマ属（例：**梅毒トレポネーマ**），ダニやシラミで媒介されるボレリア属（例：**回帰熱ボレリア**），レプトスピラ属（例：**黄疸出血性レプトスピラ**）の細菌が含まれる．

<Ⅷ>**マイコプラズマ**：細胞壁をもたない，不定形の特殊な細菌．一部のものは**マイコプラズマ肺炎**を起こす．

<Ⅸ>**リケッチアとクラミジア**：いずれも偏性細胞寄生性．リケッチア属は節足動物（ダニ，シラミなど）媒介性で，**発疹チフス**，**ツツガムシ病**などを起こし，クラミジア属は**トラコーマ**や**オウム病**などを起こす（表1・1参照）．

疾患ノート　日和見感染
　非病原性細菌が抵抗力の低下したヒトや基礎疾患をもつヒトに感染して病気を起こすこと．

14-2-4　細菌性食中毒
細菌性食中毒は**感染型**と**毒素型**に分けられる．前者は食品とともに増殖した細菌が体内に入るか体内で増殖するかし，細菌のもつ毒素（**内毒素**）により発症する．**腸炎ビブリオ菌**や**サルモネラ菌**，**ウェルシュ菌**や**病原性大腸菌**が主な原因菌．毒素性食中毒は細菌が分泌する**外毒素**で起こる毒素中毒の一種．**ボツリヌス菌**，**黄色ブドウ球菌**が主な原因菌で，毒素は熱に比較的安定である．**食中毒**はウイルス（例：ノロウイルス，ロタウイルス）や原虫（例：赤痢アメーバ）でも起こる．

14-3　真核微生物
14-3-1　菌類／真菌
　医学領域では細菌と区別するために**菌類を真菌**とよぶが，病気に関連する真菌は**子嚢菌**（=> カビや酵母の仲間），**担子菌**（キノコの仲間），**不完全菌**（有性生殖が不明確なもの）に広く分布している．病原性真菌は形態に基づき，慣例的に**糸状菌**（カビ状）と**酵母**（単細胞形態）に分けられることがある．子嚢菌に属する**カンジダ属**の菌は表皮や粘膜に感染してカンジダ症を起こし，**アスペルギルス属**の菌（コウジカビの仲間）は体表や肺などに疾患を起こし，時に過敏症の原因となる．

コラム：有用微生物
　醸造や**バイオエタノール**生産では**酵母**が使われ，**デンプンの糖化**ではカビ類を用いる．漬けものやヨーグルトづくりには**乳酸菌**が関与し，**納豆菌**（バシラス属の細菌）は大豆を分解して納豆をつくる．環境浄化の観点では微生物による下水汚泥の分解，医療面では放線菌や真菌による抗生物質産生が重要である．

表14·5 病気を起こす真菌

真菌の分類（群）	主な疾患名（病形）
皮膚糸状菌	白癬（水虫，たむしなど）
マラセチア属菌	マラセチア症（脂漏性皮膚炎など）
カンジダ属菌	カンジダ症（種々の病形）
黒色真菌	黒色真菌感染症（足菌腫，黒癬）
アスペルギルス属菌	アスペルギルス症（種々の病形，外耳道炎）
クリプトコックス	クリプトコックス症（種々の病形）
ニューモシスチス・イロベシイ	ニューモシスチス症

クリプトコックス属の菌は酵母様の担子菌で，ハトの糞などに多量に存在する．このほか**ヒストプラズマ**，スポロトリックスに属する真菌も疾患にかかわる．皮膚には表在性疾患を起こし子嚢菌に含まれる**白癬菌属**（はくせんきん），小胞子菌属，表皮菌属などの**皮膚糸状菌類**が存在し，種々の白癬（=> いわゆる水虫，たむしなど）の原因となる．

14-3-2　原生動物／原虫

原生動物は形態により**根足虫類，鞭毛虫類，胞子虫類，繊毛虫類**に分けられ，医学領域では**原虫**とよぶ．根足虫は一般的には**アメーバ**といわれ，**アメーバ赤痢**などを起こす．鞭毛虫類にはランブル鞭毛虫，**膣トリコモナス**，トリパノソーマ科とリーシュマニアに属する原虫（アフリカ睡眠病，リーシュマニア症などを起こす）がある．胞子虫で起こる疾患には**トキソプラズマ症**と**マラリア**がある．マラリアは熱帯に広くみられる疾患で，世界中で年間数億人が感染し，100万人以上が死亡している．ハマダラ蚊によりヒトからヒトへ媒介される．

14-4　ウイルス
14-4-1　ウイルスの形態と増殖

25〜300nmの大きさをもち，DNAウイルスとRNAウイルスに分けられる（1章参照）．DNAウイルスのゲノムは主に二本鎖DNAだが，RNAウイルスは主に一本鎖RNAをもち，それ自身がタンパク質をコードしない（=> 相補鎖がコード鎖）ものも少なくない．ウイルスには殻（**カプシド**）の外側に外皮（**エンベロープ**）をもつもの，さらにそこに突起（**スパイク**）をもつものなどがある．ウイルスは生きた細胞内で素材ごと合成された後に組み立てられ，数時間後に細胞を殺して大量に放出される（1章）．ウイルスは感染する宿主域が比較的狭く（宿主特異性），感染する臓器や組織も比較的特異的である（臓器特異性．神経系が最終標的であるものが多い）．感染から発症まで数年〜10年以上かかる**遅延性ウイルス感染**を起こすウイルスもある（例：**ヒト免疫不全ウイルス：HIV**，はしかウイルス）．治療を目的に，ウイルス特異成分に対する阻害剤が薬として使われるが，特効的なものはごくわずかで，ワクチン

(a) 根足虫類
　例）赤痢アメーバ
　PHIL ID#: 10781

(b) 鞭毛虫類
　例）膣トリコモナス
　PHIL ID#: 14500

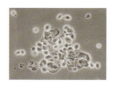

例）トリパノソーマ
［アフリカ睡眠症などの病原体］
PHIL ID#: 11820

(c) 胞子虫類
　例）トキソプラズマ，マラリア原虫
　PHIL ID#: 5949

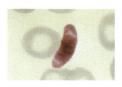

図14-8　ヒトに病気を起こす原生動物
画像出典：CDC. Public health Image(PHIL)

コラム：抗生物質と耐性菌

　生物がつくり，他の生物の増殖を抑えたり死滅させる物質を**抗生物質**といい，ペニシリン，ストレプトマイシンなど多くの種類がある．放線菌やカビによりつくられ，主に細菌に効くが，菌類や動物細胞，さらにはウイルスに効くものもある．たびたび抗生物質が効かない耐性菌が出現するという現象が起こる．これは細菌が**耐性プラスミド**をもつことによるが，プラスミドは細胞から細菌へ容易に移動するために，耐性菌は急速に広がり，しかも複数の耐性プラスミドが融合してどの薬も効かない**多剤耐性菌**（例：MRSA[メチシリン耐性黄色ブドウ球菌]，VRE[バンコマイシン耐性腸球菌]，**多剤耐性結核菌**，**多剤耐性アシネトバクター**）が出現することがある．院内感染の原因の一つになっている．

表14·6　主な抗生物質

細胞壁合成阻害	βラクタム系	ペニシリン系	ペニシリン，ペニシリンG，アンピシリン
		セフェム系	セファロスポリン
	その他	ホスホマイシン	ホスホマイシン
		グリコペプチド系	バンコマイシン
核酸合成阻害	DNA	キノロン・ニューキノロン系	ナリジクス酸
	RNA	リファンピシン	リファンピシン
細胞膜傷害		環状ペプチド系	ポリミキシンB，コリスチン
タンパク質合成阻害		アミノ配糖体系	ストレプトマイシン，カナマイシン，ゲンタマイシン
		テトラサイクリン系	テトラサイクリン，ドキシサイクリン
		マクロライド系	エリスロマイシン
		クロラムフェニコール	クロラムフェニコール

が最も一般的で有効な防御手段である．

14-4-2 主なウイルス

　重要な**DNAウイルス**として，**痘瘡（とうそう）ウイルス**，ヘルペスウイルス科のウイルス，アデノウイルス，パピローマウイルス，ポリオーマウイルス科のウイルス，**B型肝炎ウイルス**などがある．**RNAウイルス**には**インフルエンザウイルス**，パラミクソウイルス科ウイルス（例：おたふくかぜウイルス，はしかウイルス），**狂犬病ウイルス**，**ポリオ（小児麻痺）ウイルス**，**A型肝炎ウイルス**，**日本脳炎ウイルス**，**C型肝炎ウイルス**，**エボラウイルス**，ラッサ熱ウイルス，**コロナウイルス**，ノロウイルスが含まれる．**レトロウイルス科**のウイルスはRNAウイルスだが，RNAからDNAをつくる**逆転写酵素**をもち，そのDNAが宿主染色体に組

疾患ノート　感染症用ワクチン

　ワクチンには長期間の免疫を得られる弱毒細菌／ウイルスを使う**生ワクチン**と，それ以外のワクチン（=> 死菌／不活化ワクチン，成分ワクチン，**トキソイド**[無毒化した毒素]）がある．後者であっても複数回の接種により，持続的な免疫が得られる．

表14・7 感染症予防で使用されるワクチン

	疾患	ワクチン
細菌感染症	ジフテリア	トキソイド
	百日ぜき	成分ワクチン
	破傷風	トキソイド
	肺炎球菌	成分ワクチン
	結核	BCG(生ワクチン:弱毒株)
ウイルス感染症	ポリオ(小児まひ)	弱毒生ワクチン§
	はしか(麻疹)	弱毒生ワクチン
	風疹	弱毒生ワクチン
	水痘	弱毒生ワクチン
	日本脳炎	不活化ワクチン
	インフルエンザ	不活化ワクチン
	おたふくかぜ	弱毒生ワクチン
	B型肝炎	成分ワクチン
	狂犬病	不活化ワクチン
	子宮頸がん	HPVの成分ワクチン

§:2013年まで使われていたが、現在は不活化ワクチンに切り替わっている.

疾患ノート 肝炎ウイルス

A型〜E型肝炎ウイルスがある. A型とE型肝炎ウイルスは経口感染し、B型〜D型肝炎ウイルスは血液感染して血清肝炎や肝硬変を起こす. B型, C型肝炎ウイルスは**肝臓癌**の原因となる.

み込まれてから増える. ヒトや動物に癌や白血病を起こすものが多く, **HIV**は**エイズ**を起こす.

14-4-3 ウイルスは癌を起こす

ヒトや動物の癌はウイルスによっても起こり(=> つまり, ある種の癌は感染症), そのようなウイルスは**癌遺伝子**をもつ. (発)**癌ウイルス**は宿主の細胞増殖調節因子の活性を高める. ヒトの**DNA癌ウイルス**としてはある型の**ヒトパピローマウイルス(HPV), EBウイルス, B型肝炎ウイルス(HBV)**があり, **RNA癌ウイルス**としては**C型肝炎ウイルス(HCV)**とレトロウイルス科に属する**ヒトT細胞白血病ウイルス(HTLV)**がある.

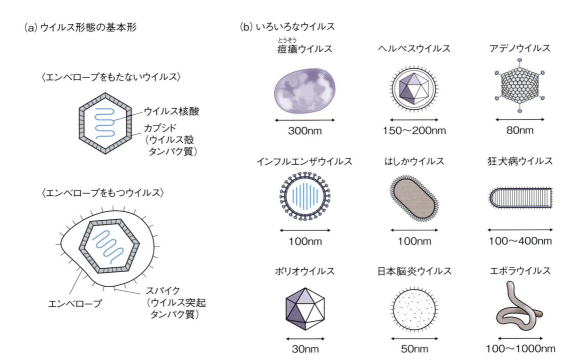

図14-9 ウイルスの形態

表 14·8 ウイルスの分類（ヒトにかかわるもの）

ウイルス科	カプシド	エンベロープの有無	核酸の形態*	特徴・主なウイルス
DNAウイルス				
ポックスウイルス	不定形	有	二本鎖	大型．痘瘡ウイルス，ワクシニアウイルス，伝染性軟疣腫ウイルス
ヘルペスウイルス	球状			単純ヘルペスウイルス，水痘・帯状疱疹ウイルス，サイトメガロウイルス，EBウイルス
ヘパドナウイルス				B型肝炎ウイルス（HBV）
アデノウイルス		無		ヒトアデノウイルス
パピローマウイルス				ヒトパピローマウイルス（HPV）
ポリオーマウイルス				ヒトポリオーマウイルス（JCウイルス）
パルボウイルス			一本鎖（−）	最も小型（20nm）・ヒトパルボウイルス
RNAウイルス				
オルトミクソウイルス	不定形	有	一本鎖（−）7～8分節§	インフルエンザウイルス
パラミクソウイルス			一本鎖（−）	パラインフルエンザウイルス，おたふくかぜウイルス，はしかウイルス，RSウイルス，ニパウイルス
ラブドウイルス				ほとんどの哺乳類に感染．狂犬病ウイルス
アレナウイルス			一本鎖（−）2分節	ラッサウイルス
フィロウイルス	ひも状		一本鎖（−）	エボラウイルス，マールブルグウイルス
ブニヤウイルス	球状		一本鎖（−）3分節	節足動物媒介性（ハンタウイルスをのぞく）．コンゴ出血熱ウイルス，カリフォルニア脳炎ウイルス，ハンタウイルス
コロナウイルス			一本鎖（＋）	ヒトコロナウイルス，SARSコロナウイルス，MERSコロナウイルス
トガウイルス				カにより媒介．ウマ脳炎ウイルス，風疹ウイルス（非昆虫媒介性）
フラビウイルス				節足動物媒介性（C型肝炎ウイルス[HCV]をのぞく）．黄熱ウイルス，日本脳炎ウイルス，西ナイルウイルス
レトロウイルス			一本鎖（＋）2本#	ヒトT細胞白血病ウイルス（HTLV），ヒト免疫不全ウイルス（HIV）
ピコルナウイルス		無	一本鎖（＋）	小型（25nm）．ポリオウイルス，エンテロウイルス，A型肝炎ウイルス，ライノウイルス
カリシウイルス				ノロウイルス
アストロウイルス				アストロウイルス
レオウイルス			二本鎖11分節	ロタウイルス

＊：（＋）：タンパク質コード鎖をもつ，（−）：タンパク質非コード鎖をもつ．§：ゲノムが複数の核酸に分かれて存在．
#：同じRNAが2本ある

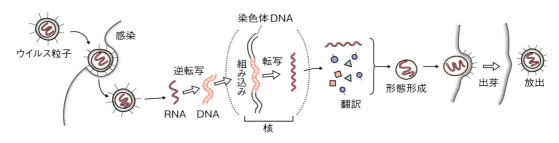

図 14-10 レトロウイルスの生活環

表14·9 発癌性のあるヒトのウイルス

ウイルス名	ヒトにおける発癌[#]	腫瘍の種類
DNA型ウイルス		
アデノウイルス	−	肉腫
パピローマウイルス（16型など）	＋	乳頭腫，子宮頸癌
ヒトポリオーマウイルス2	−	肉腫
EBウイルス	＋	リンパ腫
ヒトヘルペスウイルス8型	＋	カポジ肉腫[§]
単純ヘルペスウイルス	−（＋?）	肉腫（子宮頸癌?）
伝染性軟疣腫ウイルス	＋	軟疣腫（いぼ，良性）
B型肝炎ウイルス	＋	肝細胞癌
RNA型ウイルス		
ヒトT細胞白血病ウイルス	＋	白血病
C型肝炎ウイルス	＋	肝細胞癌

[#]：−と書いてあるものは動物に接種すると癌をつくる
[§]：エイズに関連して発癌性を発揮する

解説　病原体等の分類と扱いについて

　安全のため，病原体等に関していろいろなことが取り決められている．まず病原体等の扱いであるが，これは**病原体等安全管理規定**に基づき病原体等が4種類**BSL分類**（BSL1～BSL4：数値が大きい方ほどリスクが大きい）に分けられており，それに適合した施設を使う必要がある（注：規定の名称に**病原体等**と「等」がつくのは，この規定が通常の病原体の他にプリオン［p.31参照］や病原体がつくる毒素も対象にしているからである）．この分類はおおむね遺伝子組換え実験の実験分類（クラス1～クラス4）に対応しており，扱う実験施設も，遺伝子組換え実験における封じ込めレベルP1～P4にほぼ相当する．BSL1には基本的に非病原性のものが入り，BSL2（例：病原プリオン，ボツリヌス毒素，ピロリ菌，赤痢菌，C型肝炎ウイルス）やBSL3（例：A型インフルエンザウイルス，HIV，ペスト菌）には一般の病原体が入る．BSL4はエボラウイルスなど，極めて危険な致死的病原体が含まれ，日本で扱える場所は2か所に限られている（ただし実際には稼働できていない）．

　上とは別に**感染症法**という法律も病原体等の扱いに関係がある．感染症法では，多数の感染症が疾病という観点でいくつもの分類群に分類され，それぞれで取るべき措置が定められている．さらに生物テロに利用される恐れがあり，かつ国民の生命と健康に影響を与える恐れのある病原菌等の所持などの規制を目的に，多くのものが特定病原体等に指定されている．**特定病原体等**は危険度の大きい順番に一種～四種に分類されているが，一種はBSL4と同じである．二種～四種にはBSL3とBSL2の両方が含まれる．これらの病原体等では，入手や所持の制限，届け出の義務などが個別に定められている．

表14·10　特定病原体等の分類

分類	一種	二種	三種	四種
管理・条件	所持等の禁止[*]	所持等の許可[*]	所持等の届出[*]	基準の遵守
例	エボラウイルス 痘瘡ウイルス マールブルグウイルス ラッサウイルス	SARSコロナウイルス 炭疽菌 ペスト菌 ボツリヌス菌／毒素	MERSコロナウイルス 多剤耐性結核菌 狂犬病ウイルス 発疹チフスリケッチア	インフルエンザウイルス 結核菌 赤痢菌 デングウイルス

[*]：国が所持を把握．

発展学習　寄生虫

A：寄生虫とは

　生物に寄生する動物を**寄生虫**といい，体内に寄生する**内部寄生虫**と，ノミやダニなどの**外部寄生虫**に分けられる．内部寄生虫は本文で述べた原虫と多細胞動物の**蠕虫**に分けられるが，後者にはミミズのような形状の線虫類（線形動物に属する），吸盤をもち，木の葉のような形の吸虫類，そして扁平で多数の節がつながった条虫類に分けられる（後者2つは扁形動物に属する）．本項では蠕虫類について述べるが，多くは経口感染し，その後腸管に寄生・定住して栄養分をそのまま吸収するものや，組織内部（例：肝臓，脳，皮下，目）に侵入するものがある．大部分の寄生虫は動物も宿主とするため，哺乳動物／野生動物，淡水産動物，海産魚介類などの生食，あるいは動物の糞便のついた野菜などの生食により感染する．

B：ヒトに感染する主な寄生虫

　（A）**線虫類**：消化管寄生体として日本によく見られるものに**回虫**（以前は多かった．有機肥料使用が原因で感染する），**蟯虫**（子供を中心に流行がある）がある．血液・組織に寄生するものとしては，糸状虫（フィラリア．カにより媒介され，熱帯地方では重要である）がある．幼虫が感染するものとして，腸管に寄生する**アニサキス**（海回虫ともいわれる．ヒトの場合サバ，サケ，イカなどが感染源となる）やネコ回虫／イヌ回虫，組織寄生を起こす顎口虫（胃壁を破り，肝臓から全身の組織に侵入する．移動性の皮下腫瘤が出現する）などがある．

　（B）**吸虫類**：腸管に寄生するものとしては横川吸虫（アユなどの生食で感染），**肝吸虫**（肝ジストマ）などがあり，川魚から感染する．肺に寄生する肺吸虫は，淡水のカニや野生動物を介して感染する．血液に寄生するものとしては，住血吸虫類（例：**日本住血吸虫**．現在はみられない）がある．

　（C）**条虫類**：一般には**サナダムシ**とよばれ，非常に長く，数mにもおよぶ．消化管に寄生するものとしては日本海裂頭条虫，無鉤条虫，有鉤条虫がある．無症状のまま長期間寄生している場合もある．幼虫が感染するものとして**マンソン裂頭条虫**（腸管に寄生するが，幼虫は体内組織を移動する）や，**包条虫類**（数mmの小型の条虫．腸管から血液，肝臓に移行する）などがある．

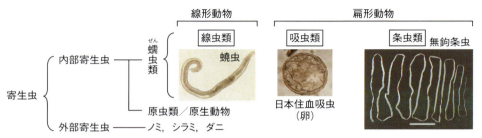

図14-11　寄生虫の分類
　画像出典：蟯虫：CDC HP http://www.cdc.gov/dpdx/enterobiasis/gallery.html　日本住血吸虫：CDC HP http://www.cdc.gov/dpdx/schistosomiasis/gallery.html　無鉤条虫：CDC. Public health Image (PHIL) ID#: 5260.

15章　生命システムの破綻：癌と老化

15-1　癌

15-1-1　癌という疾患

死因第一位の疾患である癌は多様な原因によって体のさまざまな部位に発生し、そこで急速に増殖し、しばしば全身に転移する．癌の進行に伴って癌組織はさらに大きくなって臓器を冒し、全身的には体液成分の異常（＝**悪液質**）を起こし、個体を死に至らしめる．個体にできた**腫瘍**（腫れもの）のうち、悪性のものを一般的に癌とよぶが、学術的には**悪性腫瘍**というのが正しい（統計資料では**悪性新生物**と表わす）．上皮にできる悪性腫瘍を**癌**といい、筋肉や骨などの結合組織にできるものを**肉腫**、造血（血液）細胞にできるものを**白血病**という（=> ただし本書では [癌] という語句を一般名として用いる）．癌組織はクローン性（一個の癌細胞に由来する）であるが、体細胞変異で

(a) 組織学的分類
  (1) 癌：上皮組織にできる
    胃癌，皮膚癌，肺癌など
  (2) 肉腫：結合組織にできる
    横紋筋肉腫，骨肉腫，カポジ肉腫
  (3) 白血病：血液細胞にできる
    骨髄性白血病，リンパ性白血病，赤白血病など

(b) 発病形態による分類
  (1) 原発(性)癌(一次癌)：最初に生じた腫瘍
  (2) 転移(性)癌(二次癌)：転移によって発生した腫瘍

図 15-1　悪性腫瘍の分類

コラム：植物の腫瘍

植物の幹にできる瘤は**クラウンゴール**（crown gall．根頭癌腫）とよばれる一種の癌である．クラウンゴールの細胞内には土中細菌である**アグロバクテリウム**属の細菌が感染しており、しかもその細菌は Ti プラスミドをもつ．**Ti プラスミド**中の T-DNA が染色体に組み込まれ、それがホルモン合成のための酵素をコードするため、細胞は過度に増殖し腫瘍を形成する．

(a) 植物にできた癌（実際の写真）

(b) クラウンゴールができるしくみ
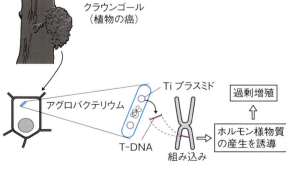

図 15-2　アグロバクテリウムによって発生する植物の癌

最初に生じた癌を**原発癌**（一次癌），それが転移して増殖した癌を**転移癌**（二次癌）という．癌細胞の性質は原発癌の性質に依存する．

15-1-2 癌細胞の特徴

癌細胞の本質は**無限増殖性**である．正常細胞の増殖には限度があるが，癌細胞は**不死化**しており，試験管内でも際限なく増殖する．正常細胞は充分な栄養（成長因子）がないと細胞周期の G_1 期からS期に入らないが，癌細胞は低栄養でも増殖サイクルに入る．もう一つの癌細胞の特徴は，細胞の性質が変化していること（=> **トランスフォームしていること**）である．トランスフォーム細胞は以下のような性質をもつ．(1) 細胞形態の変化：核が大きくいびつで，周囲が平滑な細胞形態をもつ．時として染色体異常が見られる．(2) **足場依存的増殖能**の喪失：細胞は基質に付着しないと増殖できないが，癌細胞は浮遊状態でも増殖できる．

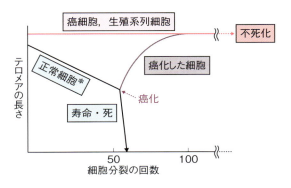

図 15-3 不死化細胞とテロメア長の関連
＊：用いた細胞が若いほど分裂できる回数が多い

解説　不死化の理由
細胞は分裂のたびに染色体末端**テロメア**が短縮するため，染色体は不安定になってしまい，細胞はいずれ死んでしまう（5章参照）．しかし癌細胞は高い**テロメラーゼ活性**によってテロメアを複製することができるため，何度でも分裂することができる．

疾患ノート　良性腫瘍
いわゆる瘤(こぶ)や疣(いぼ)．一定のサイズまで増殖すると分裂を停止し，それ以上は増えず，転移もしない．傷口で増殖する肉芽組織や再生組織も同様の性質を示す．

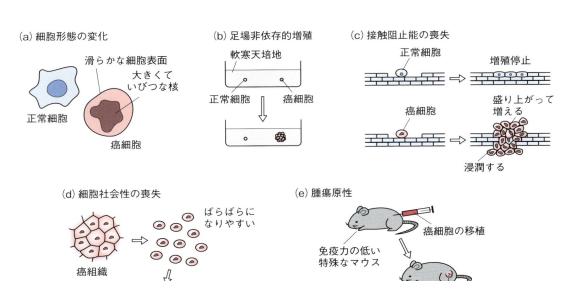

図 15-4 癌細胞の特性：細胞はトランスフォームしている

(3) **接触阻止能**の喪失：細胞が他のものに接すると増殖を止めるという性質が失われているため，癌細胞は盛り上がって増えたり，組織内に入り込んで増える（**浸潤性**）．(4) **細胞社会性**の喪失：同種細胞同士の接着性が低下し，また異なった細胞に接しても増殖する．(5) **腫瘍原性**：以上の性質の総合的結果として，免疫力の低下したマウスに移植すると増殖して癌組織に発展する．

15-1-3 遺伝子の変異と癌

癌細胞は体細胞が突然変異したものである．かかわる遺伝子の種類は非常に多いが，細胞増殖に直接あるいは間接的にかかわるものが中心である．細胞増殖にとって正に働く遺伝子において，その活性が高まるような変異が起こると，変異遺伝子は**癌遺伝子**として機能する．逆に細胞増殖を抑える遺伝子が変異して機能が失われて癌になる場合，その遺伝子は**癌抑制遺伝子**と見なされる．癌に関連する遺伝子の機能としては細胞増殖調節因子やその受容体，その下流で働く情報伝達因子とその標的である転写調節タンパク質が多い．このほか，**アポトーシス**や **DNA 修復**にかかわる遺

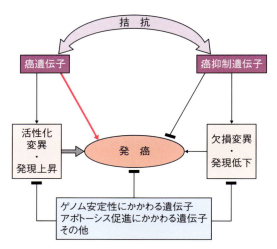

図 15-5 発癌にかかわる遺伝子の相関関係

解説　癌遺伝子と癌抑制遺伝子の発見

癌遺伝子はレトロウイルス科に属する RNA 癌ウイルスの癌関連遺伝子として発見された．これらの癌遺伝子は細胞が本来もつ遺伝子（⇒ **癌原遺伝子**という）を起源とする．これとは異なり，DNA 癌ウイルスの癌遺伝子はウイルスに特有なもので，細胞にある p53 や Rb といった癌抑制遺伝子産物に結合してその働きを抑えることができる．

表 15·1 癌抑制遺伝子の種類

癌抑制遺伝子	異常のみられる癌	機能・活性
Rb	網膜芽細胞腫，肺癌，乳癌，骨肉腫	転写調節タンパク質（E2F）を抑制
p53	大腸癌，乳癌，肺癌	転写調節
WT1	ウイルムス腫瘍	転写調節
APC	大腸癌，胃癌，膵臓癌	β カテニンと結合
NF1	悪性黒色腫，神経芽腫	GTPase 活性化
BRCA1	家族性乳癌	DNA 修復，転写制御
SMAD2	大腸癌	転写調節
PTEN	神経膠芽腫	脱リン酸化酵素

コラム：大部分の癌は癌抑制遺伝子の欠損

癌細胞と正常細胞が融合した細胞が正常細胞の性質を示すことから，癌細胞は劣性の形質をもつとみなされる．この考えは，大部分の癌は癌抑制遺伝子の欠損で起こるという事実と合っている．

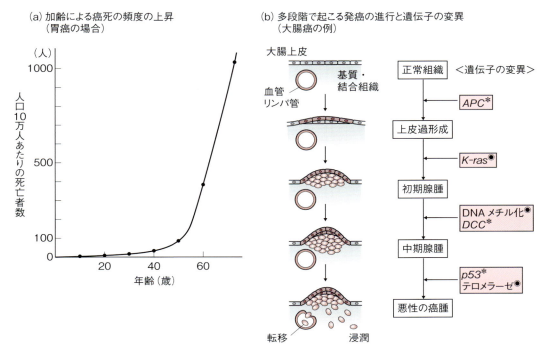

図15-6 癌は突然変異の積み重ねで生じる
＊：癌抑制遺伝子の欠損変異，●：活性化，K-ras：癌遺伝子の一つ

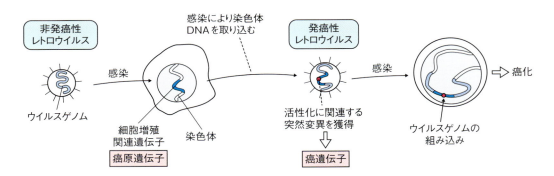

図15-7 レトロウイルスの癌遺伝子と癌原遺伝子

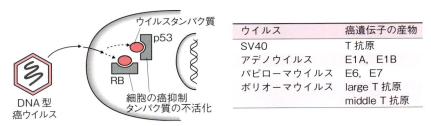

図15-8 DNA癌ウイルスの癌遺伝子産物
ウイルスのタンパク質が細胞の癌抑制遺伝子の働きを無力化する．

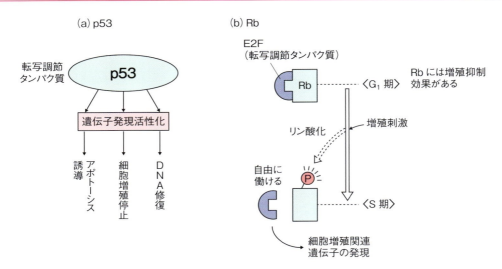

図15-9 癌抑制遺伝子産物の働き：p53とRbについて
（図7-4も参照）

伝子も，癌細胞の発生と増殖を抑制するように働く．

15-1-4　癌では複数の遺伝子が変異している

大腸癌には単に増殖能が高まっただけの初期前癌病変から，転移能をもった悪性度の高い癌まで種々の段階があるが，研究の結果，癌進行の段階が進むごとに新たな遺伝子の変異が加わっていることが明らかにされた（注：癌抑制遺伝子や癌遺伝子の変異）．癌関連遺伝子変異の積み重ねが癌の進行にかかわるという考え方は，加齢により突然変異数の上昇がある水準を超えると，癌発症率が急速に高まる（60歳を超えた時点で癌死率が急速に上昇する）という事実とも合致する．

(a) 発癌原因
・放射線，紫外線
・DNA傷害剤
・毒物，重金属
・食品，食品添加物，嗜好品
・アルコール
・環境物質
・職業によるもの
・ウイルス，細菌，カビ
・物理的刺激（熱，摩擦）

(b) 作用による発癌物質の分類

(1) 発癌イニシエーター → DNAを標的として攻撃する
　タール成分，ニトロソ化合物，ウレタン

(2) 発癌プロモーター → シグナル伝達，遺伝子発現などを刺激する
　TPA[①]，AAF[②]，フェノバルビタール，フェノール

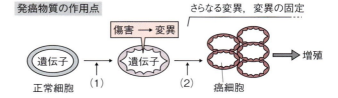

図15-10　発癌物質
①：12-*O*-テトラデカノイルフォルボール13-アセテート
②：2-アセチルアミノフルオレイン

15-1-5 細胞の健全性を保つp53と細胞増殖にブレーキをかけるRb

p53タンパク質はサルのウイルス（SV40）がもつ癌遺伝子産物[T抗原]に結合する因子として発見された転写調節タンパク質である．p53は紫外線などで活性化され，細胞周期進行を抑えるCDK阻害因子の遺伝子発現を高めるとともに，アポトーシスを誘導し，DNA損傷を修復する遺伝子の発現を上昇させるなど，細胞が突然変異したまま増殖することを抑えている．Rb（網膜芽細胞腫で変異している遺伝子）タンパク質はG_1期からS期への進行に必要であるE2Fに結合してその働きを抑えているが，細胞増殖刺激に由来する情報を受けるとE2Fを解放し，その結果E2Fが働けるようになり，細胞分裂過程が進行する．p53とRb，いずれの因子も**細胞増殖抑制能**をもつ**癌抑制遺伝子**である（7章参照）．

15-1-6 癌の原因

発癌因子の代表的なものには，化学物質（=> **発癌物質**．例：ベンツピレン，ダイオキシン，アスベスト），**放射線**，**紫外線**などがあるが，遺伝子発現を高める転写調節タンパク質の中にも発癌活性をもつものがある．このほか，**ピロリ菌**などの細菌，ある種のカビ毒（=> **アフラトキシン**），**癌ウイルス**（152頁参照）も発癌活性をもつ．発癌物質のうち主にDNA損傷や突然変異を誘発するものを**発癌イニシエーター**といい，癌細胞の増殖を高める作用をもつものを**発癌プロモーター**というが，発癌プロモーターだけでは癌は発生しない．

15-1-7 生体内における癌の生成とその進展

自然条件で起こる高い突然変異率を考えると（5章参照），生体では癌細胞の芽となるような細胞が毎日のように多数生じているはずであるが，実際の癌発見率が低いのは，初期癌細胞のほとんどが悪性度や増殖能が低く，また**免疫監視機構**で処理されているためと考えられる．しかし免疫機構の低下や癌細胞のさらなる突然変異により，癌細胞は病理的に認識される癌組織に発展し，やがて**浸潤**し，循環系を介して全身に広がる．これが**転移**といわれる現象である．癌組織が増殖するためには，増殖のために栄養と酸素を供給する血管の新生が必須となるが，癌細胞には**血管新生**を誘導する能力がある（=> 癌細胞が酸素を大量に消費して低酸素状態の環境ができると遺伝子発現が変化し，近くの血管細胞の増殖性が高まる）．癌細胞の転移には，細胞の浸潤性や細胞社会性の喪失

> **疾患ノート　癌の遺伝性**
> 　癌は体細胞変異細胞であるため遺伝しないが，癌になりやすい体質は遺伝する．事実，家族性の癌（例：**家族性大腸ポリポーシス**（*APC*の変異），**リ・フラウメニ症候群**（*p53*の変異），**遺伝性乳癌**（*BRCA1*，*BRCA2*の変異））がいくつか知られている．

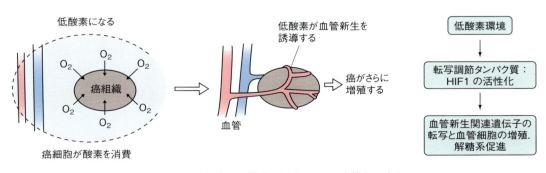

図15-11　癌は自らの増殖のために周りに血管をつくる

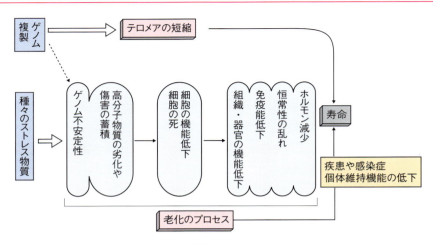

図 15-12 老化，寿命のプロセス

といったトランスフォーム細胞の性質に加え，浸潤性に直接関与する**細胞外基質分解酵素**を分泌するという性質もかかわる．

15-2 老化

15-2-1 細胞の老化と個体の寿命

生物は歳をとる（加齢する）に従って**老化**し，やがて特別な病気がなくとも**寿命**に達して死ぬ．ヒトの寿命は120歳と見積もられている．多細胞

> **メモ　寿命のない生物**
> 寿命という用語は通常多細胞生物に対して使われる．単細胞生物は無限に増殖するため，見かけ上は寿命がない．

生物の老化は，根本的には個々の細胞の老化（=>増殖能と機能の低下）と死が原因で，それによって器官や組織の機能低下が起こる．老化がさらに進むと，恒常性維持能力の低下や生命維持に必要な器官の機能低下が起こり，生命維持が困難になり死に至る．老化により免疫力が低下し，感染症

表 15·2　動物の寿命

<無脊椎動物>		<爬虫類>	
ワムシ	3日	トカゲ	8
ショウジョウバエ	50日	アリゲーター	66
ミジンコ	100日	ガラパゴスゾウガメ	150
カキ	12	<鳥類>	
クモ	20	シジュウカラ	9
ロブスター	45	キジ	27
オウムガイ	60	ペリカン	50
イケチョウ貝	100	ツル	60
<魚類>		ハゲワシ	120
グッピー	5	<哺乳類>	
サケ	13	マウス	4
キンギョ	45	イヌ	20
コイ	100	クマ	50
チョウザメ	150	ゾウ	70
<両生類>		クジラ	100
アマガエル	20	ヒト	120
オオサンショウウオ	55		

R. フリント著，「数値でみる生物学」
シュプリンガー・ジャパン　より一部引用．単位は年

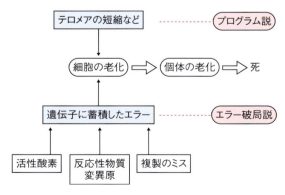

図 15-13　老化・寿命を説明する二つの仮説

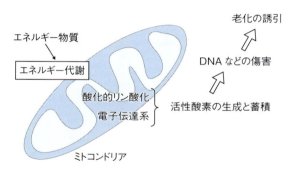

図 15-14　カロリー摂取と老化との関連（仮説）

や癌に罹患しやすくなることも，老化が寿命を縮める一因となる．

15-2-2　細胞の寿命

正常細胞はどんなによい条件で増殖させてもいずれ死ぬ．寿命は，細胞がもつ元々の性質だとする考え方（**プログラム説**）と，細胞内物質（とくに核酸やタンパク質）における損傷の蓄積によるという考え方（**すり切れ説／エラー破局説**）がある．プログラム説は分裂のたびに染色体のテロメアが短くなる[5章]という現象で説明でき，事実，癌化した細胞の**テロメラーゼ**活性は高く，また人為的にテロメラーゼ遺伝子の発現を高めて細胞を不死化させることができる．他方 細胞が長期間生存すると，DNA 傷害が蓄積して突然変異率が上昇し，この傷がある限度を超えると細胞が死ぬとするのが後者の考え方である．実際には両機構は複合的に働くと考えられる．DNA 損傷の原因となる物質は必ずしも外来性要因だけではなく，代謝で必然的に生じる過酸化物などの**活性酸素**や，反応性の高い物質もかかわる（注：複製のたびに DNA 損傷が蓄積するといった機構もあるら

しい）．細胞には活性酸素を無毒化したり，DNA 損傷を修復する機構があるが，これらが不充分だと細胞は不可逆的に老化して寿命に近づく．

15-2-3　カロリー摂取量と寿命

摂取カロリー（エネルギー物質摂取）が多いほど寿命が短くなることが知られているが，このことは大腸菌から哺乳類までのすべての生物に普遍的に当てはまる．この現象は，エネルギー生産が DNA 損傷能をもつ過酸化物の発生と相関するためと説明されている．細胞の主なエネルギー産生系はミトコンドリア内のクエン酸回路とそれに続く酸化的リン酸化だが，電子伝達系の最後の段階で DNA 損傷活性をもつ**過酸化水素**などの活性酸素が発生する．このような反応性の高い物質が主要な DNA 損傷因子と考えられ，事実，ミトコンドリアをもたない細胞は寿命が長い．

> **疾患ノート　大部分の疾患に遺伝子がかかわる?!**
> 先天異常などの典型的遺伝病は単一遺伝子が疾患にかかわるが，遺伝病とは見なされない疾患にも，実は遺伝子が直接・間接にかかわっている．肥満や糖尿病，高血圧などの**生活習慣病は多因子（多遺伝子）疾患**であり，多くの遺伝子が関係する（=> このために，病因の特定が困難である）．同様のことは癌についてもいえる．感染症は外来因子による疾患だが，感染しても発症するヒトとしないヒトがいるという事実は，感受性にかかわる遺伝子（例：免疫能や病原体の受容体）の存在を示唆する．

> **疾患ノート　早期老化症**
> 通常よりも速く老化する疾患で（例：**ウエルナー症候群**など），患者の寿命も短い．**DNA 修復**にかかわる DNA ヘリカーゼ遺伝子の欠損が原因である．

16章　バイオテクノロジーと医療

16-1　遺伝子組換えとその応用

16-1-1　制限酵素とDNAリガーゼ

制限酵素／制限エンドヌクレアーゼはDNA分解酵素の一種で，DNA内部の決まった塩基配列を認識して切断する．細菌に存在する酵素だが，認識配列の違いにより多くの種類がある．DNAをある制限酵素で切断すると，定まった構造のDNA断片を切り出して利用することができることから，制限酵素の発見以降，DNA研究は飛躍的に発展した．**DNAリガーゼ**は生物の種類にかかわらずDNAを結合することができ，遺伝子組換え操作に必須な酵素である．

16-1-2　遺伝子組換え技術により特定DNAを増やす

複製可能なDNA単位は（人工的なものを**ベクター**という．例：**プラスミド**，**ウイルス／ファージ**，染色体の**複製起点**由来のDNAを用いる）たとえ別のDNA断片が連結されても，まとまって細胞内で複製することができる．このため制限酵素を用いて希望するDNA断片を用意し，それをベクターと連結して組換えDNA分子とし，細胞

(a) 認識配列

酵素	認識配列*
Eco R I	GAATTC
Hin dIII	AAGCTT
Nco I	CCATGG
Sph I	GCATGC
Alu I	AGCT
Mae II	ACGT

＊：二本鎖DNAの片方のみを5'側から示した

(b) 3種類の切断方式（認識配列を示す）

(1) 5'接着末端を生じる
　例：Bam HI
　5'- GGATCC → G　　GATCC
　3'- CCTAGG 　 CCTAG　　G

(2) 3'接着末端を生じる
　例：Kpn I
　5'- GGTACC → GGTAC　　C
　3'- CCATGG 　 C　　CATGG

(3) 接着末端を生じない
　例：Alu I
　5'- AGCT → AG　CT
　3'- TCGA 　 TC　GA

図 16-1　制限酵素

解説　制限酵素は細菌の自己防衛のための道具

細菌はファージ（細菌ウイルス）から身を守る手段として制限酵素をもち，ファージDNAを分解する．自身のDNAにある切断部分は修飾（メチル化によって保護）されているため，分解されない．

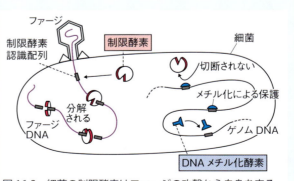

図 16-2　細菌の制限酵素はファージの攻撃から自身を守る

16-1 遺伝子組換えとその応用

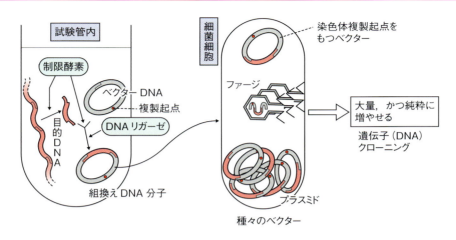

図 16-3 組換え DNA 分子の作製と遺伝子組換え実験の概要

内で純粋かつ大量に増やすことができるが，この操作を**遺伝子クローニング**あるいは **DNA クローニング**という（注：法律用語では**遺伝子組換え実験**という）．都合のよいことに，多くの制限酵素はDNAの二本鎖を少しずらして切断するため，切った後のDNAの末端には短い一本鎖部分（=> **接着末端**）が残る．同じ接着末端をもつDNA断片同士は容易に水素結合するので，そこにDNAリガーゼを作用させてDNAを完全に連結すれば1個の分子となる．ベクターが大腸菌由来のものであれば，連結DNAの由来が何であっても，組換えDNA分子を大腸菌で増やすことができる．

16-1-3 遺伝子組換えによるタンパク質生産

RNAは組換えには使えないが，**逆転写酵素**でDNA（=> これを **cDNA** という）に変換して二本鎖DNAにすれば，後は通常通り操作できる．ヒトのタンパク質をコードするmRNAからつくった二本鎖cDNAをベクターにつないで大腸菌で増やすとき，大腸菌内で転写・翻訳される調節配

解説 DNAを増やす他の方法：化学合成とPCR
小さなDNAは化学合成でき，また，PCR反応でもある程度の長さのDNAなら増やすことができる．これら合成DNAも天然のものと同様に組換え操作に使うことができる．

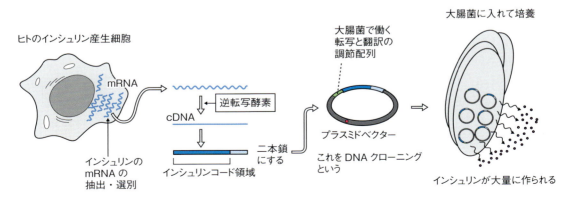

図 16-4 大腸菌を用いたヒトインシュリンの産生

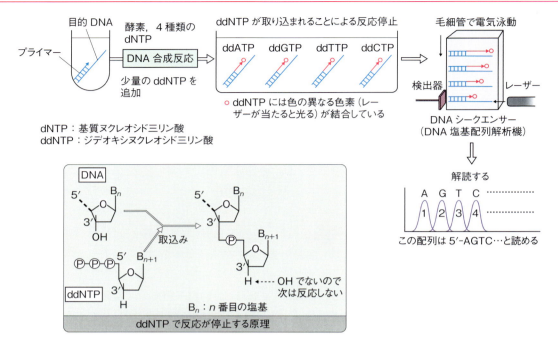

図16-5　古典的DNA塩基配列解析法：ジデオキシ法

列をベクターに付加しておけば，大腸菌内でヒトのタンパク質をつくることができる．

> **疾患ノート　遺伝子組換え医薬**
> **インシュリン，成長ホルモン，インターフェロン，エリスロポエチン**などの有用なタンパク質医薬は，遺伝子組換え技術でつくられている．この方法は純粋なものが大量に得られるうえ，任意に構造を変えられるという利点もある．

16-1-4　遺伝子構造解析

古典的なDNA塩基配列の解析はDNA合成反応を利用して行われる．DNAにDNA合成反応用のプライマーを結合させて反応させるが，このときA，G，T，Cのそれぞれの塩基で特異的に反応が止まる試薬（**ジデオキシヌクレオチド**：ddNTP．したがって，この原理に基づく構造解析を**ジデオキシ法**という）を加えて決まった場所で反応を止め，生成物の長さの順に配列を解読する．この原理に基づき，機械を利用すると1日1台当たり数万塩基のDNAが解析できる．

DNAシークエンサーは便利な機械だが，ヒトの全ゲノムや発現している全遺伝子を解析しようとすると数か月〜数年の時間を要し，大容量試料や膨大な数の検体を短時間で解読する目的には全く向いていない．これらの困難を打開する目的で登場したのが，最近使い始められてきている超高速DNAシークエンサー（**次世代シークエンサー**）である．いろいろな原理のものがあるが，いずれの機械も通常のジデオキシ法や，合成DNA鎖の個々での解析は行わず，膨大な数の資料を同時並行解析し，情報学に基づいてデータを連結させて配列を導き出す．酵素法によるものが主流だが，物理的原理のみで分析できる機器も使い始められ

> **疾患ノート　遺伝子診断**
> PCRで増やした患者DNAの塩基配列を解析し，データベース（大量の既知データ），解析プログラム，インターネットを利用してさらに解析する．このような手法を**生命情報学（バイオインフォマティクス）**という．インフルエンザウイルスなどの病原体の型も**遺伝子診断**で決められる．

ており，ヒトゲノムの解析が1日以内で行えるようになる日も遠くはない．

16-2 細胞工学と発生工学：細胞と胚の操作

16-2-1 細胞融合による単クローン抗体の生産

2種の細胞を一つにしたり（**細胞融合**．ポリエチレングリコールやある種のウイルスを使う），細胞から細胞小器官を除いたり，逆に入れたりする手法を**細胞工学**という．細胞融合の重要な応用例は**単クローン抗体**の生産で，抗体産生B細胞と，B細胞の癌である形質細胞腫を融合させてつくる．一つの融合細胞は特定の抗体を産生しつつ無限増殖する．抗体は医療面での応用価値が高い．

16-2-2 哺乳類の胚操作とその応用

胚を操作したり（細胞工学的操作や遺伝子操作，細胞の組合せの変化などの操作が含まれる），それを個体にする技術を**胚工学**，**発生工学**といい，後述の遺伝子導入動物や体細胞クローン動物の誕生の基盤技術となっている．哺乳動物の場合，操作した初期胚を擬似妊娠させたメスの子宮に入れることにより，子を誕生させることができる．2〜8細胞期の胚を一度バラバラにした後に組合せを変えて再集合させるか，胞胚に注入するなどして，**キメラ個体**をつくることもできる（例：ウズラとニワトリの細胞が入り交じった動物）．

16-2-3 遺伝子組換え動物

外来DNAを染色体に組み込んだ細胞を全身に均一にもつ動物を**遺伝子導入動物**（=> **トランスジェニック動物**）というが，これをつくるには，DNAを受精卵に微量注入し，その後発生させて個体を誕生させる必要がある．ただ，注入DNAがいろいろなタイミングで無秩序に染色体に挿入するため，生まれた子は細胞に組み込まれたDNAに関して不均一な個体，すなわちキメラとなる．DNAが生殖細胞に組み込まれたキメラ個体を元に交配によって子を得ると，その子は注入DNAに関して染色体の半数体分だけ遺伝子が均一に組み込まれたヘテロ接合体（ヘテロ個体）となる．ヘテロ個体の交配でホモ個体を得ることができる．トランスジェニック動物の作製技術は，畜産分野で広く利用されている．

> **メモ　キメラ**
> ヤギの体，ライオンの頭，ヘビの尾をもつ空想の動物．生物学では2対以上の親に由来する個体と定義される．臓器移植を受けたヒトもキメラである．

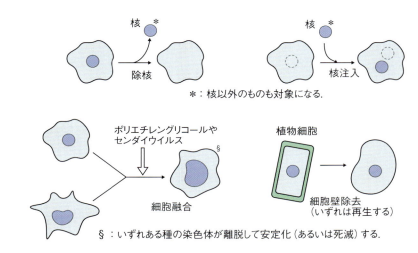

図16-6　細胞工学技術のいろいろ

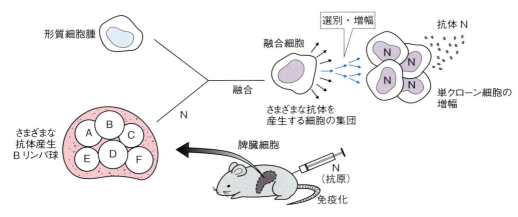

図 16-7　単クローン抗体産生

解説　遺伝子改変技術

　ゲノム DNA を思いの通りに改変できれば，遺伝子機能の解明の強力な武器になるとともに，品種改良にとっても有用なツールとなる．このような狙いの元に，とりわけ，多細胞生物の遺伝子を改変する技術がいろいろと作られてきた．

　最初に実用化された技術はマウスで行われた**遺伝子ターゲティング**といわれる方法で，マウス ES 細胞（後述）に，標的遺伝子断片に適当な目印遺伝子を連結したものを導入する．すると細胞のもっている相同組換え機構で標的遺伝子に目印遺伝子が入って標的遺伝子が壊れる．この細胞から発生工学的技術によって子を誕生させ，それを元にヘテロ→ホモ個体を作ると，その個体は標的遺伝子が働かない変異体，つまり**ノックアウトマウス**となる．方法によっては標的遺伝子を壊さずに改変させる**ノックイン**という方法も可能である．ただこの方法は煩雑で時間が 1〜2 年かかることが問題であった．これらの点を克服した新しい技術に**ゲノム編集**という方法があり，最近よく使われている．

　ゲノム編集の要点は，細胞に狙った配列に特異的に結合する核酸とそれに附随して働く DNA 切断酵素を発現させる点にあり，こうするとゲノムの特定部位が切断される．その後，損傷修復機能が働いて切断部分が修復されるが，このときに高頻度で変異が導入されるため，結果的に細胞は標的ゲノム部位に関してノックアウトされることになる．修復時に標的を含む適当な DNA 断片を入れておけば，相同組換えの結果残ってノックインも可能となる．これらから個体を作出する技術は上と同じである．ゲノム編集技術を使えば，ゲノムで変異している部分を正常に戻すこともでき，遺伝子治療の一環として使えないかなども検討されている．ゲノム編集は数か月以内で実験が済み，また生物種を問わず実行可能なため，その応用範囲は極めて広く，生物を改変する画期的方法であることに疑う余地はない．事実，育種などではすでに多くの報告がある．

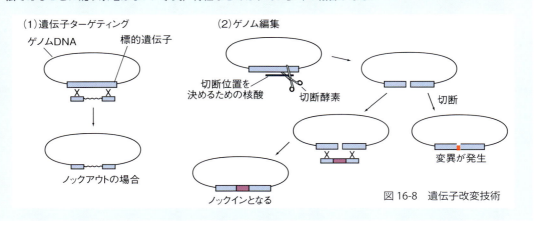

図 16-8　遺伝子改変技術

(a) トランスジェニックマウスの作製

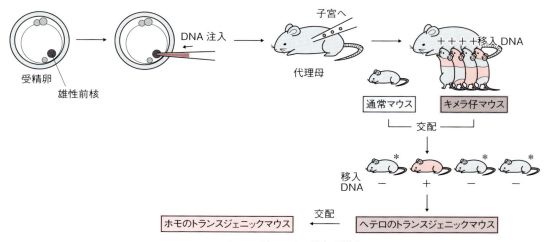

(b) 遺伝子導入植物の作製（アグロバクテリウムを用いる方法）

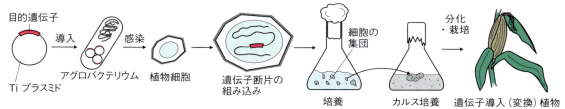

図 16-9　遺伝子組換え植物個体の作製

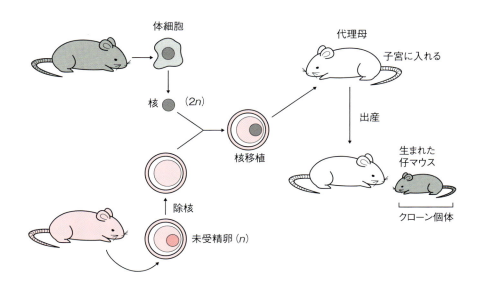

図 16-10　クローン動物の作製

カルタヘナ法：「遺伝子組換え等の使用等の規制による生物の多様性の確保に関する法律」

(a) 法律の要点

- 遺伝子組換え生物の封じ込めを義務づける
- クラス別に封じ込め法を細かく規定する
  物理的封じ込めレベル：P1 〜 P3
- ヒトや環境に悪影響を与える生物の作製を規制する
- 譲渡，運搬などの基準を定める
- 罰則を定める

(b) 生物のクラス分け（例）

クラス1	マウス，イネ，大腸菌K12株，酵母，非病原性バクテリオファージ，植物ウイルス
クラス2	赤痢菌，コレラ菌，マウスレトロウイルス，ヒトアデノウイルス，日本脳炎ウイルス，ワクシニアウイルス
クラス3	炭疽菌，結核菌，ペスト菌，チフス菌，HIV1，SARSウイルス，西ナイルウイルス
クラス4	エボラウイルス，ラッサウイルス，ニパウイルス，天然痘ウイルス

- クラスの数の大きい方が規制も厳しい
- 法律ではウイルスも生物に含まれる

図16-11　カルタヘナ法の概要

解説　遺伝子組換え植物

植物細胞に電気刺激法やアグロバクテリウムを使ってDNAを導入し，細胞を増やした後，個体に成長させる．植物には分化の全能性があり，細胞から個体が簡単につくれる．遺伝子導入植物は一般には**遺伝子組換え植物**（作物）といわれる．

16-2-4　体細胞クローン動物

クローン増殖は植物などではよくみられるが，哺乳動物でも人為的操作によって**体細胞クローン個体**をつくることができる．あらかじめ核を除いた未受精卵に体細胞から取り出した核を注入し，その細胞を子宮に戻して発生させ，子を誕生させる．生まれた個体は核を得た個体と遺伝的に同一（すなわちクローン）である．この操作はヒツジではじめて成功し，その後多くの哺乳動物で成功

解説　遺伝子組換え実験の安全性

遺伝子組換え生物が環境に広がって**生物多様性**が乱されたり，ヒトの健康に対して悪影響がおよばないように，遺伝子組換え実験を規制する法律が各国でつくられ，日本でも2004年に「遺伝子組換え生物等の使用等の規制による生物の多様性の確保に関する法律」（**カルタヘナ法**）が施行された．DNA組換えや細胞融合による遺伝子組換え生物に関する操作が法律の管理下に置かれている．

している．卵さえ手に入れば，核は多数得られるので，同一個体を多数つくることができる

16-3　医療におけるバイオテクノロジー

16-3-1　再生医療

細胞，組織，器官を人体に移入する移植は，移植組織を提供できるドナーが有限なためにさまざまな困難があるが，これを打開する切り札の一つとされているのが**再生医療**である．再生医療では，**幹細胞**を目的の細胞に**分化**させ，それを患者に移植して失われた部分（例：神経）を補填する．未分化細胞としては，受精卵から発生させた胚の内部細胞塊を元につくった**ES細胞**が適しており，特定の操作により筋細胞や脳細胞などの希望するいくつかの細胞に分化させることがきる．ただしES細胞が非自己のために移植免疫が働いてしまうこと，受精卵確保が容易でないこと，ES細胞

トピックス　動物を臓器提供の道具にする

ヒトとサイズが似ているブタなどの動物の臓器をヒトに移植できれば，移植に関する多くの問題を解決できるが，実際には拒絶反応が強すぎてとても使いものにならない．そこで移植免疫にかかわるMHC（13章）をヒト型に変化させた動物をつくる研究が行われている．

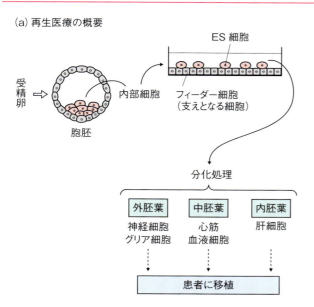

図16-12 ES細胞を用いる再生医療の概要とその問題点

の性質を安定に保つことに特別の注意がいるなど（=> 場合により癌化する），多くの解決すべき問題が残っている．

16-3-2 再生医療の新展開：iPS細胞

ES細胞を用いる再生医療には上述した多くの技術的問題や，後述する倫理的な問題があり，実施までのハードルは極めて高い．もし個々の人の体細胞を材料にES細胞のような多分化能をもつ細胞ができれば大きな前進となるはずである．京都大学の山中伸弥博士らのグループはマウスを使い，平成18年，世界ではじめてこのような細胞：**人工多能性幹細胞（iPS細胞）**の作製に成功し，その後ヒトでもつくった．iPS細胞は複数の遺伝子を組み込んで，未分化状態を維持しつつ増殖でき，しかも適当な方法でさまざまな細胞に分化させることができる（84頁のコラム参照）．

16-3-3 遺伝子治療

遺伝子治療ははじめ**アデノシンデアミナーゼ（ADA）**遺伝子（リンパ球などに発現し，感染防御などにかかわる）で実施され，その後，癌治療

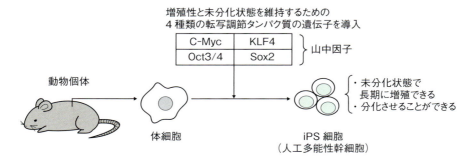

図16-13 マウスiPS細胞の作製

16章 バイオテクノロジーと医療

表 16·1 遺伝子治療

(a) 適用された疾患と遺伝子の例

癌	組織適合抗原，癌抑制遺伝子（p53 など），アポトーシス誘導遺伝子，サイトカイン（IL-2 など）
単一遺伝子疾患	SICD，ADA 欠損症，嚢胞性線維症，血液凝固因子 IX
感染症（主にエイズ）	種々の操作を施した T リンパ球，DNA ワクチン
その他	アテローム硬化症，リウマチ関節炎

SICD：重症免疫不全症
ADA：アデノシンデアミナーゼ

(b) 使用核酸のカテゴリー

- cDNA，完全な遺伝子産物の産生
- 遺伝子発現の低下を狙ったアンチセンス RNA，siRNA，miRNA
- 調節的遺伝子，転写制御因子
- DNA 修復を目的とする DNA 断片

siRNA：小分子干渉 RNA
miRNA：マイクロ RNA

を中心に広く実施されている．癌では癌抑制遺伝子に欠陥があることが多く，正常な癌抑制遺伝子（例：p53）の導入が行われる．遺伝子の導入方法には直接注入やウイルスを運び屋（ベクター）として感染させるなどの方法，リンパ球を取り出して培養し，遺伝子操作した後で生体に戻すという方法などがある（注：遺伝子治療は特定の組織・器官が対象で，胚を操作して全身の遺伝子を変えることは禁止されている）．ただ，実効性が不充分で，染色体に DNA が挿入されることに伴う副作用（例：既存遺伝子の破壊）やベクターによる副作用などなど，解決すべき点がまだ残っている．

疾患ノート　RNA 医薬

RNA は物質に結合する性質があり，配列を目的物質と特異的に結合するようにデザインして，タンパク質抗体と同じように使用することができる（=>**RNA 抗体**）．タンパク質抗体より機動性と応用性に富み，すでにいくつかの疾患（例：加齢黄斑変性症）で実用化されている．

メモ　DNA ワクチン

動物に目的タンパク質遺伝子に相当する DNA を入れ，DNA 由来タンパク質をつくらせることにより，全身の免疫系を刺激しようという試み．

16-4　バイオテクノロジーのヒトへの応用と生命倫理

バイオ技術は医療にさらなる可能性をもたらすと期待されるが，倫理的な問題もある．ヒトに対する DNA 操作は組織についてのみ許されており，胚や卵を使った操作は禁止されている．これは極端な優生思想（=> 人類にとって悪い遺伝子を駆逐し，よい遺伝子をもつ人間のみを後世に残そうとする考え方）の実行や，特定のタイプのヒト（俗に**デザイナーベビー**といわれる）を，意図をもって誕生・生産することになるため，問題視される．ヒト ES 細胞を使った再生医療も，将来ヒトになることができる受精卵を使用するという倫理的な問題がある．このような理由により，クローン人間の作製も禁止されている．さらにクローン人間の作出は，有性生殖を介さない個体の誕生という，社会通念と大きく異なる事象を経ており，また民法上の問題もある（例：母親が自分の皮膚の細胞を自分の卵に入れて産んだ子供 [=> 体細胞クローン人間] は，民法上は母親の子だが，生物学的には母親のクローン，つまり母親自身である）．

- 卵，受精卵を母体から取り出すことの苦痛の是非
- 受精卵，胚のようにヒトに成長しうるものを人為的に処理・処分することの是非
- 遺伝子に手を加えることの是非
- 人間の思い通りのヒトを作製することの是非
- 「悪性」遺伝子を地球上から駆逐することの是非
- 血縁関係を無視した個体の作成の是非

図 16-14　ヒトを対象とした最新のバイオ技術に内在する倫理的問題点

参 考 書

一般生物学に関するものをあげ，基礎生物学や基礎医学に関する個々の専門書籍は割愛した．

＜高校生物の復習＞
長野敬・牛木辰男監修；増補四訂版 サイエンスビュー 生物総合資料，2009，実教出版
栃内新・左巻健男；新しい高校生物の教科書，2006，講談社
大森徹；忘れてしまった 高校の生物を復習する本，2002，中経出版

＜入門レベルの学習＞
朝倉幹晴；休み時間の生物学，2008，講談社
吉田邦久；好きになる生物学，2001，講談社
本多忠紀；生物学のすすめ，2002，化学同人
小野廣紀・内藤通孝；わかる生物学，2006，化学同人

＜基礎〜標準レベルの学習＞
武村政春；人間のための一般生物学，2007，裳華房
田村隆明；コア講義生物学，2008，裳華房
石川統；生物科学入門（三訂版），2003，裳華房
太田次郎；教養の生物（三訂版），1996，裳華房
木下勉・小林秀明・浅賀宏昭；ZEROからの生命科学 改訂3版，2010，南山堂
石川統編；生物学（第2版），2008，東京化学同人
室伏きみ子；図解 生命科学，2009，オーム社
和田勝；基礎から学ぶ生物学・細胞生物学，2006，羊土社

＜高度で詳しい内容の学習＞
Neil A. Cambell, Jane B. Reece 著 小林興監訳；キャンベル生物学，2007，丸善
Daniel D. Chiras 著 永田恭介監訳；ヒトの生物学 体のしくみとホメオスタシス，2007，丸善
M. L. Cain ほか 著 石川統監訳；ケイン生物学，2004，東京化学同人
谷口直之・米田悦啓編；医学を学ぶための生物学 改訂第2版，2004，南江堂
P. レーヴン・G. ジョンソン・J. ロソス・S. シンガー共著 R/J Biology 翻訳委員会監訳；レーヴン・ジョンソン 生物学（原書第7版），2006，培風館

索　引

記号
I型糖尿病　140
α 細胞　108
α 受容体　110
α らせん　30
β グロビン遺伝子ファミリー　52
β 構造　30
β 細胞　108
β 酸化　42
β シート　30
β 受容体　110
β-GTP　38
γ グロブリン分画　135
γ- グロブリン療法　138
δ 細胞　108

数字
1 モル　23
$2n$　76
2心房2心室　99
3大栄養素　34

A
ABC モデル　85
ABO 式血液型　91
ACE　109, 114, 115
ACTH　107
ADA　169
ADA 欠損症　48
ADP　32, 37
AED　99
AIDS　140
ALP　38
AMP　32, 37
APC／C　69
ATM　69
ATP　16, 18, 32, 36, 41, 90
ATP 合成酵素　41
A 型肝炎ウイルス　149
A 細胞　108

B
BCG　140
BSE　31
BSL 分類　152
B 型肝炎ウイルス　149, 150
B 細胞　108, 128, 133, 134
B 細胞受容体　135
B 細胞の応答　135
B リンパ球　128

C
cAMP　117
CDK　69
CDK 阻害因子　69
cDNA　163
cGMP　118
CJD　31, 119
CoA　39
C 型肝炎ウイルス　149, 150
C 末端　30

D
Da　23
DNA　31
DNA ウイルス　149
DNA 癌ウイルス　150, 156
DNA 鑑定　56
DNA クローニング　163
DNA シークエンサー　164
DNA 指紋　52
DNA 修復　156, 161
DNA 損傷　161
DNA の二重らせん構造　33
DNA の変性　33
DNA 複製のライセンス化　70
DNA ヘリカーゼ　59
DNA ポリメラーゼ　54
DNA リガーゼ　55, 162
DNA ワールド　8
DNA ワクチン　170
D 細胞　108

E, F
E2F　69, 159
EB ウイルス　150
EMP 経路　39
ES 細胞　84, 168
FAD　39
Fas リガンド　75
FMN　39
FSH　107, 110
F 因子　78

G
G_0 期　68
G_1 期　68
G_2 期　68
GABA　127
GnRH　111
GTH　111
G タンパク質　117

H
HAT　63
HBV　150
HCV　150
HDL　34
HIV　140, 150, 148, 152
HLA　138
HPV　150
HTLV　150
H 鎖　136

I
IFN　131
IgA　136
IgE　136, 139
IgM　136
iPS 細胞　84, 169

K, L
K チャネル　124
LDH　38
LDL　34
LH　107, 110
LH サージ　111
LPS　143
L 型アミノ酸　30
L 鎖　136

M
MADS-box 遺伝子　85
MAP キナーゼ　118
MHC　134
MHC クラスII分子　133
MPF　68
mRNA　61, 65
MRSA　149
M 期　68, 70
M 期促進因子　68

N, P
n　76
NAD^+　38
NADP　39
NADPH　42
NFκB 因子　63
NK 細胞　128, 131, 137
N 末端　30
p21　69
p53　69, 71, 159, 170
p53 因子　63
PCB　118
PCR　56
pH　24
pH 緩衝液　24
PRPP　43

R
Rb　69, 159
Rh 式血液型　91
RNA　31, 61

RNAi　67
RNA 医薬　170
RNA ウイルス　149
RNA 癌ウイルス　150, 156
RNA 干渉　67
RNA 抗体　170
RNA ポリメラーゼ　60, 61
RNA ポリメラーゼII　61
RNA ワールド仮説　8
rRNA　61

S, T
SCID　140
SLE　140
SS 結合　30
SV40　159
S 期　68
T_3　108
TATA ボックス配列　62
TCA 回路　39
Tc 細胞　135, 137
Th1 細胞　135, 136
Th2 細胞　135
Ti プラスミド　154
TLR　132
TNF-α　112
tRNA　61, 65
TSH　107
T 抗原　159
T 細胞　128, 134
T 細胞受容体　135, 136
T 細胞の応答　134
T リンパ球　128

V, X, Z
VRE　149
VDJ 組換え　136
XP　48
X 染色体不活化　64
Z 膜　88

あ
アイソザイム　38
アイソトープ　22
アクアポリン　13
悪液質　154
悪性腫瘍　154
悪性新生物　154
アクチン　87, 89
アクチン繊維　17
アクトミオシン　89
アグロバクテリウム　154
アゴニスト　117

索引

足場依存的増殖能　155
アストログリア　119
アスペルギルス属　147
アセチル CoA　39, 42
アセチルコリン　89, 123, 127
アディポカイン　112
アディポネクチン　112
アデニル酸シクラーゼ　117
アデニン　31
アデノウイルス　149
アデノシンデアミナーゼ　169
アデノシンデアミナーゼ欠損症　48
アトピー性疾患　139
アドレナリン　42, 44, 110, 115, 116
アナフィラキシーショック　139
アナフィラキシー反応　139
アニーリング　33
アニサキス　153
アフラトキシン　159
アベリー　50
アボガドロ数　23
アポトーシス　70, 74, 156
アミノ基　29
アミノ酸　29
アミノ酸代謝異常　45
アミノ末端　30
アミラーゼ　95
アメーバ　148
アメーバ赤痢　148
アルカプトン尿症　45, 48
アルコール類　28
アルツハイマー病　127
アルドステロン　109, 113
アルブミン　25, 90
アレルギー　139
アレルゲン　139
アロステリック酵素　38
アロステリック部位　38
アンジオテンシン　112
アンジオテンシンⅠ　109
アンジオテンシンⅡ　109, 113, 115
アンジオテンシン変換酵素　109
アンジオテンシンⅡ変換酵素　115
暗帯　88
アンタゴニスト　117
アンチコドン　65
アンドロステンジオン　109
暗反応　45
アンモニア　44

い

胃　95
胃液　34
イオン　23
イオン化　23
イオン間相互作用　24
イオンチャネル　126
異化　35
鋳型鎖　60
胃癌　97, 146
維管束　5, 94
胃酸　95
移植　138
移植免疫　138
異性化酵素　38
一遺伝子一酵素説　51
一次共生　10
一次構造　30
一次植物　10
一次免疫応答　134
一次リンパ器官　128
一倍体　46, 76
イチョウ　85
一酸化炭素　91
一酸化窒素　44, 112
遺伝　1, 46
遺伝暗号　65
遺伝子　46
遺伝子組換え医薬　164
遺伝子組み換え実験　163
遺伝子組換え植物　168
遺伝子クローニング　163
遺伝子再編　136
遺伝子診断　56, 164
遺伝子ターゲティング　166
遺伝子地図　50
遺伝子治療　169
遺伝子導入動物　165
遺伝子特異的転写調節　62
遺伝子の染色体説　50
遺伝子の量の効果　47
遺伝子発現　60
遺伝子ファミリー　52
遺伝子密度　51
遺伝性乳癌　159
遺伝病　48
イノシトール三リン酸　118
イノシトールリン脂質　117
飲作用　14
インスリン　108, 115, 164
インスリン　108
インターフェロン　112, 118, 131, 164
インターロイキン　112
イントロン　64
院内感染　145
インフルエンザウイルス　149

う

ウィルキンス　51
ウイルス　1, 2, 148, 162
ウィルヒョウ　11
ウイロイド　2
ウェルシュ菌　147
ウエルナー症候群　59, 161
ウシ海綿状脳症　31
右心室　99
右心房　99
うずまき管　103
鬱病　127
ウラシル　33
運動　37
運動神経　122
運動ニューロン　123

え

エイコサノイド　112
エイズ　75, 150
栄養生殖　76
栄養素　34
液性調節　105
エキソサイトーシス　15
エキソン　64
エコノミークラス症候群　93
壊死　74
エストラジオール　110
エストロゲン　110, 117
エネルギー　35
エネルギー源　27, 29
エネルギー代謝　35
エピジェネティクス　64
エピトープ　133
エピネフリン　110
エボラウイルス　149
エラー破局説　161
エリスロポエチン　92, 112, 164
塩基　27, 31, 42
塩基性　24
塩基性アミノ酸　31
塩基性物質　27
塩基対　33, 51
塩基対の相補性　33
塩基配列　33
塩酸　95
炎症　130
猿人　6
遠心性神経　122
延髄　119, 120
エンドサイトーシス　14
エンドソーム　16
エンハンサー　62
エンベロープ　148

お

黄色ブドウ球菌　147
黄体　110
黄体形成ホルモン　107
黄体ホルモン　110
黄疸出血性レプトスピラ　147
オウム病　2, 147
横紋筋　88
オーガナイザー　80
オータコイド　112
オートファジー　21
岡崎断片　55
オキサロ酢酸　39
オキシトシン　106, 108, 113
おしべ　85
オゾン層　5
おたふくかぜウイルス　149
オパーリン　8
オプシン　103
オプソニン効果　131
オペレーター　64
オペロン　64
オリゴデンドログリア　119, 124
オリゴ糖　27
オリゴマー　27
オルガネラ　13
オルニチン回路　44

か

回帰熱ボレリア　147
壊血病　38
外呼吸　41, 101
介在ニューロン　123
外耳　103
開始コドン　66
家族性大腸ポリポーシス　159
回虫　153
外的防御　129
回転感覚　103
解糖系　39
外毒素　147
海馬　120
外胚葉　80
灰白質　119
外部寄生虫　153
外分泌　105
外分泌器官　98
開放型血管系　99
外膜　143
界面活性剤　27
海綿状組織　94
解離　23
化学シナプス　126
蝸牛管　103

核 15
角化細胞 86
核孔 15
核酸 31, 42
学習 127
核小体 15
核相 76
獲得免疫 129, 133
核内受容体 63, 118
萼片 85
核膜 15
核膜孔 15
学名 4
花形成 85
化合物 22
かご状神経系 119
過酸化水素 161
下垂体 107
下垂体後葉 106
下垂体前葉 105
下垂体門脈 105
加水分解 34
加水分解酵素 38
カスケード 117
ガス交換 101
ガストリン 108
カスパーゼ 75
カタラーゼ 15
割球 80
褐色脂肪細胞 115
活性酸素 161
活性中心 37
活動電位 124
滑面小胞体 15
カテコールアミン 110
カナマイシン 67
過敏症反応 139
カプシド 148
花粉 85
過分極 127
花弁 85
芽胞 142, 143
鎌状赤血球貧血 51
カリクレイン-キニン系 115
顆粒球 90, 128
カルシウム 116
カルシウムイオン 117, 127
カルシウム交替 116
カルシウム代謝 108
カルシトニン 108, 116
カルタヘナ法 168
カルビン回路 45
カルボキシ基 29
カルボキシ末端 30

加齢 160
癌 21, 57, 75, 154
癌遺伝子 150, 156
癌ウイルス 150, 159
肝炎ウイルス 150
感覚器 102
感覚系 102
感覚受容器 127
感覚ニューロン 123
感覚毛 103
肝吸虫 153
環境変異体 56
環境ホルモン 63, 118
桿菌 143
環形動物 7
還元 36
癌原遺伝子 156
感作 134
幹細胞 82, 83, 168
カンジダ属 147
肝小葉 97
関節リウマチ 140
感染 141
感染型 147
感染効率 141
感染症 141
感染症法 152
感染免疫 134
感染力 141
肝臓 44, 97
肝臓癌 150
桿体細胞 102
冠動脈 99
間脳 119, 120
ガンマアミノ酪酸 127
癌抑制遺伝子 156, 159
癌抑制因子 71
癌抑制タンパク質 69

き
キアズマ 72
記憶 127
記憶細胞 135
器官 95
器官系 95
気管支 100
気管支喘息 139
気孔 94
基質 37
基質特異性 37
寄生 141
寄生生物 2
寄生体 141
寄生虫 153
キニン 115

基本転写因子 62
キメラ 166
キメラ個体 165
キモトリプシン 34
逆転写酵素 59, 149, 163
ギャップ結合 126
キャップ構造 65
球菌 143
旧口（前口）動物 7
嗅細胞 104
旧人 6
求心性神経 122
吸虫類 153
旧皮質 120
橋 119, 120
胸管 100
狂犬病ウイルス 149
狭心症 99
共生 141
胸腺 93, 128
蟯虫 153
莢膜 143
共有結合 24
巨核球 93
局在 19
極体 73
棘突起 126
棘皮動物 74
虚血性疾患 93
拒絶反応 137, 138
魚類 74
キラーT細胞 135
ギラン・バレー症候群 124
筋芽細胞 88
筋管細胞 88
菌血症 145
筋原繊維 88
近交弱勢 48
菌交代症 97, 145
筋細胞 87
筋細胞分化 88
筋ジストロフィー 88
菌糸体 78
筋節 88
筋繊維 87
筋肉運動 18
菌類 2, 147

く
グアニン 31
クエン酸 39
クエン酸回路 39
茎 94
組換え 50, 57, 59
組換え率 50

くも膜 121
くも膜下出血 121
クラウンゴール 154
クラス I MHC 134
クラス II MHC 134, 135
クラススイッチ 136
グラナ 17
クラミジア 1, 2, 147
グラム染色 145
グリア 119
グリコーゲン 28, 42
グリコーゲン分解 115
グリコサミノグリカン 28
クリステ 16
グリセリン 29
グリセルアルデヒド 3-リン酸 39, 45
グリセロール 29
クリック 51
グリフィス 50
クリプトコックス属 148
グルカゴン 42, 108, 115
グルコース 27, 39
グルコース濃度 115
グルココルチコイド 109, 115
グルタミン 44
グルタミン酸 44, 127
グルタミン酸受容体 127
くる病 117
クレアチニン 101
クレアチンリン酸 90
クロイツフェルト-ヤコブ病 31, 119
クローン 134
クローン選択 134
クローン増殖 77, 168
グロブリン 90
クロマチン 15, 53
クロラムフェニコール 67
クロロフィル 17, 45

け
経口避妊薬 113
軽鎖 136
形質 46
形質細胞 93, 135
形質転換 51
形成層 94
形態形成 81
血圧 114
血圧上昇効果 109
血液 90
血液型 91
血液型物質 138
血液凝固因子 38

血液凝固系　93
血液凝固阻止剤　93
血液脳関門　122
血液の貯蔵　100
血液量　113
結核菌　146
結核菌の感染　140
血管系　99
血管新生　159
血球　90
月経　113
結合組織　87
血色素　17, 90
欠失変異　57
血漿　90
血小板　90
血清　90
血清病　138, 139
血清療法　138
血栓　93
血中コレステロール　34
結腸　96
血糖　27
血糖量　109, 115
血餅　90, 93
血友病　48, 93
解毒　98
ゲノム　51
ゲノムサイズ増加　59
ゲノム刷り込み　64
ゲノム編集　166
ケモカイン　112, 131
原核生物　3
嫌気呼吸　41
原形質　13
原形質流動　18
原口　80
原口背唇部　80
原子　22
原子核　22
原子間相互作用　24
原始生物　9
原子量　22, 23
原人　6
減数第一分裂　72
減数第二分裂　72
減数分裂　72, 76
顕性感染　141
原生生物　3
原生動物　2, 148
元素　22
元素記号　22
原虫　148
原腸　80

原腸胚　80
限定分解　38
原尿　101
原発癌　155
顕微鏡　11

こ

コアセルベート説　8
降圧薬　109
高エネルギー物質　32, 37
好塩基球　90
恒温動物　7
光化学反応　45
光学顕微鏡　11
交感神経　122, 123
交感神経伝達物質　110
好気呼吸　16
好気性菌　144
抗菌性物質　129
後形質　13
抗血清　138
抗原　133
抗原決定基　133
抗原抗体複合体　136
抗原受容体　135
抗原提示　133, 134, 135
抗原提示細胞　133
抗原提示能　130
抗原認識受容体　134
膠原病　75, 140
光合成　45
交叉　50
虹彩　102
交雑　46, 47
好酸球　90, 130
ゴーシェ病　21
高次構造　31
鉱質コルチコイド　109
恒常性　113
甲状腺　108
甲状腺機能亢進症　108
甲状腺刺激ホルモン　107
甲状腺ホルモン　63, 108, 118
校正機能　55
合成酵素　38
後成的遺伝　63, 64
後生動物　4
抗生物質　67, 97, 149
酵素　37
抗体　135, 136
抗体分子　136
好中球　90, 130
高張　25
後天性（続発性）免疫不全症　140
後天性免疫不全症候群　140

後天免疫　129
後脳　121
高分子　27
興奮性シナプス　127
興奮伝導　119, 124
酵母　147
硬膜　121
抗利尿ホルモン　108
光リン酸化　45
コード鎖　60
五界説　3
呼吸　41
呼吸器　100
呼吸鎖　41
コケイン症候群　58
古細菌　3, 9
個人識別　52
個体　2
五炭糖　27
骨格筋　88
骨芽細胞　87
骨吸収　116
骨形成　116
骨髄　84, 92, 128
骨髄性幹細胞　92
骨髄系前駆細胞　128
骨粗鬆症　87, 117
コドン　65
ゴナドトロピン　107, 111
鼓膜　103
コラーゲン繊維　87
コリ回路　39, 90
コリンエステラーゼ　127
ゴルジ装置　15
ゴルジ体　15
コルチゾール　109
コルヒチン　76
コレシストキニン　108
コレステロール　13, 29, 97
コレラ菌　145
コロナウイルス　149
コロニー　144
混合物　22
コンセンサス配列　62
根足虫類　148

さ

催奇形性　63
再吸収　101
細菌　143
細菌性食中毒　147
細菌叢　96, 145
細菌類　2
サイクリン　69
最終分化　82

再生　31, 82
再生医療　84, 168
再生不良性貧血　75
臍帯　82
サイトカイン　112, 128
細胞　1, 11
細胞外基質分解酵素　160
細胞外消化　97
細胞外分泌　20
細胞外マトリックス　14, 87
細胞間情報伝達　105
細胞工学　165
細胞骨格タンパク質　17
細胞質　13
細胞質遺伝　50
細胞社会性　156
細胞周期　68
細胞傷害型アレルギー　139
細胞傷害性T細胞　134
細胞小器官　13, 15
細胞性免疫　134, 136, 137
細胞説　11
細胞接着タンパク質　14
細胞増殖抑制能　159
細胞内共生　9
細胞内消化　97
細胞内情報伝達　117
細胞内タンパク質分解　21
細胞内膜系　13
細胞内輸送　18
細胞の大きさ　11
細胞の形　12
細胞壁　17, 143
細胞膜　13
細胞融合　165
細胞溶解反応　131
サイレントな変異　58
柵状組織　94
鎖骨下静脈　99
左心室　99
左心房　99
殺菌　142
殺菌剤　142
刷子縁　97
雑種　47
雑種一代　46
サテライトDNA　52
サテライト細胞　88
サナダムシ　153
サブユニット　31
サルコメア　88
サルベージ経路　43
サルモネラ菌　145, 147
サルモネラ属　145

酸　27
酸化　36
酸化還元酵素　37
酸化還元反応　39
酸化的リン酸化　42
散財神経　119
散在性反復配列　52
三次構造　30
酸性　24
酸性アミノ酸　31
酸性物質　27
酸素　5, 41
三ドメイン説　3
三倍体　76
三胚葉性動物　7

し

ジアシルグリセロール　117, 118
シアノバクテリア　3
自家移植　138
紫外線　5, 57, 58, 159
師管　94
色素性乾皮症　48, 58
色素体　17
色盲　48
子宮収縮ホルモン　113
糸球体　101
軸索　123
軸索小丘　124
シグナル伝達　105
シグナル配列　19
止血　93
自己寛容　140
自己増殖能　1
自己免疫疾患　75
自己免疫性肝炎　140
自己免疫病　140
自己分泌　105
視細胞　102
自殺遺伝子　75
自死　74
脂質　29, 34
脂質運搬　100
子実体　78
脂質二重膜　13
視床　119
視床下部　105, 119
糸状菌　147
耳小骨　103
自食　21
ジストロフィン　88
シス配列　62
ジスルフィド結合　30
雌性前核　73
次世代シークエンサー　164

自然発生説　7
自然免疫　129, 134
舌　104
失活　31
質量　22
ジデオキシヌクレオチド　164
ジデオキシ法　164
シトクロム c　75
シトシン　31
シナプス　125
シナプス可塑性　127
シナプス後部　126
シナプス前部　125
子嚢菌　147
視物質　102, 103
ジフテリア菌　146
四分子　72
脂肪細胞　112, 115
脂肪酸　29
脂肪組織　87
姉妹染色分体　70
ジャコブ　64
シャペロン　19
シャルガフの法則　51
種　4
重複受精　85
重合分子　27
重鎖　136
終止コドン　67
重症筋無力症　140
重症複合免疫不全症　140
終生免疫　134
従属栄養生物　34
十二指腸　96
終脳　119, 121
修復　58
絨毛　97
絨毛性性腺刺激ホルモン　113
縦列反復配列　52
宿主　141
種子植物　85
樹状細胞　128, 130, 132, 133
樹状突起　123
受精　46, 73, 78, 79
受精卵　78
出芽　76
受動免疫　134
受動輸送　14
寿命　160
腫瘍　154
主要3元素　26
主要4元素　26
腫瘍壊死因子　75

腫瘍原性　156
主要組織適合抗原　134
受容体　14, 117
腫瘍（癌）特異抗原　137
腫瘍免疫　137
シュワン細胞　119, 124
循環系　98
消化　34
消化管　95
消化系　95
消化腺　95
松果体　108
条件反射　123
常在菌　145
常在細胞　129
硝酸塩　44
ショウジョウバエ　81
脂溶性　27
脂溶性ビタミン　38
常染色体　52
醸造　147
条虫類　153
小腸　96, 97
少糖　27
消毒　142
消毒薬　142
小脳　120
上皮組織　86
情報高分子　60
小胞体　15
小胞体関連分解　19
小胞体ストレス　21
情報伝達　105
小胞輸送　19, 20
静脈　99
食細胞　130
食作用　14, 130
食中毒　147
触媒　37
植物　10
植物界　2
植物極　79
白子症　45
自律神経系　122
自律神経反射　123
仁　15
真核生物　3
腎機能　101
真菌　147
心筋　88
心筋梗塞　99
神経間接合部　125
神経系　119
神経膠細胞　119

神経興奮　124
神経細胞　119
神経終末　123
神経繊維　123
神経調節　105
神経堤　121
神経伝達　119
神経伝達物質　113, 127
神経伝達物質受容体チャネル　126
神経胚　80
神経変性疾患　21, 75
神経分泌細胞　105
人工獲得免疫　134
人工多能性幹細胞　84, 169
新口（後口）動物　7
心室　99
心室細動　99
浸潤　159
浸潤性　156
腎小体　101
新人　6
親水性　27
真性クロマチン　15
真正細菌　3, 9
新生児免疫　134
心臓　98
腎臓　25, 101
腎単位　101
浸透圧　24
真皮　87
新皮質　120
心房　99
心房性ナトリウム利尿ホルモン　113
じんま疹　139

す

随意筋　88
随意神経　122
膵液　96, 98
水酸化物イオン　24, 27
髄鞘　119
水晶体　102
水素イオン　24, 27
膵臓　98, 108
水素結合　24, 33
水素の受け渡し　39
錐体細胞　102
膵島　98
髄膜　121
水溶性ビタミン　38
スクロース　28, 45
ステロイド系抗炎症剤　109
ステロイドホルモン　63, 118

ステロイドホルモン受容体 63
ステロイドホルモン類 29
ステロイド類 29
ストレプトマイシン 67, 149
スパイク 148
スパイン 126
スピロヘータ 147
スプライシング 64
すべり仮説 89
すり切れ説 161

せ
生活習慣病 161
性器クラミジア感染症 2
静菌作用 142
制限エンドヌクレアーゼ 162
制限酵素 162
制限点 68
精細胞 85
青酸化合物 41
精子成熟 113
静止電位 124
星状体 17, 70
生殖 76
生殖幹細胞 84
生殖器 101
性腺刺激ホルモン 107, 111
性腺刺激ホルモン放出ホルモン 111
性染色体 48, 52
性染色体異常 52
成体 79
生体防御 100
生体膜 13
成長点 94
成長ホルモン 107, 115
生命情報学 164
生理的食塩水 25
脊髄 119, 123
脊髄小脳失調症 119
脊髄神経 123
脊髄反射 123
脊椎動物 7
赤道面 70
赤痢菌属 145
赤緑色覚異常 48
セクレチン 108
世代交代 76
赤血球 90
赤血球の破壊 100
接合 46, 78
接合子 78
接触阻止能 156
節足動物 7
接着末端 163

セルロース 28
セレウス菌 145
セロトニン 112, 127
腺 87
繊維芽細胞 87
繊維素 90, 93
全か無の法則 124
線形動物 74
染色質 15
染色体 15, 53
染色体異常 52
染色体の必須要素 53
染色分体 70
全身性エリテマトーデス 140
選択的スプライシング 65
選択的輸送 14
蠕虫 153
センチュウ 75
線虫類 153
前庭 103
先天異常 52
先天性(原発性)免疫不全症 140
先天代謝異常症 21
先天免疫 129
蠕動運動 95
セントラルドグマ 60
セントロメア 53
前脳 121
全能性細胞 84
潜伏感染 141
潜伏期 141
線毛 143
繊毛虫類 148
繊溶系 93
前葉体 78

そ
臓器 95
双極細胞 102
早期老化症 59, 161
相互転座 52
増殖因子 112
相同組換え 59
挿入変異 57
総排出(泄)口 102
草本 94
藻類 3
側鎖 30
組織 86
組織液 99
組織幹細胞 84
疎水結合 24
疎水性 27
疎水性相互作用 24

速筋 90
ソマトスタチン 106, 108
粗面小胞体 15

た
体液性免疫 134, 135
ダイオキシン 118
体温調節 115
体細胞クローン個体 168
体細胞突然変異 57
体細胞変異 57
胎児 82
体軸決定 81
代謝 1, 35
代謝異常症 48
代謝型グルタミン酸受容体 127
代謝水 41
体循環 99
帯状回 120
大動脈 99
大静脈 99
胎生 7
体性運動神経 122
耐性菌 149
耐熱性 DNA ポリメラーゼ 56
体性反射 123
耐性プラスミド 149
大腸 96
大腸菌属 145
タイチン 88
体内浸透圧 25
大脳 119
大脳基底核 120
大脳皮質 119
大脳辺縁系 120
胎盤 82, 113
対立遺伝子 46
多因子(多遺伝子)疾患 161
ダウン症候群 52
唾液アミラーゼ 34
唾液腺 95
他家移植 138
多系統 10
多剤耐性アシネトバクター 149
多剤耐性菌 149
多剤耐性結核菌 149
多細胞生物 2
唾腺 95
脱共役 115
脱髄症 124
脱水素酵素 39
脱分極 124
脱離酵素 38
多糖 28
多能性幹細胞 84

多発性硬化症 124, 140
単為生殖 78
単眼 102
単球 90, 128
単クローン抗体 165
単系統 10
単細胞生物 2
担子菌 78, 147
胆汁 34, 96, 97
胆汁酸 27, 29, 98
胆汁色素 98
単純糖質 28
単相 76
炭疽菌 145
単糖 27
胆嚢 98
単能性幹細胞 84
タンパク質 30, 34
タンパク質触媒 37
タンパク質の成熟 19
タンパク質の品質管理 20
タンパク質リン酸化酵素 38, 69, 117

ち
チェイス 51
チェックポイント 70
遅延性アレルギー 139
遅延性ウイルス感染 148
遅延性過敏症 137
遅筋 90
致死遺伝子 48
窒素固定 43
窒素固定細菌 44
窒素同化 44
膣トリコモナス 148
チフス菌 145
チミン 31
チャネル 13
中間径フィラメント 17
中間雑種 47
中耳 103
中心小体 17
中心小体周辺物質 17
中心体 17, 70
虫垂 96
中枢神経系 119
中性 24
中性子 22
中性脂肪 29, 34, 42, 97
中脳 119, 120, 121
中胚葉 80
中胚葉誘導 80
腸炎ビブリオ菌 145, 147
聴覚 103

聴細胞　103
調節　37
跳躍伝導　125
鳥類　74
直腸　96
チラコイド　17
チロキシン　108, 113, 115
チン小帯　102

つ，て

通性嫌気性菌　144
痛風　43
ツツガムシ病　2, 147
ツベルクリン反応　140
低張　25
低分子　27
テータム　51
デオキシリボース　31
デオキシリボ核酸　31
適応免疫　129
テストステロン　109, 113
デザイナーベビー　170
テトラサイクリン　67
テロメア　53, 56, 155
テロメラーゼ　56, 155, 161
転移　159
電位依存性Naチャネル　124
電位依存性カルシウムチャネル　126
電位依存性チャネル　126
転移癌　155
転移酵素　38
電気シナプス　126
電気的興奮　124
電子　22, 23
電子顕微鏡　11
電子伝達系　41
転写　60
転写介在因子　63
転写共役因子　63
転写調節因子　62
転写調節タンパク質　62, 71, 81, 117
転写調節配列　62
転写補助因子　63
伝染病　141
点突然変異　57
デンプン　28
デンプンの糖化　147
点変異　57
電離　23
電離放射線　57

と

糖　27
同位体　22

同化　35
道管　94
同義コドン　66
動原体　53
瞳孔　102
糖質　34
糖質コルチコイド　109
同質倍数体　76
糖新生　115
糖新生経路　42, 90
痘瘡ウイルス　149
等張　25
糖尿病　21, 93
動物界　2
動物極　79
洞房結節　99
動脈　99
ドーパミン　44, 127
トキソイド　149
トキソプラズマ症　148
毒素型　147
特定病原体等　152
独立栄養生物　34
独立の法則　47
突然変異　1, 56, 58
突然変異原　59
トラコーマ　2, 147
トランスジェニック動物　165
トランスフォームしている　155
トランスポーター　14
トランスポゾン　59
トリプシン　34
トリヨードチロニン　108
ドルトン　23
トロポニン　88, 89
トロポミオシン　88
トロンビン　93
トロンボキサン類　112
貪食　130
貪食作用　14

な

内呼吸　41
内耳　103
内臓運動神経　122
内的防御　130
内毒素　147
内胚葉　80
内部寄生虫　153
内部細胞塊　84
内分泌　105
内分泌撹乱物質　118
内分泌器官　98, 105
内分泌系　105
内膜　143

ナチュラルキラー細胞　128
納豆菌　147
生ワクチン　138, 149
軟骨　87
ナンセンス変異　58
軟体動物　7

に

肉腫　154
二酸化炭素　45, 101
二次共生　10
二次構造　30
二次植物　10
二次免疫応答　134
二重らせん構造　51
二次リンパ器官　128
二糖類　27
二倍体　46, 76
二胚葉性動物　7
二分裂　76
日本住血吸虫　153
日本脳炎ウイルス　149
二名法　4
乳化　27, 96
乳酸　39, 90
乳酸菌　147
乳酸菌類　146
乳び管　97
ニューロン　119
尿　101
尿細管　101
尿酸　43, 44
尿素　44
尿素回路　44, 101
妊娠の継続　111

ぬ

ヌクレアーゼ活性　55
ヌクレオソーム　53
ヌクレオチド　31

ね

根　94
ネクローシス　74
ネフロン　101

の

脳　119
脳下垂体　107
脳幹　120
脳・消化管ホルモン　108, 109
脳腸ペプチド　108
能動免疫　134
能動輸送　14, 37
脳変性疾患　119
ノックアウトマウス　166
ノックイン　166
乗換え　50

ノルアドレナリン　110, 123, 127
ノルエピネフリン　110
ノロウイルス　149

は

葉　94
パーキンソン病　119, 127
ハーシー　51
肺　100
胚　79, 85
肺炎球菌　145
肺炎双球菌　50
バイオインフォマティクス　164
バイオエタノール　147
配偶子　46, 77
配偶体　77
敗血症　145
胚工学　165
胚珠　85
排出　101
排出系　101
肺循環　99
肺静脈　99
倍数性　76
倍数体　76
胚性幹細胞　84
培地　143
肺動脈　99
梅毒トレポネーマ　147
胚乳　85
胚嚢　85
胚盤胞　81
ハイブリダイゼーション　33
肺胞　100
胚葉　80
排卵　111
排卵の抑制　111
配列特異的転写調節因子　62
白質　119
白色脂肪細胞　115
白色体　17
白癬菌属　148
バクテリオファージ　51
拍動リズム　99
博物学　2
破骨細胞　87
はしかウイルス　149
はしご状神経系　119
橋本病　140
破傷風　147
破傷風菌　147
パスツール　7, 11
バセドウ病　108, 140
バソプレッシン　106, 108, 113
パターン認識受容体　132

爬虫類　7
発癌イニシエーター　159
発癌因子　159
発癌物質　57, 159
発癌プロモーター　159
白血球　90
白血球前駆細胞　92
白血病　93, 154
発光　37
発酵　41
発疹チフス　2, 147
発生　79
発生工学　165
発熱　15
花　85, 94
パピローマウイルス　149
パラトルモン　108, 116
半規管　103
反射　123
反芻　97
半数体　46, 76
伴性遺伝　48
ハンチントン病　119
パンデミック　141
半透膜　25
万能細胞　84
反復配列　51
半保存的複製　54

ひ

非鋳型鎖　60
ビードル　51
尾芽胚　81
光　11
非共有結合　24
非自己　133
被子植物　85
微絨毛　97
微小管　17
微小管形成中心　17
ヒス束　99
ヒスタミン　112, 130
ヒストプラズマ　148
ヒストン　53, 63
ヒストンアセチル化酵素　63
微生物　141
脾臓　93, 100
非相同組換え　59
非対称分裂　82
ビタミン　34, 38
ビタミンA　38, 63, 103
ビタミンC　38
ビタミンD　29, 38, 63, 116, 117
ビタミンE　38
ビタミンK　38

必須アミノ酸　44
必須脂肪酸　34
ヒト　6
ヒトT細胞白血病ウイルス　150
ヒトのアフリカ起源説　6
ヒトの進化　6
ヒト白血球抗原　138
ヒトパピローマウイルス　150
ヒト免疫不全ウイルス　148
泌尿器系　101
ピノサイトーシス　14
皮膚　86
皮膚呼吸　100
皮膚糸状菌類　148
肥満細胞　128, 130
百日咳菌　145
病原性大腸菌　147
病原体　141
表皮　86
日和見感染　147
日和見感染菌　145
微量栄養素　34
ビリルビン　98
ピル　113
ピルビン酸　39
ピロリ菌　97, 146, 159

ふ

ファージ　162
ファゴサイトーシス　14
ファブリー病　21
ファンデルワールス力　24
フィードバック阻害　38
フィブリノーゲン　93
フィブリン　90, 93
フィラデルフィア染色体　52
フェニルケトン尿症　45, 48
不応期　124
孵化　79
不活化ワクチン　138
不完全菌　147
複眼　102
副交感神経　122, 123
副甲状腺　108
副甲状腺ホルモン　108
複合糖質　28
副腎　109
副腎髄質ホルモン　110
副腎性アンドロゲン　109
副腎皮質刺激ホルモン　107
副腎皮質ホルモン　109
複製起点　53, 54, 162
複製の末端問題　56
複相　76

不顕性感染　141
不死化　155
不随意筋　88
不随意神経　122
フック　11
物質合成　37
物質代謝　35
不適合輸血　139
ブドウ球菌　145
不稔　76
腐敗　41
部分三倍体　52
プライマー　55
ブラジキニン　112
プラズマ細胞　135
プラスミド　78, 149, 162
プラスミン　93
プリオン　31
プリオン病　119
プリン体　43
プリン代謝異常　43
プルキンエ繊維　99
不連続複製　55
プログラム説　161
プロゲステロン　110
プロジェリア　59
プロスタグランジン類　29, 112
プロスタサイクリン類　112
プロスタノイド　112
プロテアーゼ　93
プロテアソーム　21
プロテインキナーゼ　117
プロテインキナーゼA　117
プロテインキナーゼC　118
プロトンポンプ　41
プロビタミンD　117
プロモーター　62
プロラクチン　107, 113
分化　79, 82, 168
分化能　82
分化の全能性　82
分極　124
分子　22
分子構造パターン　132
分子スイッチ　117
分子量　23
分生子　76
分離の法則　46

へ

平滑筋　88
平衡感覚　103
平衡石　103
閉鎖型血管系　99
ペースメーカー　99

ベクター　162
ペスト菌　145
ヘテロ　46
ヘテロクロマチン　15
ヘテロ接合　46
ヘテロ多糖　28
ペニシリン　67, 149
ペプシン　34, 95
ペプチダーゼ　35
ペプチド　30
ペプチド結合　30
ペプトン　95
ヘマトクリット値　90
ヘミ接合　48
ヘム　17, 90
ヘモグロビン　17, 38, 90, 100
ヘモグロビンA_{1c}　93
ヘモシアニン　91
ペリプラズム　143
ペルオキシソーム　15
ヘルパーT細胞　134
ヘルペスウイルス　149
変異原　57
扁形動物　7
偏性嫌気性菌　145
変態　79
扁桃体　120
ペントース　42
ペントースリン酸回路　42
鞭毛　143
鞭毛虫類　148

ほ

膀胱　101
胞子生殖　77
胞子体　77
胞子虫類　148
房室結節　99
放射性同位体　22, 51
放射線　22
包条虫類　153
紡錘体微小管　70
放線菌　146
胞胚　80
傍分泌　105
ボーマン嚢　101
補酵素　38
補酵素A　39
ホスホリパーゼC　118
ホスホリボシルピロリン酸　43
母性遺伝　16, 50
母性因子　81
補体　131
補体結合反応　131
ボツリヌス菌　147

哺乳類　7	ミネラルコルチコイド　109	雄原核　85	リソソーム病　21
骨　87	耳　103	有糸分裂　68, 70	リゾチーム　129
ホメオスタシス　113	**む**	有色体　17	リパーゼ　34, 96
ホメオティック遺伝子　81	無ガンマグロブリン血症	有髄神経　125	リ・フラウメニ症候群　159
ホメオボックス　81	48, 140	優性　46	リプレッサー　64
ホメオボックス遺伝子　85	無機塩類　34	有性生殖　77	リブロース 1,5-ビスリン酸　45
ホモ　46	無気呼吸　41	雄性前核　73	リボース　31
ホモ接合　46	無機物　26	優性の法則　46	リボース 5-リン酸　42
ホモ多糖　28	無限増殖性　155	有性胞子　77	リボ核酸　31
ポリ A 鎖　65	娘 DNA　54	遊走子　78	リボザイム　61, 67
ポリオ（小児麻痺）ウイルス　149	無性生殖　76	遊走促進物質　131	リボソーム　16, 19, 67
ポリグルタミン病　119	無性胞子　76	幽門部　95	リポタンパク質　97
ポリペプチド　30	無胚葉性動物　7	遊離リボソーム　19	流行　141
ポリマー　27	**め**	輸血　138	流動モザイクモデル　13
ポリメラーゼ連鎖反応　56	目　102	輸尿管　101	両親媒性　27
ホルモン　105	明帯　88	ユビキチン　21	両生類　7
ホルモン作用の階層性　113	明反応　45	ユビキチン連結酵素　21, 69	菱脳　121
ホルモンの拮抗作用　113	めしべ　85	**よ**	緑膿菌　145
ホルモンの神経支配　113	メタボリック症候群　112	溶血　25	リン酸　31
ホルモンのフィードバック作用	滅菌　142	陽子　22	リン酸ジエステル結合　33
113	メディエーター　63	葉状体　78	リン酸-リン酸結合　36
ポンプ　14	メラトニン　108	幼生　79	リン脂質　13, 29
翻訳　65	免疫　128	葉緑素　17, 45	リンパ管　99
ま	免疫監視　131	葉緑体　10, 17, 94	リンパ球　90, 91, 128, 134
マイコプラズマ　147	免疫監視機構　159	ヨード　108	リンパ系　99
マイコプラズマ肺炎　147	免疫寛容　140	抑制性シナプス　127	リンパ系幹細胞　92
膜結合型リボソーム　19	免疫（学的）記憶　134	横川吸虫　153	リンパ系前駆細胞　128
膜の流動性　13	免疫グロブリン　136	四次構造　31	リンパ節　100
膜輸送体タンパク質　14	免疫不全症　140	予定細胞死　74	リンフォカイン　112
マクロファージ　128, 130, 133	免疫抑制作用　109	予防接種　134	**る, れ**
マスト細胞　128	メンデル　46	読み枠　67	ループス腎炎　139
末梢神経系　119	**も**	弱い結合　24	ルビスコ　45
マトリックス　16	毛細血管拡張性運動失調症	**ら**	レチナール　103
マラリア　148	69	らい菌　146	劣性　46
マルターゼ　34	毛細血管　99	ラクトースオペロン　64	レトロウイルス科　149
マルトース　34, 96	毛細リンパ管　97, 99	ラジオアイソトープ　22	レトロトランスポゾン　59
マルピーギ管　102	盲腸　96	裸子植物　85	レニン　109, 113
マンソン裂頭条虫　153	網膜　102	らせん菌　143	レニン-アンジオテンシン系
み	モータータンパク質　18	卵割　80	109, 115
ミエリン　119, 124	木本　94	卵割腔　80	レプチン　112
ミオグロビン　90	モノー　64	ランゲルハンス島　98, 108	連鎖　50
ミオシン　18, 87, 89	モノマー　27	卵成熟因子　68	レンサ球菌　145
ミクログリア　119	モル　23	ランソウ類　3	**ろ, わ**
味細胞　104	門脈　97, 99	ランビエ絞輪　124	老化　160
水　23, 41	**や, ゆ**	卵胞刺激ホルモン　107	六炭糖　27
ミスセンス変異　58	薬剤耐性遺伝子　59	卵胞ホルモン　110	ロドプシン　103
ミトコンドリア　16, 75	薬剤耐性菌　145	卵母細胞　72	濾胞ホルモン　110
ミトコンドリア・イブ　6	山中因子　84	**り**	ワクチン　134, 138
ミトコンドリア脳筋症　16	有機物　8, 26	リガンド　117	ワトソン　51
ミドリムシ　10	ユークロマチン　15	リケッチア　1, 2, 147	
ミネラル　34		リソソーム　15, 20	

著者略歴

田 村 隆 明
（た むら たか あき）

1952年　秋田県に生まれる
1974年　北里大学衛生学部卒業
1976年　香川大学大学院農学研究科修士課程修了
1977年　慶應義塾大学医学部助手
1986年　岡崎国立共同研究機構基礎生物学研究所助手
1991年　埼玉医科大学助教授
1993年　千葉大学理学部教授
2017年　定年退官，医学博士

主な著書
「コア講義　分子生物学」（裳華房，2007年，単著）
「コア講義　生物学（改訂版）」（裳華房，2022年，単著）
「分子生物学　イラストレイテッド」（羊土社，2009年，共著）
「コア講義　生化学」（裳華房，2009年，単著）
「基礎細胞生物学」（東京化学同人，2010年，単著）
「基礎から学ぶ遺伝子工学」（羊土社，2012年，単著）
「大学1年生のなっとく！生物学」（講談社，2014年，単著）
「コア講義　分子遺伝学」（裳華房，2014年，単著）

医療・看護系のための 生物学　改訂版

2010年10月25日		第1版1刷発行
2016年1月30日		第5版1刷発行
2016年9月25日	［改訂］	第1版1刷発行
2024年1月20日	［改訂］	第3版1刷発行
2025年2月25日	［改訂］	第3版2刷発行

著 作 者　　田 村 隆 明
発 行 者　　吉 野 和 浩

検印省略

定価はカバーに表示してあります．

発 行 所　　東京都千代田区四番町8-1
　　　　　　電　話　　03-3262-9166（代）
　　　　　　郵便番号　102-0081
　　　　　　株式会社　裳　華　房

印 刷 所　　株式会社　真　興　社
製 本 所　　株式会社　松　岳　社

一般社団法人
自然科学書協会会員

JCOPY〈出版者著作権管理機構　委託出版物〉
本書の無断複製は著作権法上での例外を除き禁じられています．複製される場合は，そのつど事前に，出版者著作権管理機構（電話03-5244-5088，FAX 03-5244-5089，e-mail: info@jcopy.or.jp）の許諾を得てください．

ISBN 978-4-7853-5233-2

Ⓒ 田村隆明, 2016　　Printed in Japan

医薬系のための**生物学**

丸山　敬・松岡耕二　共著　Ｂ５判／３色刷／232頁／定価 3300円（税込）

　医学系，薬学系，看護系など医療系に必須な生物学の基礎知識と応用力の習得を目的とし，豊富な図表とともに具体的な薬の名称や働きを織り交ぜながら，平易に解説した．また，学生の意欲を喚起するために，最先端の「薬学ノート」「コラム」「トピックス」など適宜織り込み，さらに章の最後に演習問題と巻末にその解答を掲載した．

【目次】1. 生命とタンパク質　2. 酵素と酵素阻害薬　3. DNAと放射線障害　4. RNAと細胞の構造　5. 生体膜と細胞小器官　6. シグナル伝達　7. ホルモン　8. 糖質代謝と糖尿病　9. 脂質　10. ウイルス・細菌・植物　11. 細胞運動・細胞分裂・幹細胞　12. 免疫　13. 癌　14. 脳と神経　15. 薬物と臓器

コ・メディカル**化学**（改訂版）
－医療・看護系のための基礎化学－

齋藤勝裕・荒井貞夫・久保勘二　共著　Ｂ５判／２色刷／164頁／定価 2640円（税込）

　医療・バイオ系技術者や看護師を目指す大学・短大・専門学校生を対象とした半期用テキスト．高校化学の内容を前提としない基礎的な化学入門から，有機反応や生体物質，および医療現場で必須となる濃度の知識などもきわめて平易に解説した．

【目次】第Ⅰ部 基礎化学　1. 原子の構造と放射能　2. 原子の電子構造　3. 周期表と元素　4. 化学結合と分子　5. 物質の量と状態　6. 溶液の化学　7. 酸・塩基と酸化・還元　第Ⅱ部 有機化学　8. 有機化合物の構造　9. 異性体と立体化学　10. 有機化学反応　11. 高分子化合物　12. 糖類と脂質　13. アミノ酸とタンパク質　14. 核酸　－DNAとRNA－

メディカル**化学**（改訂版）
－医歯薬系のための基礎化学－

齋藤勝裕・太田好次・山倉文幸・八代耕児・馬場　猛　共著　Ｂ５判／２色刷／288頁／定価 3630円（税込）

　医師・歯科医師，薬剤師等を目指す大学一年生を対象とした，通年用の基礎化学テキスト．初学者に向けた化学全般のきわめて平明な解説に加え，専門課程で学習する有機化学・生化学につなぐための有機化学反応や有機化合物およびさまざまな生体分子の解説，医療現場で役立つ知識も満載した．

【目次】1. 原子の構造と性質　2. 化学結合と混成軌道　3. 結合のイオン性と分子間力　4. 配位結合と有機金属化合物　5. 溶液の化学　6. 酸・塩基と酸化・還元　7. 反応速度と自由エネルギー　8. 有機化合物の構造と種類　9. 有機化合物の異性体　10. 有機化学反応　11. 脂質　－生体をつくる分子（1）　12. 糖質　－生体をつくる分子（2）　13. アミノ酸とタンパク質　－生体をつくる分子（3）　14. 核酸　－生体をつくる分子（4）　15. 環境と化学　補遺A. 活性酸素・活性窒素と生体反応　補遺B. 生体補完材料

医学系のための**生化学**

石崎泰樹　編著　Ｂ５判／２色刷／338頁／定価 4730円（税込）

　医師，看護師，薬剤師等を目指す学生にとって，生化学は人体の正常な機能を理解する上で，解剖学や生理学と並んで必須の学問であり，疾患，とくに代謝疾患，内分泌疾患，遺伝性疾患などを理解するために生化学的知識は欠かせないものである．本書は，医療の分野に進む学生に対して，できるだけ利用しやすい生化学の教科書を目指して執筆したものである．そのため図を多用し，細かな化学反応機構についての記載は省略した．また各章末には，理解度を確かめられる確認問題または応用的知識の自主的な獲得を促す応用問題を配置した．これらの問題は可能な限り症例を用い，bench-to-bedside 的な視点を読者に提供できるように心掛けた．

【目次】第Ⅰ部 序論／第Ⅱ部 生体高分子／第Ⅲ部 代謝／第Ⅳ部 遺伝子の複製と発現／第Ⅴ部 情報伝達系

裳華房ホームページ　https://www.shokabo.co.jp/